全国高校教材学术著作出版审定委员会审定

地磁导航理论与实践

张晓明 著

国防工业出版社
·北京·

内容简介

地磁导航是一种新型的全天时、全天候、全地域自主导航方式，具有导航误差不累积、无源定位、无辐射、低成本等特点，可广泛应用于兵器、航空、航天、航海等运动平台的定位定向导航及姿态控制。本书主要根据作者多年来的研究成果和国内外地磁导航技术领域的最新进展撰写而成。本书系统、深入地阐述了地磁导航理论及实践的各项相关内容，主要包括地磁导航的发展背景及其关键技术、地磁基准图的构建、磁矢量传感器的误差标定及补偿、载体磁场分析、载体磁场标定及补偿、地磁导航算法，并以航空飞行器为例，对各种算法进行了仿真验证。

本书可作为地磁导航技术研究和应用领域的系统设计师、软硬件工程师和科技工作者的业务工具书，也可作为高等院校相关专业教师和研究生教学的教材和参考书。

图书在版编目（CIP）数据

地磁导航理论与实践/张晓明著. —北京：国防工业出版社，2016.3

ISBN 978-7-118-10615-2

Ⅰ.①地… Ⅱ.①张… Ⅲ.地磁导航－研究 Ⅳ.TN96

中国版本图书馆 CIP 数据核字（2016）第 028459 号

※

国防工業出版社 出版发行

（北京市海淀区紫竹院南路 23 号　邮政编码 100048）

三河市腾飞印务有限公司印刷

新华书店经售

*

开本 787×1092　1/16　**印张** 10¾　**字数** 255 千字

2016 年 3 月第 1 版第 1 次印刷　**印数** 1—3000 册　**定价** 37.80 元

国防书店：（010）88540777　　发行邮购：（010）88540776

发行传真：（010）88540755　　发行业务：（010）88540717

前 言

随着新型导航技术的发展，地磁学、测绘学、空间物理学与导航理论的交叉与综合不断加强，地磁导航技术在导航定位、战场电磁信息对抗等领域展现了巨大的军事潜力。地磁导航是一种新型的全天时、全天候、全地域自主导航方式，不仅具有误差不积累、无源定位、无辐射、抗干扰性强、高精度、低成本等特点，而且可以利用地磁场的多种特征量信息进行导航，如总磁场强度、水平磁场强度、垂直分量、磁偏角、磁倾角、磁场梯度等物理量。地磁场作为地球的固有资源，为航空、航天、航海提供了天然的坐标系，地磁导航可广泛应用于航天器、舰船、导弹、无人机、潜艇等系统的定位定向导航及载体姿态控制等。

自“十一五”以来，随着我国国防技术的发展，地磁导航技术在航天、航空、航海领域的需求日益强烈，技术发展十分迅速。但国内较系统全面地介绍地磁导航技术相关方面的教科书或学术专著很少，且为导论性质，内容浅显。随着地磁导航技术的发展，特别是在航天器、航海器微小型化恶劣环境导航应用中对自主导航的需求，当前该领域迫切需要一本系统介绍海陆空天领域自主地磁导航技术理论和应用的专业书籍。

本书主要根据作者课题组近年来的研究成果和国内外地磁导航技术领域的最新进展撰写而成。全书以航空飞行器为应用背景，围绕地磁基准图构建、磁场实时准确测量、地磁导航算法三个关键技术展开论述。内容分为 9 章：第 1 章主要介绍地磁导航需求、相关技术的研究现状及其发展趋势。第 2 章以航空飞行器为例介绍了飞行器运动模型构建及仿真。第 3 章详细介绍了地磁导航应用中全球地磁基准图及区域地磁基准图的构建理论及方法。第 4 章至第 7 章详细阐述了载体在运动过程中实时获取地磁场矢量信息中的基本测量方法、适用传感器选型、三轴磁传感器误差建模及标定补偿、载体干扰磁场分析及标定补偿等相关理论及关键技术。第 8 章介绍了地磁匹配导航算法中的关键技术。最后在第 9 章对地磁导航未来的发展趋势进行了展望。

本书系统全面地介绍了地磁导航相关理论和工程实践中的关键技术，内容新颖，特色鲜明，以满足广大科研和教学人员对这一新兴交叉科学领域知识的迫切需求。与国内外出版的同类书相比，本书具有以下特点：

（1）内容系统全面。本书内容涉及地磁学、测绘学、磁场建模理论、误差分析理论、导航理论及应用技术等多学科交叉领域。针对地磁导航技术应用和实践特点，系统阐述了相关的地磁模型及地磁图构建、磁场传感与测量、干扰磁场建模与补偿、地磁导航原理与方法等方面的内容。

（2）理论与实践相结合。本书理论性和工程性并重，既有相应的地磁场及地磁模型构建理论、磁场分析理论、地磁导航理论等，又包含了地磁导航技术在海陆空天领域工程实际应用的具体问题。在相应科学问题的研究和分析中，采用理论分析、仿真技术和工程实践相结合的思路，力争做到理论分析清晰明了，并偏重工程实际应用。

（3）紧跟国际研究前沿。地磁导航是一种新兴载体自主导航技术，国际各科技强国均在大力开展地磁导航相关的研究工作，尚未形成成熟理论和研究方法。地磁导航技术涉及多门学科前沿，本书编写过程中紧跟国际研究前沿，参考近年来地磁导航领域的相关学术论文和研究成果，做到内容新颖、翔实。

本书是作者及其课题组多年研究成果的结晶，课题组博士生陈国彬参与了本书第 4 章的编写工作。在本书撰写过程中北京航空航天大学赵剡教授给予了大量的指导。此外，本书部分内容还参考了国内外同行专家、学者的最新研究成果，在此向他们致以诚挚的谢意！作者感谢国家自然科学基金委员会、北京航空航天大学、中国航天科工集团三十五研究所以及中北大学在科研工作中给予的支持和帮助，感谢中国教师发展基金会教师出版专项办公室、国防工业出版社在本书出版过程中的支持和努力。

本书涉及多门学科前沿，内容较新，作者水平、时间有限，难免存在不妥和错误之处，恳请广大同行、读者批评指正。

作　者

2015 年 12 月

目　录

第1章 绪 论

1.1 地磁导航的军事需求

导航定位技术是利用电、磁、光、声、天文、惯性等一系列方法，为各种武器平台和军事系统提供执行作战任务所需的统一位置（P）、速度（V）、时间（T）和姿态（A）信息的综合系统技术，是现代精确打击武器的核心信息源，是武器平台总体、精确制导、探测定位、信息感知、信息系统综合、高效打击等关键技术的重要组成部分。在实现“灵敏及时准确的侦察定位、快速反应和机动、中远程精确打击”和构建“陆海空天电（磁）五维一体作战”体系建设中，高精度导航技术作为其中的核心关键技术，能为武器系统及其运载体提供高精度的运动信息，是发展现代化武器装备的急需。

为了准确可靠地获得航空飞行器的实时位置和姿态信息，实现对重要目标的智能精确打击，现代战争中要求导航系统具有全球、全天候、自主、隐蔽导航功能，并且具有较强的抗干扰能力和抗摧毁能力。目前，在武器系统的中段导航与制导中，已经提出和采用了多种导航方式，其中惯性导航系统（Inertial Navigation System，INS）和全球导航卫星系统（Global Navigation Satellite Systems，GNSS）应用最为广泛。INS 不仅能够提供载体位置速度参数，还能提供载体的三维姿态参数，是完全自主的导航方式，在航空、航天、航海和陆地等几乎所有领域中都得到了广泛应用。但是，INS 难以克服的缺点是其导航定位误差随时间累加，难以长时间独立工作。20 世纪末发展起来的 GNSS 具有定位和测速精度高的优势，且基本上不受时间、地区的限制，已经得到了广泛应用。但是，基于无线电导航的 GNSS 导航卫星信号的抗干扰能力弱，而且要求载体与 4 颗以上卫星通视，这也限制了 GNSS 在复杂观测条件下的应用。另外，无线电信号不能在水下远距离传播，限制了 GNSS 在水下的应用。反卫星武器的出现使得 GNSS 中发射导航信号的卫星在现代战争中的生存能力变差。即使采用 GNSS/INS 组合导航系统仍然无法从根本上解决 GNSS 在现代化复杂战场中存在的固有脆弱性，需要研究新型的导航原理和技术以适应现代战争需求。

近年来，军事导航领域又重新开始关注地球物理场导航。地球物理场具有各种地球固有的特性。地球物理场在一定时间内不可能被大规模地摧毁或改变，而且不要求提供特殊的服务设施，因此可以考虑作为一个可靠的导航信息源，在地理系统坐标系中，已经绘制了许多描述地球物理场空间分布特征的图件和数学模型，这些地球物理场的图件、数学模型等在民用领域和军事领域中都有广泛的应用。这些周期更新的地球物理场图件和模型在至少 98%的地球表面（包括海水覆盖的区域）都可以作为一个可靠的导航基准。目前可供导航利用的地球物理场主要有地形高程场、地球重力场和地球磁场等。地球物理场可以分为两类：

（1）地球表面二维场，仅在地球表面有确定的物理值，如地形场、地物景象。

（2）空间的三维场，在地球和近地空间中的每一点都有确定的物理值，如地球重力场和地球磁场。

利用地形场、地物景象等二维信息进行光学图像匹配制导和地形匹配制导在某些场合下存在着一定的缺陷。在光学图像匹配制导时，实时图是低空摄取的大视角图像，而匹配基准图是卫星遥感图，由于不同天气条件下光照不同、不同季节地表覆盖物的灰度不同，以及山地、建筑物的相互遮挡等影响，实时图和基准图之间存在很大差异，灰度和位移特征也都有不同程度的变化，影响匹配的精度和可靠性。而利用稳定地形信息的地形匹配（TERrain COntour Matching，TERCOM）技术，在海面上和平原地区由于地形信息匮乏而无法进行正常的导航，严重地限制了基于地形信息的导航系统在上述区域的应用。而地磁场可以穿透岩石、土壤、水等介质，在陆地、海洋、水下及近地空间都有分布，均可以用于载体导航。由于地磁场是一个向量场，包含丰富的与地理位置有关的特征量，如磁场总强度、水平磁场强度、垂直磁场强度、北向磁场强度、东向磁场强度、磁偏角、磁倾角及相应地磁要素的梯度等信息，使得导航方案更加灵活多样，可靠性更高。因此，在跨海制导、水下导航方面、地磁匹配制导具有无比的优越性。另外，地磁匹配制导还具有被动制导，隐蔽性强，不受敌方干扰、误差不随时间累积及磁传感器体积小、功耗低的优点。因此，地磁导航具有其他导航方式不可替代的优点，正在成为军事导航领域的研究热点和关注焦点。

利用地磁场进行载体导航的技术具有重大的研究意义，其研究成果可以很好地应用于各种军事和民用领域。目前，美国、俄罗斯、法国等军事强国都在进行武器系统地磁导航、制导方面的应用研究，如基于地磁信息的导弹制导和无人机辅助导航，还可以用在磁近炸引信、隐身飞机的磁探测、反潜、电磁炸弹、复合制导等领域。近年来，随着航空航天技术的飞速发展，对导航系统的要求越来越高。当前，地磁导航系统已成功应用于近地卫星姿态控制、磁力矩器主动控制、运动载体的航向和即时位置以及飞行距离计算，并呈现出与卫星导航、惯性导航信息融合，实现优化组合导航的发展趋势，成为推动现代新军事变革的重要技术力量。将不同机制的制导系统组成复合制导，用于同时具有陆地和海面飞行航道的导弹和飞行器上，可以提高导弹和飞行器的导航和制导精度。地磁制导技术与惯性导航系统组合使用，可以校正惯性导航系统远程制导中的积累误差，提高导弹的精确打击能力。采用地磁等高线制导系统的新型机动变轨导弹不按弹道抛物线而沿稠密大气层边缘近乎水平飞行，大大增强了导弹的突防能力。由于地磁匹配制导技术属于被动制导，因此比 GNSS 制导技术具有更好的隐蔽性和抗干扰性。

总之，地磁导航与制导可以取得与 GNSS 类似的效果，在我国卫星导航系统尚未完善之前，地磁导航与制导不失为较理想的选择。地磁导航及其与 GNSS、INS 组成的复合导航与制导，具有无源、无辐射、全天时、全天候、全地域、体积小、能耗低的优良特征，在武器系统的导航及制导应用中具有很好的应用前景。

1.2 地磁导航的国内外研究现状

美国、俄罗斯、法国等国外军事强国对地磁导航的研究开始于 20 世纪，并且在某些领域已经得到了应用。60 年代中期，E-systems 公司首次证明了地磁可以用于水上定位。德国的 Bremen 大学针对 BREM-SAT 卫星的星载磁强计，利用卡尔曼滤波算法估计卫星的位置和速度，精度约为 10km。1999 年美国 Conell 大学报道了利用磁强计和太阳敏感信息进行卫星定轨的精度为 1.5km。现在美国生产的波音飞机上配备有地磁匹配导航系统，在飞机起飞、降落时使用。2003 年 8 月美国国防部军事关键技术名单中提到地磁数据参考导航系统，称他们所研制的地磁导航系统地面和空中定位精度优于 30m（CEP），水下定位精度优于 500m（CEP）。美国 NASA Goddard 空间中心和有关大学对地磁导航进行了研究，并进行了大量的地面试验。2005 年《现代军事》报道，法国已在地磁信号特征制导领域获得突破，证实了地磁特征完全可以满足导弹精确制导要求。俄罗斯研究地磁匹配制导技术的时间较长，并且成立了专业研究所，曾以地磁场强度作为特征量，采用磁通门传感器以地磁场等高线匹配制导方式（即“MAGCOM”）进行过试验。俄罗斯 2004 年 2 月 18 日在“安全-2004”演习中试射了新型机动变轨的 SS-19 洲际导弹，该导弹使用地磁场等高线匹配制导技术不按弹道曲线而沿稠密大气层边缘近乎水平地飞行，使美国导弹防御系统无法准确预测来袭导弹的弹道，大大增强了导弹的突防能力。

近年来，国内关于地磁导航技术的研究主要集中在电子磁罗盘航向导航和地磁导航及组合导航算法研究方面。电子磁罗盘航向导航方面技术发展已比较成熟，已开始在车载导航、舰船导航等领域工程应用，如 2003 年军械工程学院庞发亮、石志勇等人采用磁通门技术应用航迹推算方法研制了地面车辆导航定位仪，定向精度达到 0.6°；2006 年北京科技大学李希胜等人研制的磁罗盘最大罗差不大于 0.1°。而有关地磁导航及组合导航算法的研究还主要集中在仿真和预研阶段，如 2004 年航天科工集团李素敏、张万清等人运用平均绝对差法对地面所测量的地磁强度数据进行了匹配运算，分辨率能达到 50m，并采用分辨率为 2nT、灵敏度为 0.1mV/nT、响应速度为 10Hz 的三分量磁通门地磁匹配仪，研究了地磁场在巡航导弹地磁匹配制导中的应用；2007 年西北工业大学晏登洋、任建新等人利用地磁导航校正惯性导航的仿真试验取得了较高的精度。应该看到，我国在航空和导弹领域的地磁导航技术的研究才刚刚起步，与西方先进国家相比存在着一定的差距。

通过对国内外关于地磁导航方面的研究文献整理分析，可以看出，地磁导航是一门涉及地球物理学科、材料学科、精密仪器学科和自动化学科的交叉学科，涉及的研究领域众多。目前地磁导航方面的研究主要集中在以下四个方面。

（1）地磁场理论研究：主要涉及地球磁场理论、磁场起源、地磁正常场和异常场测量与建模、地磁图延拓等。

（2）地磁传感器研究：涉及磁材料理论、磁测量原理研究、弱磁传感器设计、微小型磁传感器设计、磁传感器标定等。

（3）捷联式地磁传感器的校准和载体磁补偿：涉及磁传感器误差分析、三轴捷联式磁传感器的快速校准、载体磁场分析、数字载体磁补偿等。

（4）地磁导航技术研究：涉及地磁匹配区域选择、匹配特征量的选择与提取、地磁匹配算法研究、地磁动态滤波导航算法研究、地磁辅助 INS 导航系统研究等。

高分辨率局部地磁图的构建、地磁信息的实时准确获取、快速可靠的地磁匹配算法是实现高精度地磁导航的必要条件，也是制约地磁导航实用化的技术瓶颈。本书将以航空飞行器为研究对象，以高分辨率局部地磁图的构建、地磁信息的实时准确获取、地磁匹配算法研究为主线，对地磁导航中所涉及的地磁场理论、数字地磁基准图的快速准确构建、磁传感器误差分析与补偿、载体磁场的标定与补偿、地磁匹配算法等关键技术展开研究。

1.2.1 地磁场理论及地磁图构建技术的研究现状

地磁场作为地球的固有资源，为航空、航天、航海提供了天然的坐标，可应用于航天器、飞机或舰船的定位定向及姿态控制。地磁场可以使用多种地磁场要素来进行描述。人们在利用地磁场来进行导航时，需要将其转化为数字地磁图存储在计算机中，这种转换过程可以通过插值方法和地磁场模型的手段来完成。数字地磁图是地磁导航的基础，因此研究数字地磁图的快速准确构建技术具有十分重要的意义。目前在地磁导航中广泛使用的地磁场信息主要有以下两种表示方式。

（1）地磁场数学模型：地磁场模型是根据地磁信息拟合或地磁场理论建立的表示地磁场及其长期变化时空变化的数学表达式，是关于地理位置(经度、纬度、高度)和时间的函数，如多项式模型、球谐模型等。

（2）各种介质的地磁图：地磁图表示地磁场和地磁场长期变化地理空间分布的二维图件。它是根据各测点在同一时间的磁测资料绘制成的，常见的有各地磁要素的纸质地磁图、电子地磁图。地磁图不能表示地磁异常随高度的变化，也没有考虑地磁场场源的物理限制。另外，地磁图不能给出表示磁异常分布的解析表达式，而且也带来一定的读图误差。

地磁图的测绘和地磁场模型的建立大致可以分为三个时期：第一个时期的标志是1701 年 Halley 首次编成大西洋地磁偏角图，这是用海洋磁偏角资料直接平滑绘制而成的最早地磁图，也是最早的地球物理等值线图；第二时期开始于 Gauss 时代，1839 年 Gauss 把位理论用于地磁场分析，赋予地磁场有物理意义的数学描述，建立了地磁场球谐模型。这一模型不仅包括内源磁场，而且也包括外源磁场，用适当数目和合理分布的全球磁测资料，可以分别求出地球的内外源场；2000 年发表的“地磁场综合模型”（Comprehensive Model of geomagnetic field，CM）标志着地磁图测绘和地磁场建模第三时期的开始。虽然新模型仍然以球谐函数的形式表述地磁场，但是，新一代模型覆盖的范围更广泛，它不仅包括地核主磁场模型，而且包括岩石圈磁场模型、电离层磁场模型、磁层磁场模型、内部感应磁场模型以及空间磁场模型。新模型力求以更深入的物理内涵和更高的精度表述地球磁场的全貌。

1. 地磁模型研究现状

地磁场模型的计算与研究是地磁学的重要研究内容之一，在历届国际地磁和超高层气流物理协会（International Association of Geomagnetism and Aeronomy，IAGA）和国际大地测量地球物理学联合会（International Union of Geodesy and Geophysics，IUGG）会议所设专题都占有重要的位置。IAGA 还专门设立国际地磁参考场（International Geomagnetic Reference Field，IGRF）工作组，负责计算各个年代的全球地磁场模型。地磁场模型在地球科学、空间科学、地球物理勘探、岩石层物理学和地球深层研究等许多领域都有重要的学术意义和广泛的实际实用价值。

目前普遍采用的全球地磁模型有国际地磁参考场模型（IGRF）和世界地磁模型（World Magnetic Model，WMM）。它们是表示地磁场及其长期变化在全球分布的数学模型，其理论根据是地磁学的 Gauss 理论。它在地球物理研究中主要为磁异常提供正常场（或背景场）。利用 IGRF 或 WMM 研究地磁场具有以下优点：最新的国际地磁参考场包括 1900—2010 年的一系列地磁场数学模型，人们可以同时使用和分析不同年代取得的地磁测量资料（忽略在较短时间内磁异常随时间的变化），从而最大限度地发挥了所有地磁资料的作用；IGRF 提供了一个合理的、统一的地磁正常场，从而避免了不同地区地磁场衔接不上的矛盾，使用时可以很方便地计算出任意时间（1900—2010 年）、任意地点和任意高度的地磁场向量值。

为了更精确地研究全球地磁异常场，由 IAGA 和世界地质图委员会（Commission for the Geological Map of the World，CGMW）共同资助了全球数字磁异常图（World Digital Magnetic Anomaly Map，WDMAM）的国际合作科研工作，其目的是对地球上部的岩石圈产生的地磁异常进行研究，编辑并出版可靠的世界磁异常图。WDMAM 综合了大量的磁测资料（包括过去十多年在大陆的航空磁测和海洋的航海磁测数据），并参考了卫星磁测数据和各地磁站的观测数据。2007 年发布了 WDMAM 的 1.02 版本，包括 1∶50000000 比例尺的印刷版的磁异常图和网格化的地磁异常数据库（分辨率为 3′，相当于地球赤道上的 5km）的两部分。WDMAM 的数据标称高度为大地水准面上空的 5km。由于波长大于 2600km 的部分已经包含在地核磁场中，因此 WDMAM 中不包含这一部分磁场信息。

尽管全球地磁场模型（IGRF、WMM）能全面地反映地磁场在全球的宏观分布情况，但由于模型阶次的限制，建模过程中滤除了地磁场的细节信息。1967 年 Bullard 指出，全球球谐模式的阶数 N 所反映的最短波长 $\lambda_{\min} = C/N$，式中 C 为地球的圆周长，约为 40000km，当 $N=13$ 时，$\lambda_{\min}\approx 3077$km，即为世界地磁图所反映的地磁场的最短波长。可以看出，世界地磁图对来源于地壳的磁异常是反映不出来的。WDMAM 虽然表示了全球的地磁异常场，但是一方面由于磁异常数据的复杂性，导致现在仍没有一个统一的数学模型可供使用；另一方面，全球的地磁异常数据属于海量数据，对于数据检索、查询、处理等操作带来很大困难，因此目前 WDMAM 公布的地磁异常数据的分辨率仅为 3′（约为 5km）。因此 WDMAM 的磁异常数据不能适用于高精度的地磁导航。

为了高分辨率反映某一相关区域的地磁细节信息（主要是磁异常信息），并建立其数学模型，地磁科学家通过分析近百年的大地磁测、航空磁测及海洋磁测资料，研究了各种区域地磁场模型。这些模型各有特点，以适应不同应用场合。区域地磁场模型是用数学方法表示地磁场在地球某一地区（如某一国家或某一大洲）时空分布的数学模型。计算区域地磁场模型的数学方法多种多样，但主要有多项式方法、曲面样条函数方法、球谐分析方法、矩谐分析方法、冠谐分析方法等。每种方法都有自己的优点和缺点。如何从众多方法中挑选出一种最合适的方法计算某关注区域的地磁场模型，这就需要对各种方法进行综合评价。可以根据物理的合理性、计算的稳定性、级数的收敛性、计算值的准确性、功能的多样性等判据从理论和实践的结合上选择最好的计算方法。

对照以上的各种区域地磁模型可以得出如下结论：

（1）多项式模型的优点是计算简单、使用方便；缺点是不满足地磁场位势理论的要求以及只能表示地磁场的二维结构，不能表示地磁场的高度变化，而且通过拟合滤掉了一些区域地磁场的细节信息。

（2）曲面样条模型可以较好地反映小范围地磁异常场及磁场梯度的二维分布，可将随机分布的测点网格化；其缺点是系数较多，比使用地磁测点的个数还要多3个。多项式模型和曲面样条模型均属于二维地磁模型，仅适用于地表的车辆导航、海洋的船舶导航以及在固定高度运动的载体的导航定位。若要用于不同高度载体的导航，需要对二维地磁模型进行上下延拓；另外，这两种模型均不满足地磁场位势理论，没有统一的地磁模型，需要对三个独立的地磁要素分别进行数学建模。

（3）矩谐模型、球谐模型及球冠谐模型都满足地磁场位势理论的物理限制，具有统一的地磁模型，表示地磁场在三维空间的分布。各地磁要素均可以由该地磁模型推导得出。其缺点是计算复杂，且通过拟合滤掉了一些区域地磁场的细节信息，等值面变化比较平缓。这几种模型可以用于近地空间载体在不同高度运动时的导航，但定位精度不高。

（4）由于多项式方法、矩谐分析方法和冠谐分析方法都属于拟合方法，而曲面样条函数方法是一种插值方法，因而利用曲面样条函数建立的数学模型具有更高的精度。

2. 地磁图构建方法

地磁图是描述地磁场和地磁场长期变化分布的纸质或数字化图件。根据地磁图表示地理范围的大小，可分为全球地磁图、区域地磁图（其范围在数百或数千千米）和局部地磁图（其范围在数千米或数十千米）。由于全球地磁图、区域地磁图仅能反映该区域地磁的整体变化趋势，而忽略了局部地区的地磁异常细节信息，因此其精度较低，不适用于高精度的地磁导航需求。为了进行高精度的地磁导航，必须及时准确地构建和更新关注地区的局部地磁图。地磁图的构建方法主要有解析法和图解法两种。解析法是根据地磁场模型绘制地磁图，适合于表现大范围的地磁场信息，但计算量大，分析过程比较复杂。图解法是应用空间插值理论对地磁测量数据进行网格化，并在误差范围内适当描绘光滑的等值线得到地磁等值图。图解法具有形象直观、计算量小、适合表现变化细节的特点，在局部地区的地磁图构建中得到广泛的应用。

空间数据插值就是根据一组已知的空间离散测量数据或分区数据，按照某种数学关系推求出未知点或未知区域数据的数学过程。空间插值是将点数据转换成面数据的一种方法，主要用于网格化数据，估算出网格中每个节点的值。空间插值的理论假设：空间位置上越靠近的点，越可能具有相似的特征值，而距离越远的点其特征值相似的可能性越小。在局部地磁图构建过程中，经常需要进行空间数据内插，如采样点密度不够、采样点分布不合理、采样区存在空白、等值线的自动绘制、区域边界分析、曲线光滑处理、空间趋势预测、采样结果可视化等。

根据空间插值基本假设和数学本质进行分类，插值算法可分为几何方法、统计方法、空间统计方法、函数方法等。常用的空间插值算法有最小二乘法、距离加权最小二乘法、克里金（Kriging）法、曲面样条函数法等。每一种插值算法均有其适用范围和优缺点，没有绝对最优的空间内插方法，必须根据测量数据的空间分布特征选择最优方法，并对内插结果进行严格的检验。

1.2.2 载体磁场标定与补偿技术的研究现状

地磁向量场信息的实时准确获取是实现高精度地磁导航的基础。飞行器在空中航行时，由捷联式三轴磁传感器来实时测量其周围的磁场信息。该磁场信息不仅包括地磁导航必需的地磁场信息，还包括飞行器本身的铁磁材料、导电线圈产生的载体磁场以及地磁短期变化干扰磁场等干扰信息。从目前的技术来看，载体磁场和变化干扰磁场是影响地磁测量精度的最主要因素。因此在地磁导航实际应用中，研究了各种方法来减小和消除测量中载体磁场误差。目前，克服载体磁场对磁传感器干扰的方法主要有以下几种：

（1）在设计和建造载体时，尽量避免采用铁磁材料，同时应对载体所必需的铁磁材料进行消磁处理，以减小铁磁材料磁场对测量磁场的影响。

（2）在磁传感器的安装位置选择上，尽量选择相对的“磁洁净区”，而远离载体上的铁磁材料。在卫星磁测和航空磁测中，一般采用伸杆、吊舱或拖鱼的方式，将磁传感器安装在远离载体磁场的非磁性伸杆的末端、非磁性吊舱中或拖曳缆绳末端，从而减小载体磁场的干扰。

（3）对于安装位置受限的应用环境中，通常采用磁场补偿的方法来克服载体磁场的干扰。对载体磁性干扰补偿的方法主要有硬补偿和软补偿两类。硬补偿采用固定磁铁或三轴线圈，感应场补偿采用坡莫合金，电气线路涡流场补偿采用导电板，而软补偿则是通过建立载体磁场数学模型，并标定其模型参数，在实时测量中依据模型计算出干扰磁场大小并加以去除，从而达到载体磁场补偿的目的。

在实际磁场测量的应用中，这几种克服载体磁场的方法常常结合在一起使用。传统的磁补偿技术主要为硬补偿，通常采用在磁传感器周围放置各种永久磁铁、软铁球或软铁片，以抵消载体磁场的硬磁材料、软磁材料带来的干扰磁场；或者在在磁传感器周围安放与载体坐标系平行的三组补偿绕组，通过调节各绕组中的电流强度来抵消载体磁场。硬补偿技术具有以下缺点：①需要对载体进行改造，以安装补偿磁材料或补偿绕组，成本较高；②补偿过程复杂，不易控制，且精度较低；③体积较大，不利于小型化和集成化。因此，在地磁导航应用中受安装位置、体积功耗等的限制，通常采用计算机软补偿技术消除载体磁场对磁传感器的影响。采用计算机软补偿的方法比较方便快捷，适用范围也比较广泛。计算机软补偿技术相对于传统的磁补偿技术，具有以下优点：①不需要对载体进行改造，大大降低了设计复杂度和成本；②补偿过程在计算机内部实现，针对各种磁环境采用对应的数学模型，使得补偿精度大大提高，而且易于实现补偿的智能化；③体积功耗小，易于小型化和集成化；④不同的软补偿技术只需更改软件即可，易于升级和维护。

关于载体磁场的数字补偿仪，国内外也有相关的报道，如美空军 C-130J“大力神”战术运输机就装备有 ASQ-81 磁感应仪和 ASA-65 磁力补偿仪作为综合探测手段。河北石家庄核工业航测遥感中心在“运五”飞机上引进的加拿大 RMS 公司生产的 AADCII 自动航空磁力数字补偿仪，可实时进行自动补偿，可以对多个磁探头的总场、梯度等 30 项指标进行补偿，补偿时不用进行日变改正和位置改正，补后标准差可达 0.035～0.08nT。中国国土资源航空物探遥感中心自主研制的 CS-1 型航空磁自动数字补偿仪可以达到与 AADCII 同样的补偿效果，在频率响应上甚至还优于 AADCII 数字补偿仪。这些自动补偿仪的出现，虽然在很大程度上提高了机载磁测的精度，但这些系统还只是适于空中环境较稳定的飞机上进行自动补偿，并且产品价格非常昂贵，该产品是否适用于地面车辆、潜艇、舰船及高机动飞机、导弹还是个未知数。另外，现在的大部分的航空磁测只是测量地磁场的总强度，现有的数字补偿仪也只是对地磁场的总强度进行标量补偿。正在研究的地磁场向量测量中，针对地磁向量的数字补偿尚未见成熟的商业产品。

目前，关于计算机补偿的方法主要有航向角的自差补偿法、地磁总强度标量的磁补偿方法、地磁场测量向量的椭球假设方法、基于神经网络的磁补偿方法等。

1. 航向角的自差补偿方法

传统的航海、航空及车辆的磁导航中，经常利用电子磁罗经来获得磁航向信息。实时获取载体航向角过程中，不仅需要进行磁偏角校正，还需要对载体磁场带来的自差（即航向误差）进行校正才能正确导航。针对航向误差，国内外学者研究了给定基准补偿法、无基准补偿法等多种校正方法，其基本思路为：根据自差理论，自差是随航向变化的，可以将自差随航向变化曲线按傅里叶级数展开并忽略高次项，建立自差与航向角间的关于三角函数的关系式。这些自差补偿法将磁罗经自身误差、安装误差、载体磁场对航向角的影响作为整体来考虑，根据建立的三角函数关系式进行自差补偿。该方法虽然具有计算简单方便、应用广泛的特点，但存在以下不足：①自差校准时间长，一般要求几个小时；②只能在指定的具有基准航向信息的校准区域进行校准；③只适用于磁罗经在水平面内工作的场合；④校准场磁纬度与载体航行位置磁纬度相差较大时，需要重新校准；⑤只是针对航向角进行补偿，不能对地磁场的丰富的向量信息进行补偿；⑥没有考虑各个误差源的特点和机理，而只是作为整体来考虑，因此补偿精度较低。

2. 地磁总强度标量的磁补偿方法

1944 年美国人 W.E.Tolles、Q.B.Lawson、V.Vacquer 等发现了机载磁探仪测量数据中与载体磁场相关联的机动噪声问题，针对地磁场强度提出了一个实用的标量补偿问题的解决方案。该方案从飞机磁场的种类、磁补偿原理以及飞机结构和物理特性出发将物理模型转化为数学模型，并求解出了飞机恒定磁场、感应磁场、涡流磁场的数学表达式，即 Tolles-Lawson 方程。其基本思想是：当飞机在飞行过程中作小幅度的正弦横滚、俯仰机动时，地磁场向量在载体坐标系中的方向余弦角是关于磁偏角 D、磁倾角 I 及航向角、俯仰角、横滚角的三角函数。在 Tolles-Lawson 方程中可以确定出对机动信号有影响的磁场项限定为 16 项，其中恒定场 3 项、感应场 5 项、涡流场 8 项。通过一系列的机动飞行，可以将这些飞机磁场各项进行确立、分离、求取，然后再根据这些磁场项对地磁强度测量进行实时的标量补偿。自 Tolles-Lawson 方法提出来后，人们就不断研究针对作小幅度正弦横滚、俯仰机动时如何快速有效地对方程中的各项系数进行确立、分离和求取的方法。基于 Tolles-Lawson 方程的磁补偿技术理论比较成熟，补偿精度高，已在航空磁测领域中得到广泛应用。但是该方法所需的校准时间较长；补偿模式中要求飞机应尽量平飞进行磁测，不适合高速、高机动的应用场合；只是对总磁场强度标量进行补偿，不适用于对磁场向量的补偿。

3. 地磁场向量补偿的椭球假设方法

随着三轴捷联式磁通门传感器在航空航天领域的应用，科研人员开始关注地磁场向量测量中的磁误差补偿问题。2001 年斯坦福大学的 Demoz Gebre-Egziabher、Gabriel H. Elkaim、J. David Powell 和 Bradford W. Parkinson 等提出了“二维磁场测量轨迹的椭圆假设方法”，进而又推广到“三维磁场测量轨迹的椭球假设方法”。

椭球假设方法的基本思想是：当载体在某一固定位置处作各种姿态的机动时，由于地磁场向量为一常向量，理想的三轴捷联式磁传感器测量的地磁场向量在载体坐标系中的轨迹位于一个圆球面上。该球中心位于磁传感器测量坐标系原点，半径为当地地磁场向量的模值。在实际的磁传感器测量时，存在各种误差和干扰磁场，这些误差和干扰磁场使得该圆球的中心产生偏移，且形状发生畸变。当只考虑磁传感器误差、载体上硬磁材料、软磁材料及电流所产生的干扰磁场时，磁场测量轨迹圆球畸变为一个轨迹椭球。因此，采用该方法进行补偿的过程可以分为两步：①由磁传感器测量值拟合得到该二次曲面方程，获得方程的系数；②由各个系数来确定相应的误差参数。在某些近似条件下，该二次方程可化为椭球方程，此时问题就转化为椭球拟合问题和误差参数估计问题。这两个问题都是非线性问题，Demoz Gebre-Egziabher 等人提出了两步迭代估计的方法，经过计算机仿真和半物理仿真，该补偿方法具有较高的磁补偿精度。

基于磁场向量的椭球假设方法具有以下优点：校准过程中不需要任何外部基准；实现了对地磁向量的三分量补偿；将磁补偿问题转化为参数估计问题，可以应用各种参数估计理论；补偿精度较高，算法鲁棒性好。其不足是：椭球拟合问题和误差参数估计问题的非线性求解运算复杂，计算量较大；校准过程中要求载体作大幅度的姿态变化，对于大型载体而言大幅度的姿态变化比较困难，而姿态变化幅度较小时会引起载体磁场参数估计中的病态性。

4. 基于神经网络的磁补偿方法

地磁总强度标量补偿方法和地磁场向量补偿的椭球假设方法进行补偿的精度较高，但从原理上讲都是基于用向量代数和泊松方程对干扰磁场进行分解，然后分别进行补偿。因此这种补偿法的共同特点是都需要对各种误差源进行数学建模，并估计模型参数，然后再进行数学补偿。补偿精度依赖于误差模型的准确度和参数估计的精度。在实际磁场测量中，有许多系统误差的机理比较复杂，难于精确建模，而且还存在大量的随机误差，若要补偿这些误差，就需要研究新的补偿技术。

神经网络是从生物学神经系统得到启发而发展起来的人工智能系统，是单个并行处理元的集合，可以通过改变连接点的权重来训练神经网络完成特定的功能。一般的神经网络都是可训练的，具有自学习功能，而且神经网络具有并行、分布式的计算结构，在求解非线性问题和参数优化等方面具有其他方法不可比拟的优势。由于神经网络具有较好的函数逼近性，因而不需要对各种系统误差进行建模。Peter M.Williams 等人研究了基于神经网络的磁补偿方法。将磁传感器对地磁总强度的测量值分为三部分：①载体所在位置处的地磁场强度，在短期内是关于位置坐标的函数；②载体干扰磁场的强度，是关于载体位置、速度、姿态等因素的函数；③地磁日变干扰场强度。由此建立了一个三层结构的神经网络。该神经网络选定输入为载体的位置、时间、姿态和速度等信息，输出为估计的地磁总强度测量值，目标函数为使磁补偿误差的平方和最小，针对大量的样本进行学习，调整神经元间的权值，使得目标函数达到最小。此时，可以从地磁总强度的测量值中分离出载体干扰磁场的强度和日变干扰场强度，分别加以补偿。

基于神经网络的磁补偿方法具有以下优点：将载体磁场作为一个整体来考虑，不需要建立精确的数学模型和进行参数估计；可以对地磁日变干扰场强度进行补偿。不足之处在于神经网络的学习需要大量的学习样本，而且补偿效果和学习速度与所选择的目标函数、学习算法有关。

1.2.3 地磁导航技术的研究现状总结和发展趋势展望

国内外学者在地磁场理论和地磁模型及地磁图的构建方面做了大量的基础理论研究和实际工作，基本解决了全球地磁正常场的三维空间分布模型构建、区域正常场和异常场的模型构建及局部地磁异常场的表述等问题，但是研究多是针对地磁学理论、地磁勘探及地震分析等地球物理领域的应用，而针对地磁导航应用中地磁基准图的构建方面的研究并不多见。由于高精度地磁导航主要是利用局部地磁场随地理位置不同而呈现出独特的地磁细节空间分布信息进行载体位置姿态的确定，实现导航定位功能，因此用于地磁导航的数字地磁基准图应着重反映独特的地磁细节信息在地理空间的分布信息。目前的地磁学的成果尚不能很好地解决地磁异常信息细节在三维空间的分布规律的描述问题。现阶段高精度地磁导航领域中使用的数字地磁图大都是通过对航空磁测、航海磁测、卫星磁测及地面磁测数据进行空间插值而生成的。常用的空间插值理论主要是基于磁测点几何信息的插值，生成的地磁图仅仅反映了插值点与测点间分布关系，而不能反映测点间地磁场的相互关系和分布规律，因此需要寻求一种可以准确反映地磁细节信息的地理分布关系的空间插值方法，以实现高分辨率局部地磁图的快速准确构建。

关于地磁信息实时准确获取方面的研究早在大航海时代就已经开始了。随着地磁测量技术的发展和相关技术的深入应用，应用领域已由传统导航中的航向测量逐渐扩展到地磁勘探中航空磁测、航海磁场、卫星磁测及地面磁测的地磁场向量测量，以及进一步发展到地磁导航中的动态实时地磁场向量测量，研究领域涉及了新型磁材料研究、高精度微小型磁传感器研制、磁传感器标定校准、载体磁场补偿等方面。从目前的研究成果看，传统导航中重点关注于利用地磁信息进行航向角的准确获取，展开了航向角自差补偿的研究；地磁勘探中磁场测量偏重于地磁场强度及其梯度变化的准确获取，重点研究地磁总强度标量的磁补偿方法；而高精度地磁导航则需要充分利用地磁向量场的地理空间分布信息，因此更加侧重于对地磁场向量的准确测量。国内外的相关研究机构虽然在地磁场向量的测量方面做了卓有成效的研究工作，但是针对航空飞行器实时地磁导航中地磁场向量的准确测量的研究才刚刚开始，还没有形成理论体系，因此需要根据航空飞行器地磁导航的特点深入开展捷联式三轴磁传感器误差分析、标定校准以及载体磁场的分析和补偿等方面的研究，进一步提高地磁向量场的实时测量精度，以适应高精度地磁导航的需求。

根据国内外地磁导航的发展现状，可以预测地磁导航在未来几年内的研究主要集中在以下几个方面：

（1）三维地磁模型的建立；

（2）高精度、高分辨率的地磁基准图的获取；

（3）新型低成本、高精度地磁测量传感器的研究；

（4）地磁测量中各种误差建模和补偿；

（5）高精度、鲁棒性强的地磁导航算法的研究。

1.3 本章小结

本章首先介绍了地磁导航的军事需求，分析了地磁导航在军事领域应用中的优势。针对地磁导航中关键技术的国内外研究现状进行了综述，分析了影响地磁导航工程应用的瓶颈技术，并对地磁导航发展趋势进行了展望。

作为一种新型的非传统导航（NonTraditional Navigation，NTN）技术，地磁导航技术在国内的研究才刚刚开始。从地磁导航实现方案的设计到样机的研制乃至最后满足工程实用需求，这一过程中存在许多技术难题和关键问题亟待突破和解决。

第 2 章　航空飞行器的运动学分析

2.1　引言

地磁场是一个随空间分布的三维向量场，在地表和近地空间的不同位置，地磁场向量的大小和方向各不相同，而且相同地磁场向量下航空飞行器处于不同姿态时，捷联式三轴磁传感器各敏感轴上的投影分量也各不相同。为了分析航空飞行器在运动过程中实时敏感到的地磁场向量及其各分量的变化特性，需要开发可提供飞行器实时位置、速度及姿态信息的轨迹发生器。航空飞行器的轨迹发生器是根据用户设定的飞行轨迹参数，实时生成飞行器位置、速度及姿态信息，是磁测误差分析与补偿、地磁导航与组合导航仿真研究的基础，它一方面为仿真飞行器上的捷联式三轴磁传感器实时敏感的地磁场向量、载体磁场向量提供位置、速度及姿态信息；另一方面为地磁导航算法研究提供位置及姿态基准，用来检验和评估地磁导航或组合导航算法的精度及其优劣性。

飞行器轨迹发生器的仿真数学模型是其运动学方程。飞行器的运动学方程是用来表征飞行载体运动规律的数学模型，是分析、计算和仿真模拟飞行器位置、速度及姿态信息的基础。由于飞行器在飞行过程中是一个复杂的时变非线性系统，完整描述飞行器在空间的运动状态和工作过程的数学模型相当复杂。在不同研究阶段，针对不同的研究目的，所需建立的飞行器的动力学模型也不相同。在本课题的研究中，主要考虑飞行器的实时导航问题，仅关心其实时的位置、速度和姿态信息，可将飞行器视为一个刚体进行分析。

本章首先介绍了地磁导航常用坐标系，然后根据作用在飞行器上的力和力矩分别建立了飞行的运动学模型。为了简化模型，分析了飞行器常见的飞行轨迹，将飞行轨迹分解为几种基本轨迹，用各种基本轨迹的不同组合来仿真复杂飞行状态下的飞行位置、速度及姿态变化。最后在 Matlab 环境下开发了飞行器轨迹发生器，并仿真了地磁导航中飞行器常见的几种飞行轨迹。

2.2　地磁导航中的常用坐标系

2.2.1　常用坐标系

为了方便地表示航空飞行器飞行过程中实时的位置、速度和姿态等信息，定义了一些常用的坐标系。

（1）地球坐标系（t 系）：地球坐标系是固连在地球上的坐标系，它相对惯性坐标系以地球自转角速率旋转。地球坐标系原点位于地球中心，Z^t 轴与地球自转轴重合，X^t 轴在赤道平面内指向格林尼治子午线，Y^t 在赤道平面内指向东经 90°方向，与 X^t、Z^t 轴构成右手坐标系。

（2）当地地理坐标系（东北天坐标系，g 系）：地理坐标系是在载体上用来表示飞行器所处地理位置的东向、北向和垂直方向的坐标系。地理坐标系的原点位于载体的重心，X^g 指向东，Y^g 指向北，Z^g 沿垂直方向指向天，即东北天坐标系。在地磁场向量描述中常采用北—东—地表示的地理坐标系。

（3）载体坐标系（b 系）：载体坐标系和运动载体固连，坐标原点位于载体的重心，X^b 轴沿载体横轴方向向右，Y^b 轴沿载体纵轴方向向前，Z^b 轴与 X^b、Y^b 轴构成右手坐标系，沿载体竖轴向上。

（4）速度坐标系（轨道坐标系，v 系）：速度坐标系的原点位于载体的重心，X^v 轴水平向右，Y^v 轴与轨迹相切指向轨迹前进的方向，Z^v 与 X^v、Y^v 轴构成右手坐标系。

（5）导航坐标系（n 系）：导航坐标系是在导航解算时根据导航系统工作的需要而选取的作为导航基准的坐标系。载体运动过程中导航计算均在导航坐标系中进行。通常，它与载体所在的位置有关。当导航坐标系选的与地理坐标系重合时，可将这种导航坐标系称为“指北方位”系统。在轨迹发生器的计算中选择当地地理坐标系为导航坐标系。

（6）三轴磁传感器测量坐标系（m 系）：测量坐标系的原点为各敏感轴的交点，X^m、Y^m、Z^m 分别为三轴磁传感器的敏感轴。对于理想的三轴捷联式磁传感器，其测量坐标系与载体坐标系固连，二者之间存在安装误差角。

2.2.2　坐标系间相互转换

地球坐标系（t 系）与当地地理坐标系（g 系）间的变换为

$$\boldsymbol{C}_t^g=\begin{bmatrix}-\sin\lambda & \cos\lambda & 0\\ -\sin L\cos\lambda & -\sin L\sin\lambda & \cos L\\ \cos L\cos\lambda & \cos L\sin\lambda & \sin L\end{bmatrix},\boldsymbol{C}_g^t=\left(\boldsymbol{C}_t^g\right)^{\mathrm{T}} \tag{2.1}$$

当地地理坐标系（g 系）与速度坐标系（v 系）的变换为

$$\boldsymbol{C}_g^v=\boldsymbol{R}_X(\theta)\boldsymbol{R}_Z(-\psi)=\begin{bmatrix}\cos\psi & -\sin\psi & 0\\ \cos\theta\sin\psi & \cos\theta\cos\psi & \sin\theta\\ -\sin\theta\sin\psi & -\sin\theta\cos\psi & \cos\theta\end{bmatrix},\boldsymbol{C}_v^g=\left(\boldsymbol{C}_g^v\right)^{\mathrm{T}} \tag{2.2}$$

式中：ψ 为航向角；θ 为俯仰角。

在正常飞行情况下，飞行器既不带侧滑也不带攻角地飞行，即载体速度始终与飞行轨迹的切线一致。考虑不存在攻角和侧滑角的情况下，速度坐标系（v 系）到载体坐标系（b 系）变换矩阵为

$$\boldsymbol{C}_v^b=\boldsymbol{R}_Y(\gamma)=\begin{bmatrix}\cos\gamma & 0 & -\sin\gamma\\ 0 & 1 & 0\\ \sin\gamma & 0 & \cos\gamma\end{bmatrix},\boldsymbol{C}_b^v=\left(\boldsymbol{C}_v^b\right)^{\mathrm{T}} \tag{2.3}$$

式中：γ 为横滚角。

2.3 飞行器的运动学模型

在研究航空飞行器飞行运动时，可以将航空飞行器视为一个外形不发生变化的刚体，这样飞行器的运动可以看作是飞行器质心移动和绕其质心转动的合成运动。飞行器的质心移动和绕质心的转动都服从一般刚体运动的力学定理。质心的移动取决于作用在飞行器上的力，而绕质心的转动则取决于作用在飞行器上相对于质心的力矩。

2.3.1 作用在飞行器上的力和力矩

飞行器在空气中运动时空气相对于飞机流动。空气的速度、压力等参数发生变化，从而产生作用于飞行器上的空气动力，即升力、阻力和侧向力。飞行器依靠空气动力在空中飞行。通过对飞行器机翼（弹翼）、尾翼及舵的控制，可以实现飞行器的俯仰、滚转和偏航；通过动力装置控制推力，使其产生不同的速度。具体过程描述如下：

（1）控制机翼使飞机产生横滚角，则可以使飞机改变航向，做转弯动作；

（2）通过水平尾翼可以使飞机抬头或低头，即改变俯仰角，使飞机上升或者下降；

（3）通过动力装置改变拉力和推力，改变飞行器的速度，使其加速或者减速运动。

在飞行过程中，作用在飞行器上的力由三部分组成：发动机的推力 $\boldsymbol{P}$、地心引力所体现出来的重力 $\boldsymbol{G}$ 和空气动力 $\boldsymbol{R}$。

飞行器上发动机的推力是飞行器在空中飞行的动力，是发动机内的燃气流以高速喷出而产生的反作用力。航空飞行器的发动机一般为空气喷气发动机（如冲压发动机、涡轮喷气发动机等），其推力的大小与飞行器的飞行高度、马赫数、飞行速度、攻角等参数有十分密切的关系。

航空飞行器在贴近地球表面的大气层内飞行，因此只计算地球对飞行器的引力 $\boldsymbol{G}_1$，其大小与地心至飞行器的距离平方成反比，方向指向地心。在考虑地球自转的情况下，飞行器还要受到因地球自转所产生的离心惯性力 $\boldsymbol{F}_e$。因而作用在巡航载体上的重力就是地心引力和离心惯性力的向量和。计算表明离心惯性力比地心引力小得多，因此，通常将地心引力视为重力，即

$$\boldsymbol{G} = \boldsymbol{G}_1 + \boldsymbol{F}_e \approx \boldsymbol{G}_1 = m\boldsymbol{g} \tag{2.4}$$

式中：$\boldsymbol{g}$ 为重力加速度向量。在 WGS-84 全球大地坐标系体系中选用的重力加速度模型为

$$\begin{cases} g(h) = g_0 \dfrac{R_e^2}{(R_e + h)^2} \approx g_0 \left(1 - \dfrac{2h}{R_e}\right) \\ g_0(L) = \dfrac{g_e(1 + k\sin^2 L)}{\sqrt{1 - e^2 \sin^2 L}} = 9.7803267714 \times \dfrac{1 + 0.00193185138639 \sin^2 L}{\sqrt{1 - 0.00669437999013 \sin^2 L}} \end{cases} \tag{2.5}$$

式中：R_e 为地球半径；h 为飞行器距离参考椭球面的高度；e 为地球偏心率；L 为飞行器所处纬度；g_e 为赤道上的理论重力加速度。

当飞行器以一定的速度在大气中飞行时，飞行器各部分（如翼面、舵面等）都会受到空气动力的作用，这些空气动力的总和称为飞行器的总空气动力 $\boldsymbol{R}$，简称为气动力。

将气动力沿速度坐标系的 X^v、Y^v 和 Z^v 轴分解为三个分量：侧向力 R_x^v、阻力 R_y^v 和升力 R_z^v，其中阻力 R_y^v 的正向与 Y^v 轴正向相反，而侧向力 R_x^v 和升力 R_z^v 的正向与 X^v 和 Z^v 轴的正向一致。

如果作用于飞行器上的外力作用线不通过飞行器的质心，则会产生绕质心的力矩。由于重力的作用点通过质心，则它对质心的力矩为零。若飞行器的推力 $\boldsymbol{P}$ 不通过其质心且与飞行器纵轴成一夹角，则产生推力矩 $\boldsymbol{M}_P$。设推力 $\boldsymbol{P}$ 在载体坐标系中的投影分量分别为 P_x^b、P_y^b 和 P_z^b，偏心向量 $\boldsymbol{r}_P$ 为质心到推力作用线的矢径，其在载体坐标系中的投影分量分别为 x_P^b、y_P^b 和 z_P^b，则推力 $\boldsymbol{P}$ 产生的推力矩 $\boldsymbol{M}_P$ 及其分量形式可表示为

$$\begin{cases} \boldsymbol{M}_P = \boldsymbol{r}_P \times \boldsymbol{P} \\ \begin{bmatrix} M_{P,x}^b \\ M_{P,y}^b \\ M_{P,z}^b \end{bmatrix} = \begin{bmatrix} 0 & -z_P^b & y_P^b \\ z_P^b & 0 & -x_P^b \\ -y_P^b & x_P^b & 0 \end{bmatrix} \begin{bmatrix} P_x^b \\ P_y^b \\ P_z^b \end{bmatrix} \end{cases} \tag{2.6}$$

将空气动力产生的气动力矩 $\boldsymbol{M}_R$ 沿载体坐标系分解为三个分量：俯仰力矩（又称为纵向力矩）$M_{R,x}^b$、滚动力矩（又称为倾斜力矩）$M_{R,y}^b$ 和偏航力矩 $M_{R,z}^b$。俯仰力矩 $M_{R,x}^b$ 一般由升降舵的偏转来产生，使飞行器绕横轴 OX^b 作旋转运动；滚动力矩 $M_{R,y}^b$ 由飞行器的副翼偏转产生，使飞行器绕纵轴 OY^b 作旋转运动；偏航力矩 $M_{R,z}^b$ 则由方向舵偏转产生，使飞行器绕竖轴 OZ^b 作旋转运动。

2.3.2　飞行器运动学方程

任何一个自由刚体在空间的任意运动都可以视为刚体质心的平移运动和绕质心转动运动的合成运动，即决定刚体质心瞬时位置的三个自由度和决定刚体瞬时姿态的三个自由度。可以采用牛顿第二定律来研究质心的移动；利用动量矩定理来研究刚体绕质心的转动。设飞行器的质量为 m，速度为 $\boldsymbol{v}$，$\boldsymbol{H}$ 表示飞行器相对于质心 O 点的动量矩，则描述飞行器质心运动和绕质心转动的动力学基本方程为

$$\begin{cases} m\dfrac{\mathrm{d}\boldsymbol{v}}{\mathrm{d}t} = \boldsymbol{F} = \boldsymbol{G} + \boldsymbol{R} + \boldsymbol{P} \\ \dfrac{\mathrm{d}\boldsymbol{H}}{\mathrm{d}t} = \boldsymbol{M} = \boldsymbol{M}_P + \boldsymbol{M}_R \end{cases} \tag{2.7}$$

式中：$\boldsymbol{F}$ 为作用于飞行器上外力的合力；$\boldsymbol{M}$ 为外力对飞行器质心的合力矩。

由于本书研究飞行器的实时导航，只关心描述飞行器各运动参数之间的运动学方程，分别建立描述飞行器质心相对当地地理坐标系（g 系）平移运动和飞行器相对当地地理坐标系姿态变化的运动学方程。

1. 飞行器质心运动的运动学方程

确定飞行器质心相对于地面的运动轨迹，需要建立飞行器质心相对于当地地理坐标系的位置方程。飞行器通过动力装置控制拉力和推力，使飞机产生沿纵轴方向的不同的速度。设飞行器沿其纵轴作匀加速直线运动，初始速度为 $\boldsymbol{v}_0$，加速度为 $\boldsymbol{a}$，则飞行器在 t 时刻的速度为 $\boldsymbol{v} = \boldsymbol{v}_0 + \boldsymbol{a}t$。而速度向量 $\boldsymbol{v}$ 与速度坐标系中的 OY^v 轴重合，即

$$\boldsymbol{v}^v=\begin{bmatrix}v_x^v\\v_y^v\\v_z^v\end{bmatrix}=\begin{bmatrix}0\\v_0+at\\0\end{bmatrix}\tag{2.8}$$

利用速度坐标系（v 系）与当地地理坐标系（g 系）间的转换关系可得

$$\boldsymbol{v}^g=\begin{bmatrix}v_E\\v_N\\v_U\end{bmatrix}=C_v^g\boldsymbol{v}^v=\begin{bmatrix}\cos\psi & \cos\theta\sin\psi & -\sin\theta\sin\psi\\-\sin\psi & \cos\theta\cos\psi & -\sin\theta\cos\psi\\0 & \sin\theta & \cos\theta\end{bmatrix}\begin{bmatrix}0\\v_0+at\\0\end{bmatrix}\tag{2.9}$$

东向速度分量 v_E 引起经度变化，北向速度分量 v_N 则引起载体的纬度变化，而天向速度分量 v_U 引起载体的高度变化，因此经度、纬度及高度方程为

$$\dot{\lambda}=\frac{v_E}{(R_N+h)\cos L},\dot{L}=\frac{v_N}{(R_M+h)},\dot{h}=v_U\tag{2.10}$$

式中：R_N 为地球卯酉圈半径；R_M 为地球子午圈半径。

将式(2.9)代入式(2.10)得

$$\begin{cases}\dot{\lambda}=\dfrac{\cos\theta\sin\psi}{(R_N+h)\cos L}(v_0+at)\\[2ex]\dot{L}=\dfrac{\cos\theta\cos\psi}{R_M+h}(v_0+at)\\[2ex]\dot{h}=(v_0+at)\sin\theta\end{cases}\tag{2.11}$$

2. 飞行器绕质心转动的运动学方程

确定飞行器在空间的姿态角，就需要建立描述飞行器相对于当地地理坐标系（g 系）姿态变化的运动学方程，即建立航向角 ψ、俯仰角 θ 和横滚角 γ 随时间的变化率与飞行器相对于当地地理坐标系转动的角速度分量 ω_x^b、ω_y^b 和 ω_z^b 之间的关系式。

根据载体坐标系与当地地理坐标系间的转换关系，有

$$\begin{bmatrix}\omega_x^b\\\omega_y^b\\\omega_z^b\end{bmatrix}=R_y(\gamma)R_x(\theta)\begin{bmatrix}0\\0\\\dot{\psi}\end{bmatrix}+R_y(\gamma)\begin{bmatrix}\dot{\theta}\\0\\0\end{bmatrix}+\begin{bmatrix}0\\\dot{\gamma}\\0\end{bmatrix}=\begin{bmatrix}-\sin\gamma\cos\theta & \cos\gamma & 0\\\sin\theta & 0 & 1\\\cos\gamma\cos\theta & \sin\gamma & 0\end{bmatrix}\begin{bmatrix}\dot{\psi}\\\dot{\theta}\\\dot{\gamma}\end{bmatrix}\tag{2.12}$$

经过变换整理得

$$\begin{bmatrix}\dot{\psi}\\\dot{\theta}\\\dot{\gamma}\end{bmatrix}=\begin{bmatrix}-\sin\gamma\sec\theta & 0 & \cos\gamma\sec\theta\\\cos\gamma & 0 & \sin\gamma\\\sin\gamma\tan\theta & 1 & -\cos\gamma\tan\theta\end{bmatrix}\begin{bmatrix}\omega_x^b\\\omega_y^b\\\omega_z^b\end{bmatrix}\tag{2.13}$$

2.4　飞行器典型的运动状态

通常飞行器是作空间运动，平面运动是飞行器运动的特殊情况。从各类飞行器的飞行情况来看，它们有时是在某一平面内飞行的，例如巡航导弹或飞机在巡航段基本上处在水平面内飞行，而飞机在爬升和降落段时则处于铅垂平面内。平面运动虽然是飞行器运动的特例，但是在飞行器导航方法研究中，飞行器平面运动的分析与解算仍然具有很大的实际意义。

以战斗机为例，常见的战术飞行动作有平飞、匀变速飞行、上升、下降、转弯及横滚等，一次飞行可以是这几种动作的组合。在空中飞行过程中，战斗机受到升力、重力、推力和阻力的共同作用，可以通过控制机翼、副翼、尾翼及动力装置来调整速度向量，使战斗机按照预定轨迹飞行。当战斗机的速度向量改变时，其飞行轨迹也相应地发生改变。

2.4.1　飞行器在铅垂面内运动

飞行器在铅垂面内运动时，其速度向量 $\boldsymbol{v}$ 始终处于该平面内，航向角 ψ 为常值。飞行器只作在铅垂平面内质心的平移运动和绕横轴 OX^b 的俯仰转动，而沿着 OX^b 的方向无平移运动，也没有绕纵轴 OY^b 的横滚转动和绕竖轴 OZ^b 的航向转动。设飞行器推力 $\boldsymbol{P}$ 作用线与其纵轴重合，且飞行器纵向对称面与该铅垂面重合。若要使飞行器在铅垂面内飞行，则作用在其上的侧向力应该等于零。此时飞行器受到的外力有发动机的推力 $\boldsymbol{P}$、空气阻力 $\boldsymbol{R}_y$、升力 $\boldsymbol{R}_z$ 和重力 $\boldsymbol{G}$（图 2-1）。

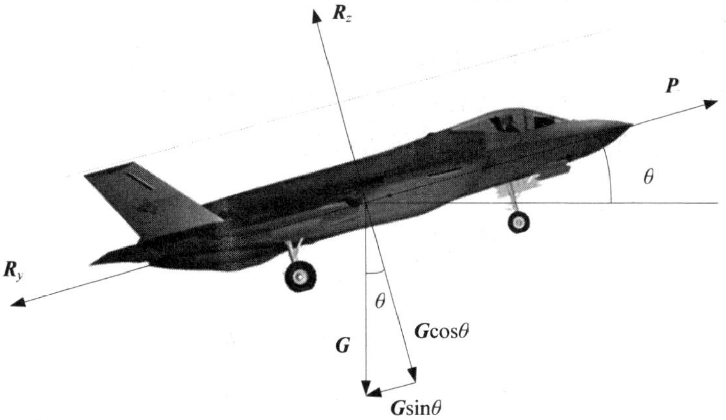

图 2-1　飞行器铅垂面内运动所受的外力

飞行器在铅垂面内的垂直运动包括爬升和俯冲。爬升可以分成 3 个阶段：改变俯仰角的拉起阶段、等角爬升阶段和结束爬升的改平阶段。俯冲过程与爬升过程相反，分为改变俯仰角的进入俯冲阶段、等角俯冲阶段和结束俯冲的改平阶段。

1. 飞行器爬升

拉起阶段： 在该阶段，飞行器的俯仰角以等角速率 $\dot{\theta}$ 从 θ_0 逐渐增加到等角爬升的角度，俯仰角改变 $\Delta\theta>0$，历时 Δt。运动学方程为

$$\begin{cases}\psi(t)=\psi_0\\ \theta(t)=\theta_0+\dot{\theta}t,\dot{\theta}=\dfrac{\Delta\theta}{\Delta t}\\ \gamma(t)=\gamma_0\\ v_{\mathrm{E}}=(v_0^b+a_Y^b t)\sin\psi_0\cos(\theta_0+\dot{\theta}t)\\ v_{\mathrm{N}}=(v_0^b+a_Y^b t)\cos\psi_0\cos(\theta_0+\dot{\theta}t)\\ v_{\mathrm{U}}=(v_0^b+a_Y^b t)\sin(\theta_0+\dot{\theta}t)\\ \dot{\lambda}=\dfrac{(v_0^b+a_Y^b t)\sin\psi_0\cos(\theta_0+\dot{\theta}t)}{\left[R_{\mathrm{N}}(L)+h(t)\right]\cos L}\\ \dot{L}=\dfrac{(v_0^b+a_Y^b t)\cos\psi_0\cos(\theta_0+\dot{\theta}t)}{\left[R_{\mathrm{M}}(L)+h(t)\right]}\\ \dot{h}=(v_0^b+a_Y^b t)\sin(\theta_0+\dot{\theta}t)\end{cases}\tag{2.14}$$

由于高度方程与经纬度方程均独立，因此可以积分得到其解析表达式：

$$\begin{aligned}h(t)&=h_0+\int_0^t(v_0^b+a_Y^b t)\sin(\theta_0+\dot{\theta}t)\mathrm{d}t\\&=h_0-\frac{v_0^b}{\dot{\theta}}\left[\cos(\theta_0+\dot{\theta}t)-\cos\theta_0\right]-\frac{a_Y^b}{\dot{\theta}}t\cos(\theta_0+\dot{\theta}t)\\&\quad+\frac{a_Y^b}{\dot{\theta}^2}\left[\sin(\theta_0+\dot{\theta}t)-\sin\theta_0\right]\end{aligned}\tag{2.15}$$

而经纬度方程比较复杂，不能用解析式表示，因此采用定步长四阶龙格—库塔法求解。

等角爬升阶段：在该阶段，飞行器以恒定的俯仰角爬升到需要的高度，该阶段的航向角、俯仰角及横滚角均不改变。运动学方程为

$$\begin{cases}\psi(t)=\psi_0\\ \theta(t)=\theta_0\\ \gamma(t)=\gamma_0\\ v_{\mathrm{E}}=(v_0^b+a_Y^b t)\sin\psi_0\cos\theta_0\\ v_{\mathrm{N}}=(v_0^b+a_Y^b t)\cos\psi_0\cos\theta_0\\ v_{\mathrm{U}}=(v_0^b+a_Y^b t)\sin\theta_0\\ \dot{\lambda}=\dfrac{(v_0^b+a_Y^b t)\sin\psi_0\cos\theta_0}{\left[R_{\mathrm{N}}(L)+h(t)\right]\cos L}\\ \dot{L}=\dfrac{\cos\psi_0\cos\theta_0(v_0^b+a_Y^b t)}{\left[R_{\mathrm{M}}(L)+h(t)\right]}\\ \dot{h}=(v_0^b+a_Y^b t)\sin\theta_0\end{cases}\tag{2.16}$$

改平阶段：在该阶段，飞机以等角速率 $\dot{\theta}$ 俯仰角从 θ_0 逐渐减小到 0°，历时 Δt。该

阶段的俯仰角方程为

$$\theta(t)=\theta_0+\dot{\theta}t,\dot{\theta}=-\frac{\theta_0}{\Delta t} \tag{2.17}$$

其余的姿态角方程、速度方程及位置方程与拉起阶段相同。

2. 飞行器俯冲

进入俯冲阶段：在该阶段，飞机的俯仰角以等角速率从 θ_0 逐渐减小到等角俯冲的角度，俯仰角改变 $\Delta\theta<0$，历时 Δt。该阶段的姿态角方程、速度方程及位置方程与拉起阶段相同。

等角俯冲阶段：在该阶段，飞机以恒定的俯仰角向下俯冲飞行。该阶段的航向角、俯仰角及横滚角均不改变，轨迹求解方程与等角飞行相同。

改平阶段：在该阶段，飞机以等角速率 $\dot{\theta}$ 俯仰角从 θ_0 逐渐增加到 0°，历时 Δt。该阶段的俯仰角方程为

$$\theta(t)=\theta_0+\dot{\theta}t,\dot{\theta}=-\frac{\theta_0}{\Delta t} \tag{2.18}$$

其余的姿态角方程、速度方程及位置方程与拉起阶段相同。

2.4.2　飞行器在水平面内运动

飞行器在水平面内运动时，其速度向量 $\boldsymbol{v}$ 始终处于水平平面内，俯仰角 θ 恒为 0°，此时作用在飞行器上沿铅垂方向上的法向控制力与飞行器重量相平衡。若飞行器在水平面内做机动飞行时，要求在水平面内沿垂直于速度 $\boldsymbol{v}$ 的法向方向即 OX^b 产生一定的侧向力。此时飞行器只有在水平面内质心的平移运动、绕纵轴 OY^b 的横滚转动和绕竖轴 OZ^b 的航向转动，而无绕横轴 OX^b 的俯仰转动，沿着 OZ^b 的方向无平移运动。飞行器在水平面内的运动主要分为水平直线飞行、航向机动飞行及一般横滚飞行等几种典型的飞行状态。

1. 水平直线飞行

飞行过程中，飞行器的姿态角均不改变，且俯仰角恒为零。此时飞行器的运动方程为

$$\begin{cases}\psi(t)=\psi_0\\ \theta(t)=\theta_0\\ \gamma(t)=\gamma_0\\ v_{\mathrm{E}}=(v_0^b+a_Y^b t)\sin\psi_0\cos\theta_0\\ v_{\mathrm{N}}=(v_0^b+a_Y^b t)\cos\psi_0\cos\theta_0\\ v_{\mathrm{U}}=(v_0^b+a_Y^b t)\sin\theta_0\\ \dot{\lambda}=(v_0^b+a_Y^b t)\sin\psi_0\cos\theta_0\sec L\left[R_{\mathrm{N}}(L)+h(t)\right]^{-1}\\ \dot{L}=\cos\psi_0\cos\theta_0(v_0^b+a_Y^b t)\left[R_{\mathrm{M}}(L)+h(t)\right]^{-1}\\ \dot{h}=(v_0^b+a_Y^b t)\sin\theta_0\end{cases} \tag{2.19}$$

2. 航向机动飞行

航向机动飞行是指飞行器在同一水平面改变航向飞行的状态。可以分为协调转弯和一般转弯两种飞行状态。

1）协调转弯

当飞行器通过协调转弯进行航向机动且无侧滑时，飞行轨迹处于水平面内。设转弯过程中飞机速度为v_Y^b，转弯半径为 R，转弯角速度为 $\boldsymbol{\omega}_Z$；转弯所需要的向心加速度 $\boldsymbol{A}_c$ 由升力倾斜（载体横滚）所产生的水平分量来提供，则

$$\begin{cases} R = \left(v_Y^b\right)^2 \Big/ (g\tan\gamma) \\ \omega_Z = \dfrac{v_Y^b}{R} \\ A_c = \omega_Z^2 R = g\tan\gamma \end{cases} \tag{2.20}$$

因此航向角的角速度为

$$\dot{\psi} = \omega_Z = \frac{g\tan\gamma}{v_Y^b} \tag{2.21}$$

飞机的转弯分成三个阶段：改变横滚角进入转弯阶段、保持横滚角以等角速率转弯段和转弯完毕后的横滚改平段。

进入转弯阶段：在该阶段，飞机以等角速率$\dot{\gamma}$将横滚角从γ_0调整到所需的横滚角。该阶段的横滚角改变 $\Delta\gamma$，历时 Δt。由于协调转弯飞行是在水平面内进行的，进入协调转弯时俯仰角的初值应该为0°，即 θ_0=0°。此时进行横滚进入转弯段时，才能产生水平的向心加速度 $\boldsymbol{A}_c$，引起垂向的角速度 $\boldsymbol{\omega}_Z$，从而带来水平面内的航向变化（图 2-2）。

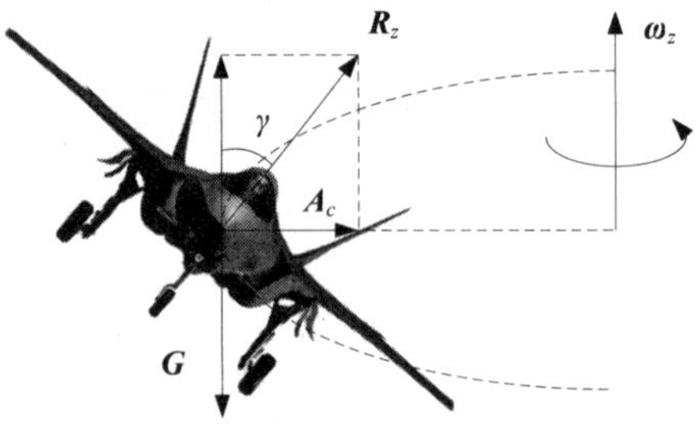

图 2-2　飞行器协调转弯所受外力

$$\begin{cases} \dot{\psi}(t) = \omega_Z = \dfrac{g(h_0, L)\tan(\gamma_0 + \dot{\gamma}t)}{v_0^b + a_Y^b t} \\ \theta(t) = \theta_0 = 0 \\ \gamma(t) = \gamma_0 + \dot{\gamma}t \\ \dot{\gamma} = \dfrac{\Delta\gamma}{\Delta t} \\ v_{\mathrm{E}} = (v_0^b + a_Y^b t)\cos\theta_0 \sin\psi(t) = (v_0^b + a_Y^b t)\sin\psi(t) \\ v_{\mathrm{N}} = (v_0^b + a_Y^b t)\cos\theta_0 \cos\psi(t) = (v_0^b + a_Y^b t)\cos\psi(t) \\ v_{\mathrm{U}} = (v_0^b + a_Y^b t)\sin\theta_0 = 0 \\ \dot{\lambda} = \dfrac{(v_0^b + a_Y^b t)\cos\theta_0 \sin\psi(t)}{\left[R_{\mathrm{N}}(L) + h_0\right]\cos L} = \dfrac{(v_0^b + a_Y^b t)\sin\psi(t)}{\left[R_{\mathrm{N}}(L) + h_0\right]\cos L} \\ \dot{L} = \dfrac{(v_0^b + a_Y^b t)\cos\theta_0 \cos\psi(t)}{\left[R_{\mathrm{M}}(L) + h_0\right]} = \dfrac{(v_0^b + a_Y^b t)\cos\psi(t)}{\left[R_{\mathrm{M}}(L) + h_0\right]} \\ \dot{h} = 0 \\ h = h_0 \end{cases} \tag{2.22}$$

由于航向角微分方程比较复杂，很难得到方程的解析解。因此，与经纬度微分方程

一起，采用四阶龙格—库塔方法进行数值求解。

转弯巡航阶段：在该阶段，飞机保持横滚角 γ_1 以等角速度 ω_Z 转弯，飞机进行转弯巡航。其姿态方程为

$$\begin{cases}\dot{\psi}(t)=\omega_Z=\dfrac{g(h_0,L)\tan\gamma_0}{v_0^b+a_Y^b t}\\ \theta(t)=\theta_0=0\\ \gamma(t)=\gamma_1=\gamma_0+\Delta\gamma\end{cases} \tag{2.23}$$

速度方程和位置方程与转弯段相同。

转弯改平阶段：在该阶段，飞机以等角速率 $\dot{\gamma}$ 将横滚角由 γ_1 逐渐减小到 0°，该阶段的横滚角方程为

$$\begin{cases}\gamma(t)=\gamma_1+\dot{\gamma}t\\ \dot{\gamma}=-\dfrac{\gamma_1}{\Delta t}\end{cases} \tag{2.24}$$

其他姿态方程、速度方程及位置方程与进入转弯阶段相同。

2）一般转弯

在一般转弯时，飞行器通过控制垂直尾舵改变其航向，而横滚角不发生改变。飞行器的姿态角方程为

$$\begin{cases}\psi(t)=\psi_0+\dot{\psi}t\\ \dot{\psi}=\dfrac{\Delta\psi}{\Delta t}\\ \theta(t)=\theta_0=0\\ \gamma(t)=\gamma_0\end{cases} \tag{2.25}$$

速度方程和位置方程与协调转弯相同。

3）一般横滚

飞机作横滚机动，而航向角、俯仰角保持不变。

$$\begin{cases}\psi(t)=\psi_0\\ \theta(t)=\theta_0\\ \gamma(t)=\gamma_0+\dot{\gamma}t\\ \dot{\gamma}=\dfrac{\Delta\gamma}{\Delta t}\end{cases} \tag{2.26}$$

由于一般横滚时，横滚角的改变并不影响导航坐标系中的速度向量。因此，其速度方程、位置方程与等角飞行相同。

2.5 计算机仿真研究

根据以上分析，可以将飞行器的飞行状态分解为等角爬升、俯仰运动、俯仰改平、水平直线、协调转弯、转弯巡航、转弯改平、一般转弯、一般横滚等 9 类基本轨迹。由这些飞行器的基本运动进行组合，可以得到比较复杂的飞行器运动过程。依照轨迹发生器的设计思路，以 Matlab 为开发工具根据飞行器的基本轨迹的运动学模型研制了飞行器轨迹发生器模块，以实时仿真飞行器的各种轨迹。在地磁导航中载体磁场标定和补偿时，通常要求飞行器作一系列的机动飞行；而在地磁匹配导航时，又要求飞行器在水平面或近似水平面内飞行。因此采用轨迹发生器生成各种典型的飞行轨迹，可为后续的载体磁场标定、补偿和地磁匹配导航提供飞行器的位置、速度及姿态基准。

1. 水平面航向机动飞行轨迹

飞行器在水平面内盘旋飞行一周，且俯仰角、横滚角均为零，不发生改变。

1）仿真参数

飞行器初始位置：经度 λ_0=116°E；纬度 L_0=40°N；高度 h_0=8000m。

初始速度：v_0=100m/s。

初始姿态：航向角 ψ_0= 0°；俯仰角 θ_0= 0°；横滚角 γ_0= 0°。

基本轨迹序列如表 2-1 所示。

表 2-1 水平面航向机动飞行的基本轨迹序列

基本轨迹	Δt/s	a/ (m/s^2)	$\Delta\psi$/ (°)	$\Delta\theta$/ (°)	$\Delta\gamma$/ (°)
一般转弯飞行	50	0	360	0	0

2）仿真结果分析

从仿真图 2-4～图 2-5 中可以看出，飞行轨迹为一个椭圆，其经度变化 1.12″，约为 1589.48m，纬度变化 0.86″，约为 1595.61m，而高度维持不变；飞行速度保持不变，其模值为 100m/s；航向角随时间线性增长，在 50s 内航向角变化 360°，俯仰角和横滚角均保持不变，其大小为 0°。仿真曲线如图 2-3～图 2-5 所示。

2. 姿态机动飞行轨迹

飞行器在 0°、90°、180°、270°四个航向上飞行，并且每个航向飞行时作俯仰和横滚机动。

1）仿真参数

飞行器初始位置：经度 λ_0=116°E；纬度 L_0=40°N；高度 h_0=8000m。

初始速度：v_0=100m/s。

初始姿态：航向角 ψ_0= 0°；俯仰角 θ_0= 0°；横滚角 γ_0 = 0°。

基本轨迹序列如表 2-2、表 2-3 所示。

表 2-2 姿态机动飞行的轨迹子集序列

序号	轨迹子集	Δt/s	a /(m/s^2)	$\Delta\psi$/ (°)	$\Delta\theta$/ (°)	$\Delta\gamma$/ (°)
1	0°航向角的机动	—	—	—	—	—
2	一般转弯飞行	5	0	90	0	0
3	90°航向角的机动	—	—	—	—	—
4	一般转弯飞行	5	0	90	0	0
5	180°航向角的机动	—	—	—	—	—
6	一般转弯飞行	5	0	90	0	0
7	270°航向角的机动	—	—	—	—	—

表 2-3 *i* 航向角机动的基本轨迹序列（*i*=0°, 90°, 180°, 270°）

序号	基本轨迹	Δt/s	a/ (m/s^2)	$\Delta\psi$/ (°)	$\Delta\theta$/ (°)	$\Delta\gamma$/ (°)
1	水平直线飞行	5	0	0	0	0
2	俯仰运动	5	0	0	20	0
3	俯仰改平	5	0	0	–	0
4	俯仰运动	5	0	0	−20	0
5	俯仰改平	5	0	0	–	0
6	一般横滚	5	0	0	0	15
7	一般横滚	10	0	0	0	−30
8	一般横滚	5	0	0	0	15
9	水平直线飞行	5	0	0	0	0

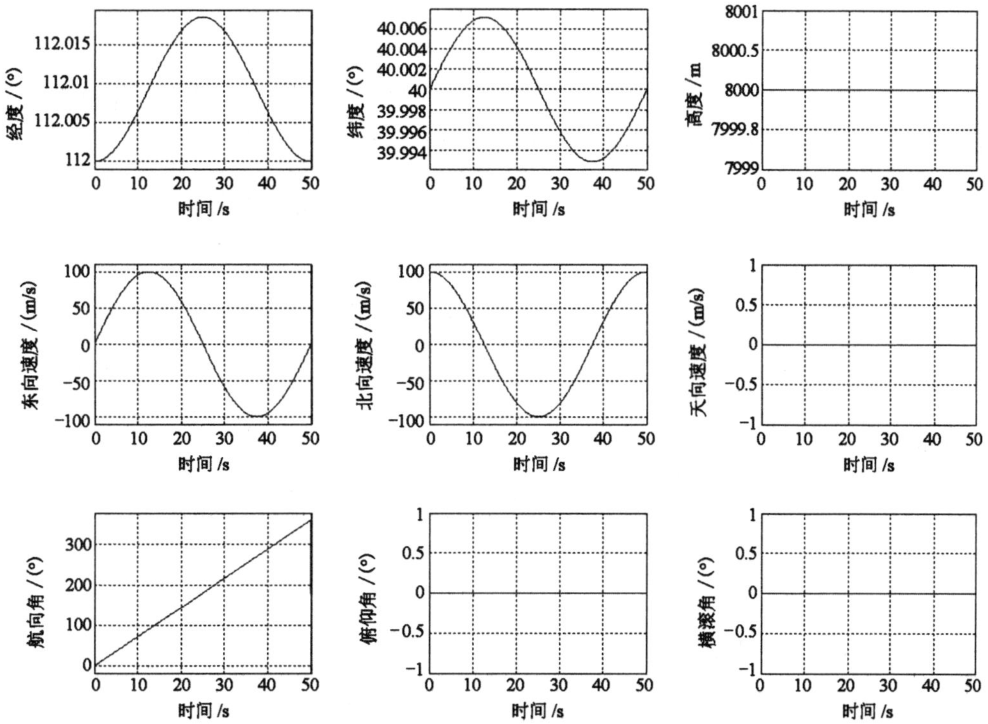

图 2-3 水平面航向机动位置、速度、姿态曲线

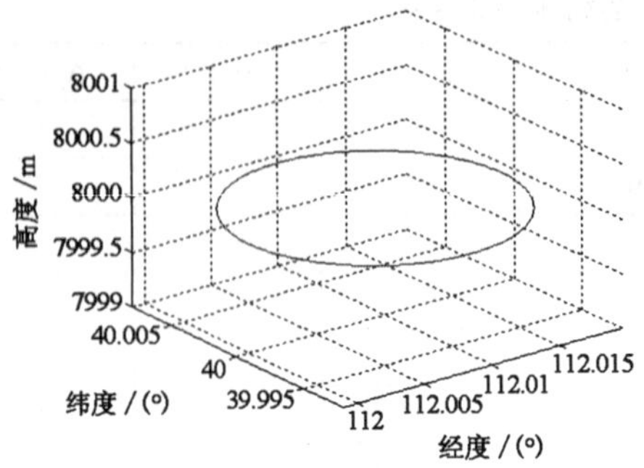

图 2-4　水平面航向机动三维轨迹

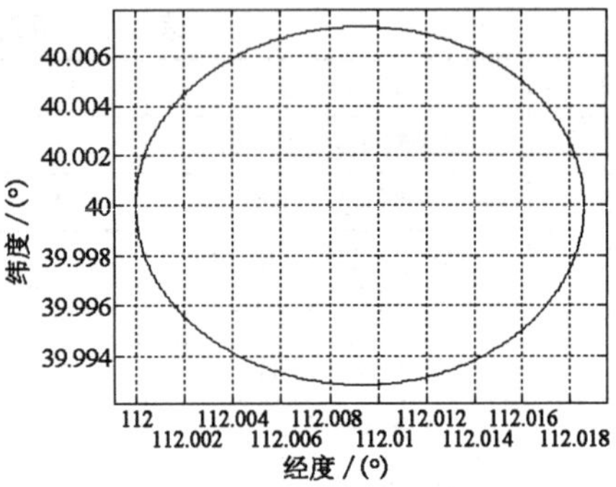

图 2-5　水平面航向机动二维轨迹

2）仿真结果分析

从仿真图 2-7～图 2-8 中可以看出，飞行轨迹为一个椭圆，其经度变化 3.93′，约为 5590.49m，纬度变化 3.02′，约为 5610.49m，而高度变化 172.77m；飞行速度的模值为 100m/s，保持不变；飞行器分别沿着正北、正东、正南、正西四个航向飞行，在每个航向内俯仰角和横滚角分别作均为±20°和±15°的机动飞行。仿真曲线如图 2-6～图 2-8 所示。

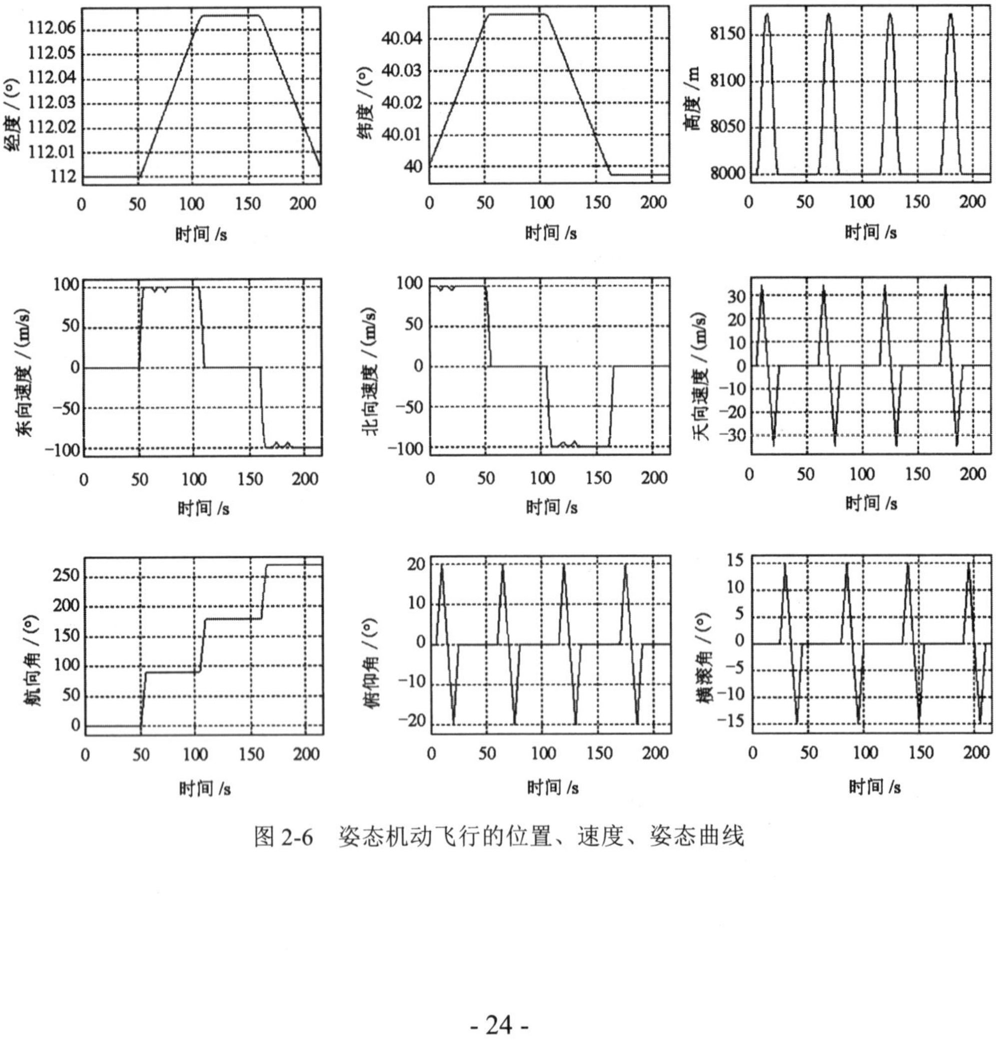

图 2-6　姿态机动飞行的位置、速度、姿态曲线

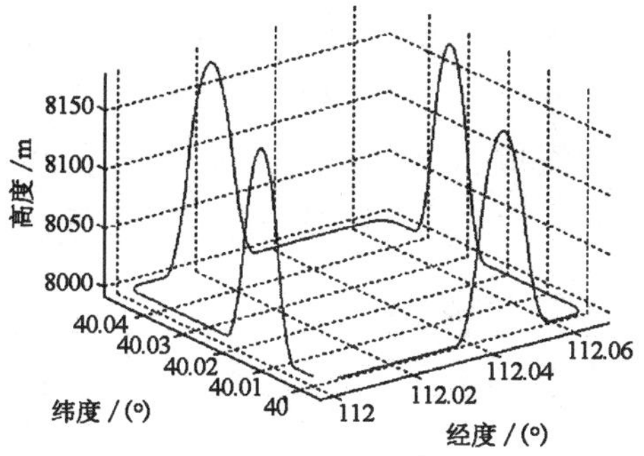

图 2-7　姿态机动飞行三维轨迹

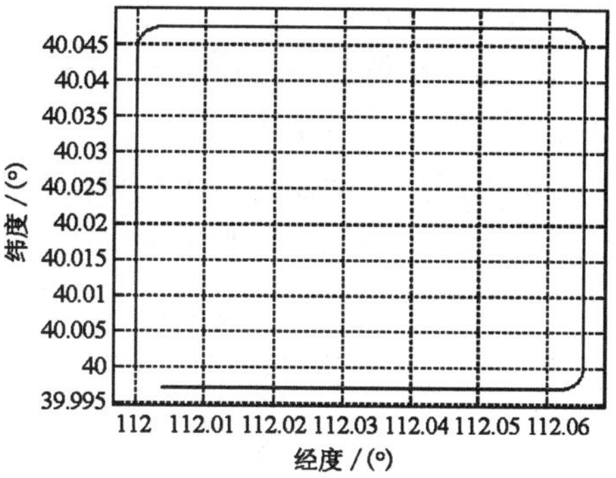

图 2-8　姿态机动飞行二维轨迹

3. 水平直线飞行轨迹

飞行器在地磁匹配导航阶段，通常沿着水平直线飞行通过匹配区域。

1）仿真参数

飞行器初始位置：经度 λ_0=116.35°E；纬度 L_0=39.98°N；高度 h_0=50m。

初始速度：v_0=50m/s。

初始姿态：航向角 ψ_0= 0°；俯仰角 θ_0= 0°；横滚角 γ_0= 0°。

基本轨迹序列如表 2-4 所示。

表 2-4　水平直线飞行的基本轨迹序列

基本轨迹	Δt/s	a /(m/s^2)	$\Delta\psi$/ (°)	$\Delta\theta$/ (°)	$\Delta\gamma$/ (°)
水平直线飞行	20	0	0	0	0

2）仿真结果分析

从仿真图中可以看出，飞行轨迹为一个直线，其经度和高度维持不变，纬度变化0.54′，约为1002.56m；飞行速度的模值为50m/s，保持不变；姿态角均为0°，保持不变。仿真曲线图 2-9、图 2-10 所示。

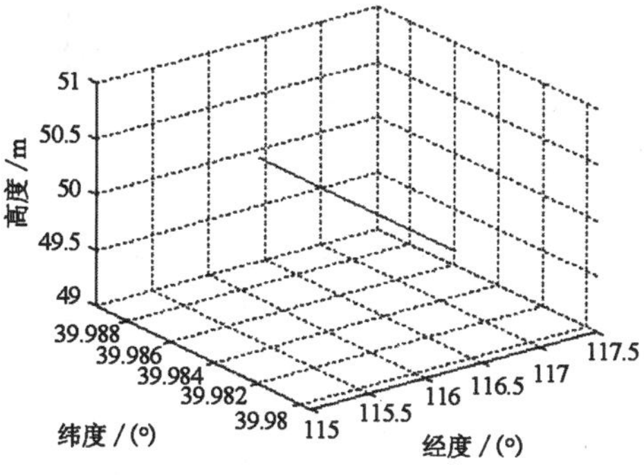

图 2-9　水平直线飞行三维轨迹

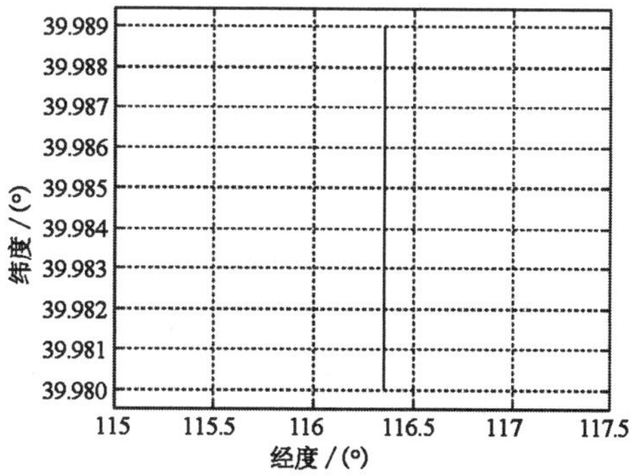

图 2-10　水平直线飞行二维轨迹

4. 水平面 S 机动飞行轨迹

飞行器在地磁匹配导航阶段，在水平面内按照指定的航向作 S 机动飞行。

1）仿真参数

飞行器初始位置：经度 λ_0=116.35°E；纬度 L_0=39.98°N；高度 h_0=50m。

初始速度：v_0=50m/s。

初始姿态：航向角 ψ_0= 0°；俯仰角 θ_0= 0°；横滚角 γ_0= 0°。

基本轨迹序列如表 2-5 所示。

表 2-5　水平面 S 机动飞行的基本轨迹序列

序号	基本轨迹	Δt/s	a/ (m/s^2)	$\Delta\psi$/ (°)	$\Delta\theta$/ (°)	$\Delta\gamma$/ (°)
1	水平直线飞行	1	0	0	0	0
2	协调转弯	4	0	–	0	20
3	转弯改平	4	0	–	0	–
4	协调转弯	4	0	–	0	−20
5	转弯改平	4	0	–	0	–
6	水平直线飞行	1	0	0	0	0

2）仿真结果分析

从仿真图中可以看出，飞行轨迹为一个 S 形曲线，其经度变化 0.08′，约为 110.68m，纬度变化 0.48′，约为 889.33m，高度维持不变；飞行速度的模值为 50m/s，保持不变；姿态角均为 0°，保持不变。仿真曲线如图 2-11～图 2-13 所示。

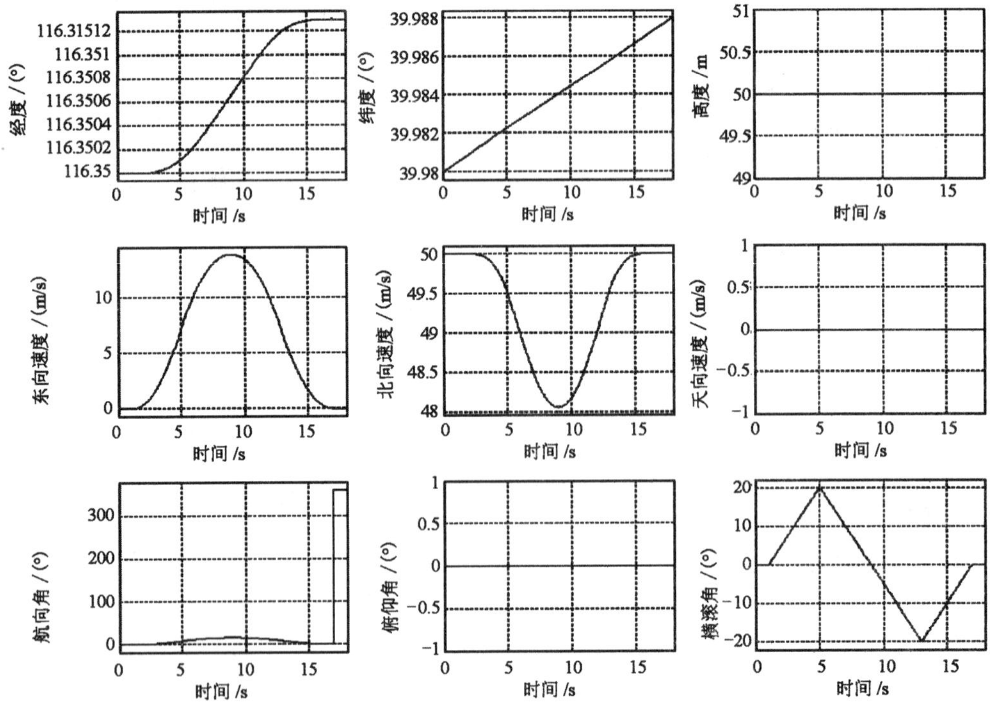

图 2-11　水平面 S 机动飞行的位置、速度、姿态曲线

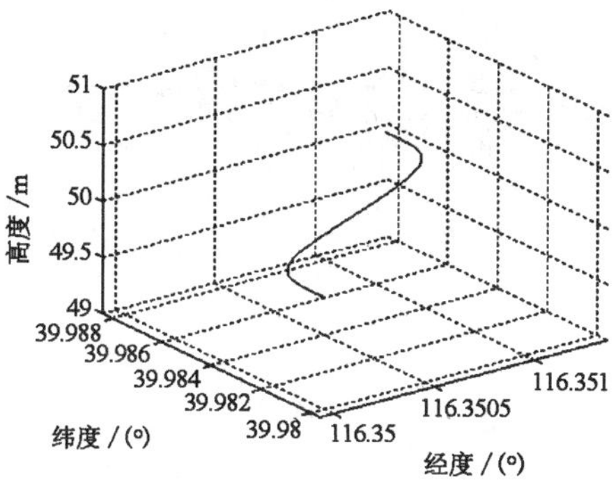

图 2-12　水平面 S 机动飞行三维轨迹

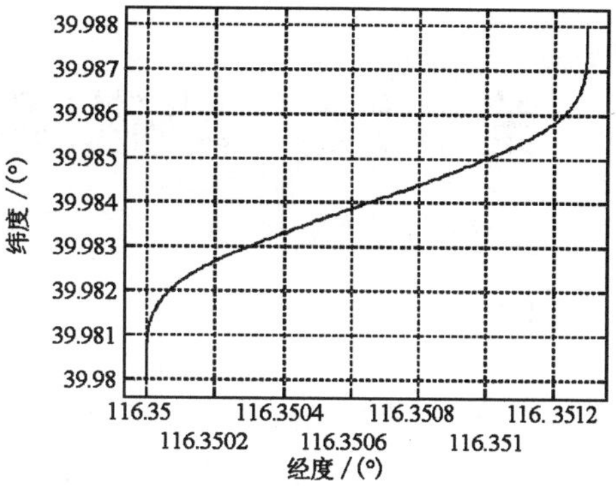

图 2-13　水平面 S 机动飞行二维轨迹

2.6　本章小结

本章详细研究了飞行器的运动学方程。为了简化运动模型，将飞行器的运动分解为 9 种基本轨迹，分别推导了相应轨迹的位置、速度及姿态方程。飞行器轨迹发生器采用各种基本轨迹的不同组合来仿真复杂飞行状态下的飞行的位置、速度及姿态变化。最后对地磁导航中飞行器常见的几种飞行轨迹进行了仿真。仿真表明该轨迹发生器所生成的实时导航信息真实可信，满足飞行器地磁导航相关技术研究需求，可以为后续研究提供可靠的位置、速度及姿态基准。

第 3 章　地磁图构建与地磁场仿真

3.1　引言

地磁场作为地球的固有资源，为航空、航天、航海提供了天然的坐标，可应用于航天器、航空飞行器和舰船等载体的定位、定向及姿态控制。实现任何以地磁场为基准的导航系统的前提是必须构建所需要的、符合质量要求的基准数字地磁图。数字地磁图作为地磁导航系统的一个重要组成部分，其数据精度直接影响着地磁导航系统的定位、定姿精度。欲实现高精度地磁导航，需要及时准确地获取反映地磁空间分布特征的数学模型或测量数据并生成相应的数字地磁图作为导航基准。因此研究构建数字地磁图的地磁模型和插值方法具有重要意义。

本章首先分析了地磁场的主要成分和各成分的特性，然后分别介绍了数字地磁图构建的两种常用的方法：基于地磁模型的方法和基于空间插值理论的方法，重点分析了 IGRF 模型和各种区域地磁模型的优缺点及在地磁导航中的适用范围。为了构建高精度地磁图，详细分析了克里金空间插值理论，论述了该空间插值方法构建局部地磁场图的合理性，通过交叉验证方法来验证其有效性和准确度。最后仿真生成了飞行器常用轨迹中实时敏感的地磁场向量信息。

3.2　地磁场概述

3.2.1　地磁场特性分析

地球所具有的磁场称为地磁场。由于太阳不断地向外辐射带电微粒，所形成的太阳风影响着地磁场的空间分布，使地磁场在向阳面与背阳面极不对称。向阳面的地磁场被局限在距地心约 10 个地球半径的范围内，最远处强度为 50～100nT。背阳面的地磁场可延伸到很远，达到 60 个地球半径，甚至远及 1000 个地球半径；从 15 个地球半径处开始，延伸到 100 个地球半径左右的区域内，由于南、北半球磁力线相反，则在磁力线换向处存在一个强度几乎为零的区域，称为中性片。而在近地空间的地磁场分布是较规则的，可用于飞机、舰船、潜艇及巡航导弹的载体的地磁导航。根据行星际监视探测 1、2、3 号卫星（IMP-1，2，3）的观测数据，得到地磁场在日地空间的分布如图 3-1（a）所示。图 3-1（b）中细线表示偶极子场；粗线表示整个地磁场。

地磁场最基本的特征是：地磁场近似于一个置于地心的磁偶极子的磁场，这个磁偶极子称为地心磁偶极子或地心偶极子，磁力线分布如图 3-2 所示。地心偶极子的磁轴为 N_mS_m（亦称为地球的磁轴），它与地轴 NS 斜交一个角度 $\theta_0\approx 11.5°$。磁轴与地球表面的交点为 N_m 和 S_m，在地理北极附近的交点 N_m 称为地磁北极；而在地理南极附近的交点 S_m 称为地磁南极。地磁北极和地磁南极是就地理位置而言的，但就磁性来说，地心偶极子的 N 极对应于地磁南极 S_m，而其 S 极对应于地磁北极 N_m。

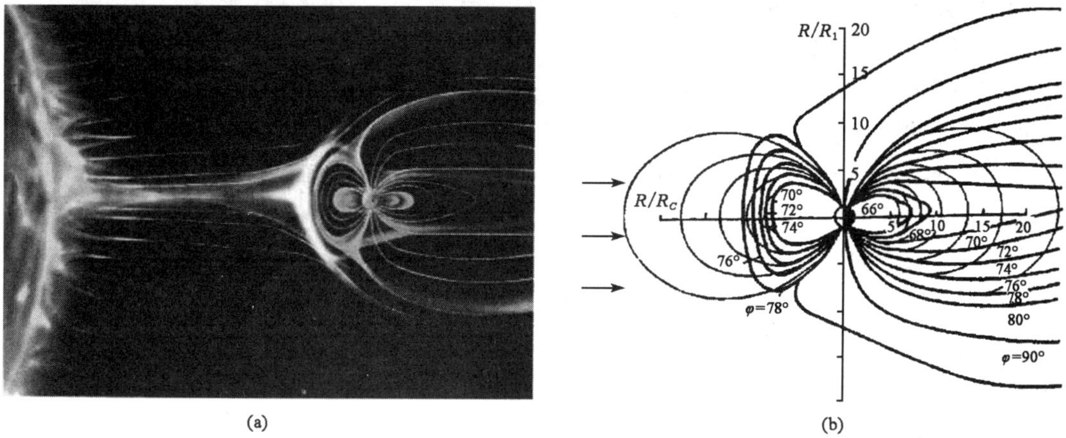

图 3-1　地磁场磁力线的分布

地磁场的另一个显著的特征是：地磁场是一个弱磁场。通常采用纳特（nT）为基本单位（$1nT=10^{-9}$ T）来度量地磁场强度。在地面上的平均强度约为 5×10^4nT；最强的两磁极处也只约为 7×10^4nT。

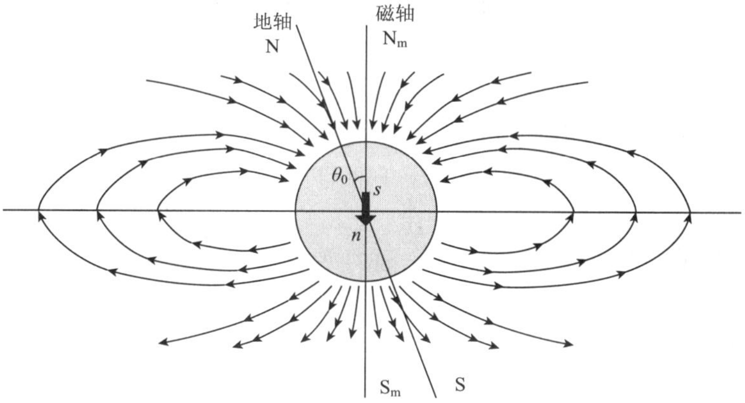

图 3-2　地心偶极子磁场示意图

地磁场的第三个特征是：地磁场是一个相对稳定磁场。因为地磁场是各种不同来源磁场的叠加结果，所以就其性质而言，可分为三大部分。

（1）地球主磁场：是由处于地幔之下、地核外层的高温液态铁镍环流引起的，又称地磁正常场。主磁场在地表处的强度为 50000～70000nT，占地磁场总量的 95%以上。主磁场的时间变化周期以千年尺度计，逐渐向西漂移，空间分布为行星尺度。

（2）地磁异常场：产生于磁化的地壳岩石，又称为地壳场。强度占地磁场总量的 4%以上，在地球表面上呈区域分布，典型分布范围约为数十千米，波长可小到 1m，随离地面高度的增加而衰减，其磁场强度几乎不随时间变化。

（3）扰动磁场：源于磁层和电离层，大小为 5～500nT，时间变化比较剧烈，且与太阳活动有关。

地磁匹配导航主要利用随时间变化较慢的地磁正常场和磁异常场。地磁正常场在近地空间的分布近似于磁偶极子模型的磁场分布。由于全球范围的地磁分布数据主要来自于卫星磁测结果，平均测量高度为400km。卫星磁测数据中仅包含地磁正常场信息，而源于地壳的中小尺度磁异常已被滤掉，因此地磁正常场空间分辨率较低，且在地表受附近磁异常场的影响较大，只适合于定轨测姿精度要求较低的中低轨道卫星的导航；而磁异常场的分布特点主要由地壳岩石的结构、成因、形成时的地磁环境及材料等因素共同确定，地球上各个地方的磁异常场均不相同，且空间分辨率高，因此可以通过测定磁异常场来确定载体的地理位置。由于地磁异常场强度随离地面高度的增加而衰减，仅适用于地表的陆地、海洋及近地表的区域内载体导航。扰动磁场在地磁导航中是一个重要的干扰源。不论是地磁基准图的构建还是实时地磁信息的获取都需要减小或消除扰动磁场的影响。

3.2.2 地磁场的描述

为了描述地磁向量场的空间分布特征，经常将地磁场向量 $\boldsymbol{F}$ 在北—东—地地理坐标系中表示为 7 个地磁要素（F, H, X, Y, Z, D, I）。图 3-3 给出了地理坐标系中各要素的定义和符号，其中 XOY 面为水平面；OZ 为向下的铅垂方向；HOZ 面（F，H，Z 所在平面）为当地磁子午面；XOZ 面为当地地理子午面；F 为地磁场总强度；H 为地磁场水平强度或水平分量，是 $\boldsymbol{F}$ 在水平面内的投影；X 为地磁场北向分量，是 $\boldsymbol{H}$ 在地理北方向的投影，向北为正；Y 为地磁场东向分量，是 $\boldsymbol{H}$ 在地理东方向的投影，向东为正；Z 为地磁场垂直强度或垂直分量，是 $\boldsymbol{F}$ 在铅垂方向的投影，向下为正；D 为磁偏角，是水平面内 $\boldsymbol{H}$ 与 $\boldsymbol{X}$ 的夹角（或说是磁北与地理北的夹角），也是磁子午面与地理子午面的夹角，向东为正；I 为磁倾角，是磁子午面内 $\boldsymbol{F}$ 与 $\boldsymbol{H}$ 的夹角(或说是 $\boldsymbol{F}$ 与水平面的夹角)，向下为正。

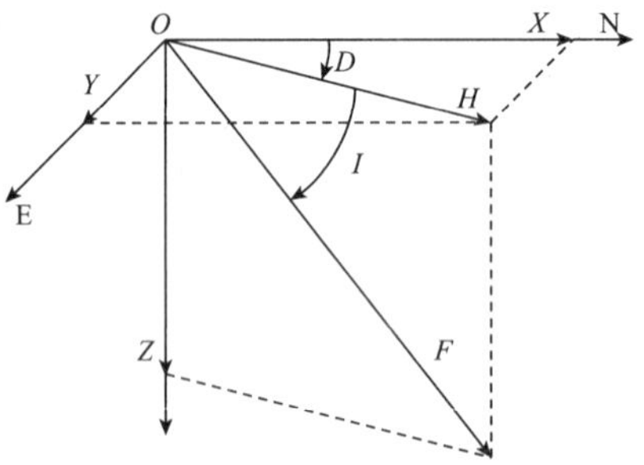

图 3-3　地理坐标系中地磁各要素

把地磁要素中三个彼此独立的要素称为地磁三要素，如（F, D, I），（F, H, D），（H, D, Z）。各要素间的相互关系为

$$\begin{cases} X = F\cos I\cos D \\ Y = F\cos I\sin D \\ Z = F\sin I = H\tan I = \sqrt{F^2 - H^2} \\ F = \sqrt{H^2 + Z^2} = \sqrt{X^2 + Y^2 + Z^2} \\ H = F\cos I \\ I = \arctan(Z/H) = \arccos(H/F) \\ D = \arctan(Y/X) = \arccos(X/H) = \arcsin(Y/H) \end{cases} \tag{3.1}$$

在地磁导航中，主要使用地磁场数学模型和数字地磁图的信息进行导航定位。根据地磁图表示地理范围的大小，可分为全球地磁图或地磁模型、区域地磁图或地磁模型（范

围在数百至数千千米）和局部地磁图（范围在数千米至数十千米）。目前构建数字地磁图主要可以通过插值方法和地磁场模型的手段来完成，如图 3-4 所示。

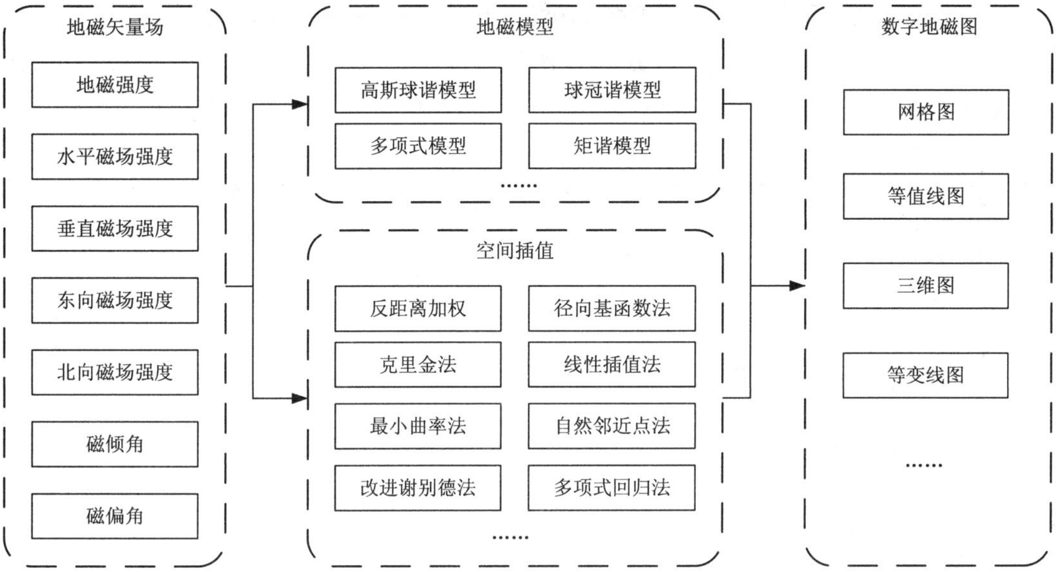

图 3-4　数字地磁图的构建

3.3　地磁场模型

目前常用的地磁模型主要为基于高斯球谐理论的全球地磁模型和各种区域的地磁模型。

3.3.1　国际地磁参考场

1839 年，C.F.Gauss 把球谐函数分析方法应用于地磁场，得出了地磁场的数学表达形式，奠定了地磁学的数理基础。国际地磁参考场 IGRF 是描述地磁场全球分布的球谐模型，表示地磁场及其长期变化在全球的分布特征，其理论基础是高斯提出的球谐分析理论。IGRF 在地球科学和空间科学的许多理论研究和应用研究中有着广泛的应用，如地球物理勘探中为研究磁异常分布提供正常场信息。

按照高斯理论，磁势 W 应满足拉普拉斯方程，它的解为

$$W = a\sum_{n=1}^{\infty}\sum_{m=0}^{n}\left[\left(\frac{a}{r}\right)^{n+1}(g_{ni}^{m}\cos m\lambda + h_{ni}^{m}\sin m\lambda) + \left(\frac{r}{a}\right)^{n}(g_{ne}^{m}\cos m\lambda + h_{ne}^{m}\sin m\lambda)\right]P_{n}^{m}(\cos\theta) \tag{3.2}$$

式中：r 为径向距离；a 为地球半径；λ 为经度；θ 为余纬；g_{ni}^{m} 和 h_{ni}^{m} 为内源场的高斯系数；g_{ne}^{m} 和 h_{ne}^{m} 为外源场的高斯系数；$P_{n}^{m}(\cos\theta)$ 为施密特缔合勒让德函数：

$$P_{n}^{m}(\cos\theta) = \begin{cases} P_{n,m}(\cos\theta), & m = 0 \\ \sqrt{\dfrac{2(n-m)!}{(n+m)!}}P_{n,m}(\cos\theta), & m \geqslant 1 \end{cases} \tag{3.3}$$

式中：$P_{n,m}(\cos\theta)=\sin^m\theta\dfrac{\mathrm{d}^m P_n(\cos\theta)}{\mathrm{d}(\cos\theta)^m}$；$P_n(\cos\theta)$ 为勒让德函数。

由于地磁场的磁势是一个无旋有势的标量场，磁势与磁场向量满足

$$\boldsymbol{H}=-\nabla W(x,y,z) \tag{3.4}$$

由此可以得到地磁场的北向强度 X、东向强度 Y 和垂直强度 Z 的表达式：

$$\begin{cases} X=\sum\limits_{n=1}^{\infty}\sum\limits_{m=0}^{n}\left[\left(\dfrac{a}{r}\right)^{n+2}(g_{ni}^m\cos m\lambda+h_{ni}^m\sin m\lambda)+\left(\dfrac{r}{a}\right)^{n-1}(g_{ne}^m\cos m\lambda+h_{ne}^m\sin m\lambda)\right] \\ \dfrac{\mathrm{d}P_n^m(\cos\theta)}{\mathrm{d}\theta} \\ Y=\sum\limits_{n=1}^{\infty}\sum\limits_{m=0}^{n}\left[\left(\dfrac{a}{r}\right)^{n+2}(g_{ni}^m\sin m\lambda-h_{ni}^m\cos m\lambda)+\left(\dfrac{r}{a}\right)^{n-1}(g_{ne}^m\sin m\lambda-h_{ne}^m\cos m\lambda)\right] \\ \dfrac{m}{\sin\theta}P_n^m(\cos\theta) \\ Z=-\sum\limits_{n=1}^{\infty}\sum\limits_{m=0}^{n}\left[\left(\dfrac{a}{r}\right)^{n+2}(n+1)(g_{ni}^m\cos m\lambda+h_{ni}^m\sin m\lambda)-\left(\dfrac{r}{a}\right)^{n-1}n(g_{ne}^m\cos m\lambda+h_{ne}^m\sin m\lambda)\right] \\ P_n^m(\cos\theta) \end{cases} \tag{3.5}$$

当取 $r=a$ 时，即为地面上磁场强度的表达式。

高斯分析的结果表明，地面地磁场的绝大部分来源于地球内部，外源磁场只占千分之几。高斯级数 $n=1$ 项相当于地心偶极子磁场，剩余的部分称为非偶极子磁场。在非偶极子磁场中，$n=2$ 和 $n=3$ 的项占主要部分。高斯分析的理论意义就在于除了给出地磁场的严格数学表述外，还从理论上证明了地磁场主要来源于地球内部的假设。

自高斯理论提出后，许多学者利用各种类型的地磁资料和处理方法进行球谐分析，计算了相应的高斯系数。为了客观地反映全球地磁场的基本特点，1964 年世界地磁测量会议强调指出，国际上应采用统一的国际地磁参考场 IGRF。国际地磁学和高空大气学协会（IAGA）除成立世界地磁测量的国际合作机构以协调各国地磁测量任务外，还根据各种地磁测量数据定期更新修订 IGRF 模型系数，IGRF 模型的发展概况见表 3-1。

表 3-1　IGRF 命名法和国际地磁参考场模型发展概要

全称	简称	修订时间	有效时间	限定时间
IGRF 11th generation	IGRF-11	2009	1900.0—2015.0	1945.0—2000.0
IGRF 10th generation	IGRF-10	2004	1900.0—2010.0	1945.0—2000.0
IGRF 9th generation	IGRF-9	2003	1900.0—2005.0	1945.0—2000.0
IGRF 8th generation	IGRF-8	1999	1900.0—2005.0	1945.0—1990.0
IGRF 7th generation	IGRF-7	1995	1900.0—2000.0	1945.0—1990.0
IGRF 6th generation	IGRF-6	1991	1945.0—1995.0	1945.0—1985.0
IGRF 5th generation	IGRF-5	1987	1945.0—1990.0	1945.0—1980.0

续表

全称	简称	修订时间	有效时间	限定时间
IGRF 4th generation	IGRF-4	1985	1945.0—1990.0	1965.0—1980.0
IGRF 3th generation	IGRF-3	1981	1965.0—1985.0	1965.0—1975.0
IGRF 2th generation	IGRF-2	1975	1955.0—1980.0	—
IGRF 1th generation	IGRF-1	1969	1955.0—1975.0	—

利用 IGRF 研究地磁场具有以下优点：①最新的国际地磁参考场 IGRF-11 包括 1900—2015 年间的地磁场数学模型，可以使用和分析不同年代取得的地磁测量资料，从而最大限度地发挥所有地磁资料的作用；②IGRF 提供了一个合理的、统一的地磁正常场，从而避免了不同地区地磁场衔接不上的矛盾；③可以计算出任意时间（1900—2015 年）、任意地点和任意高度（地表及近地空间）的地磁场值。

3.3.2　区域地磁场模型

全球地磁场模型（IGRF，WMM）能较为全面准确地反映地磁场中的主要成分——地磁正常场在全球的宏观分布特征，但由于模型阶次的限制，建模过程中滤除了地磁场的细节信息。由 IGRF、WMM 模型构建的数字地磁图对来源于地壳的磁异常是反映不出来的。为了描述某一关注区域地磁场的高分辨率细节信息，国内外学者通过分析近百年的大地磁测、航空磁测及海洋磁测资料，研究了各种区域地磁场模型。区域地磁场模型主要有以下五种：

1. 多项式模型

常见的多项式模型为泰勒多项式模型，其数学表达式为

$$G(L,\lambda)=\sum_{n=0}^{N}\sum_{k=0}^{n}A_n^k(L-L_0)^{n-k}(\lambda-\lambda_0)^k \tag{3.6}$$

式中：$G(L,\lambda)$为地理坐标为(L,λ)点处的地磁要素；A_n^k为系数；L_0、λ_0为泰勒展开点的纬度和经度；L、λ为地理纬度和经度；N为截断阶数。

多项式模型最大的优点是计算简单，使用方便；其缺点是所求地磁要素间不满足地磁场位势理论，而且只能表示地磁场的二维信息，不能描述地磁场随高度的变化。

2. 曲面样条函数模型

1972 年 Harder 等人给出表示地磁场二维空间分布的曲面样条函数模型：

$$\begin{cases}G(x,y)=A+Bx+Cy+\sum_{i=1}^{N}D_i r_i^2\ln(r_i^2+\varepsilon)\\ \sum_{i=1}^{N}D_i=\sum_{i=1}^{N}x_iD_i=\sum_{i=1}^{N}y_iD_i=0\end{cases} \tag{3.7}$$

式中：$G(x,y)$表示在当地水平坐标系中坐标为(x,y)点的地磁要素值；$r_i^2=(x-x_i)^2+(y-y_i)^2$；$\varepsilon$为控制曲面曲率变化的小量，当磁场分布比较简单时，$\varepsilon=10^{-4}\sim10^{-6}$；$A$、$B$、$C$和$D_i$为待定系数；$N$为地磁测点个数。曲面样条函数模型系数的个数为$(N+3)$。

利用曲面样条函数模型可以较好地描述小范围地磁场的高分辨率空间分布信息；其

缺点是曲面样条函数模型系数较多，比地磁测点的个数多 3 个。

3. 矩谐模型

1981 年 Alldredge 提出用矩谐分析方法描述区域地磁场的三维空间分布，表示中波长磁异常的分布。矩谐分析实际上是针对地表某一矩形区域在直角坐标系求解拉普拉斯方程。因此该方法满足地磁场位势理论：

$$\begin{cases} X = -A + \sum_{q=0}^{N}\sum_{i=0}^{q} iv[A_{ij}\sin(ivx)\cos(jwy) + B_{ij}\sin(ivx)\sin(jwy) \\ \qquad - C_{ij}\cos(ivx)\cos(jwy) - D_{ij}\cos(ivx)\sin(jwy)]\mathrm{e}^{uz} \\ Y = -B + \sum_{q=0}^{N}\sum_{i=0}^{q} jw[A_{ij}\cos(ivx)\sin(jwy) - B_{ij}\cos(ivx)\cos(jwy) \\ \qquad + C_{ij}\sin(ivx)\sin(jwy) - D_{ij}\sin(ivx)\cos(jwy)]\mathrm{e}^{uz} \\ Z = -C - \sum_{q=0}^{N}\sum_{i=0}^{q} u[A_{ij}\cos(ivx)\cos(jwy) + B_{ij}\cos(ivx)\sin(jwy) \\ \qquad + C_{ij}\sin(ivx)\cos(jwy) + D_{ij}\sin(ivx)\sin(jwy)]\mathrm{e}^{uz} \end{cases} \tag{3.8}$$

式中：$j=q-i$；$v=2\pi/L_x$；$w=2\pi/L_y$；$u=\sqrt{(iv)^2+(jw)^2}$；X、Y、Z 为地磁场异常值；A、B、C、A_{ij}、B_{ij}、C_{ij}、D_{ij} 为矩谐模型系数；L_x、L_y 为矩形区域南北和东西方向的边长；N 为截断阶数。矩谐系数的个数为 $2N(N+1)+3$。

4. 球冠谐模型

1985 年 Haines 提出采用球冠谐分析方法描述区域地磁场的三维空间分布，其优点是满足地磁场位势理论：

$$\begin{cases} X = \sum_{k=0}^{K}\sum_{m=0}^{k}\left(\frac{a}{r}\right)^{n_k(m)+2}\left(g_k^m\cos m\lambda + h_h^m\sin m\lambda\right)\frac{\mathrm{d}P_{n_k(m)}^m(\cos\theta)}{\mathrm{d}\theta} \\ Y = \sum_{k=0}^{K}\sum_{m=0}^{k}\frac{m}{\sin\theta}\left(\frac{a}{r}\right)^{n_k(m)+2}\left(g_k^m\sin m\lambda - h_h^m\cos m\lambda\right)P_{n_k(m)}^m(\cos\theta) \\ Z = -\sum_{k=0}^{K}\sum_{m=0}^{k}[n_k(m)+1]\left(\frac{a}{r}\right)^{n_k(m)+2}\left(g_k^m\cos m\lambda + h_h^m\sin m\lambda\right)P_{n_k(m)}^m(\cos\theta) \end{cases} \tag{3.9}$$

式中：X、Y、Z 为球冠坐标系中的磁场分量；r、λ、θ 分别为球冠坐标系中的径向距离、经度和余纬；a 为地球半径，一般取 a=6371.2km；$P_{n_k(m)}^m(\cos\theta)$ 是非整数阶 $n_k(m)$ 和整数次 m 的施密特缔合勒让德函数；g_k^m 和 h_h^m 为冠谐模型系数；K 为截断阶数。冠谐模型的系数个数为$(K+1)^2$。

5. 各局域地磁模型性能分析

每种计算区域地磁场模型的数学方法都有自己的优点和缺点，通过对各种区域地磁模型进行分析可以得出如下结论：

（1）多项式模型计算简单，使用方便。它的缺点是地磁要素间不满足地磁场位势理论，只能表示地磁场的二维空间分布而不能描述地磁场随高度的变化，而且通过拟合滤掉了一些区域地磁场的细节信息。

（2）曲面样条模型可以较好地描述小范围局域地磁场高分辨率二维空间分布信息。

缺点是模型系数较多，比地磁测点的个数多 3 个。

（3）矩谐模型、球谐模型及球冠谐模型都满足地磁场位势理论，具有统一的地磁模型，表示地磁场在三维空间的分布，各地磁要素均可以由该地磁模型推导得出。缺点是计算复杂，且通过拟合滤掉了一些区域地磁场的细节信息，等值面变化比较平缓。这几种模型可以用于近地空间载体在不同高度运动时的导航，但定位精度较低。

（4）曲面样条函数方法是一种插值方法，可以较为准确地反映地磁细节信息，因此曲面样条函数模型可以较准确地表现小范围地磁场的二维空间分布。采用该方法可将随机分布的测点网格化，获得较高分辨率的地磁基准图。而多项式方法、矩谐分析方法和冠谐分析方法均属于拟合方法，滤掉了一些区域地磁场中异常场的细节信息，不满足高精度地磁导航的需求。

（5）曲面样条函数模型和多项式模型均属于二维地磁模型，仅适用于地表的车辆导航、海洋的船舶导航以及在固定高度运动的载体的导航定位。若要用于不同高度载体的导航，需要对二维地磁模型进行上下延拓，而且这两种模型均不满足地磁场位势理论，需要对三个独立的地磁要素分别进行数学建模，而没有统一的地磁模型。

3.4　基于空间插值理论的局域地磁图构建

全球地磁图和区域地磁图仅能反映该区域地磁的整体变化趋势，而忽略了局部地区的地磁异常细节信息，因此其精度较低，不适用于高精度的地磁导航。为了适应高精度地磁导航的需求，必须及时准确地构建和更新关注地区的局部地磁图。地磁图的构建方法主要有地磁模型法和空间插值法两种。地磁模型法是根据地磁场模型绘制地磁图，适合于表现大范围的地磁场信息，但计算量大，分析过程比较复杂。空间插值法是根据地磁测点数据进行空间插值，并在误差范围内适当地描绘光滑的等值线，从而得到地磁等值图。空间插值法具有形象直观、计算量小、适合表现变化细节的特点，在局部地区的地磁图构建中得到广泛的应用。

3.4.1　空间插值方法概述

空间数据插值就是根据一组已知的离散点测量数据，按照某种数学关系推求出未知点或未知区域数据的数学过程。空间插值主要用于网格化数据，估算出网格中每个节点的值，因此，空间插值是将点数据转换成面数据的一种方法。常规测量方法无法对空间中所有点进行观测，但是可以获得一定数量的空间离散点的测量样本。这些样本反映了空间分布的全部或部分特征，据此可预测未知空间的分布特征。在这一意义上，空间数据内插可以被定义为根据已知的空间数据估计未知空间点的数据值。

在地磁测量中很多情况下，必须进行空间数据内插，如采样点密度不够、采样点分布不合理、采样区存在空白、等值线的自动绘制、数字高程模型的建立、区域边界分析、曲线光滑处理、空间趋势预测、采样结果可视化等。根据空间插值方法的基本假设和数学本质进行分类，可分为几何方法、统计方法、空间统计方法、函数方法等。每一种方法均有其适用范围、算法和优缺点，因此，没有绝对最优的空间内插方法，必须对数据进行空间探索分析，根据数据的特点，选择最优方法；同时，应对内插结果进行严格的检验。

3.4.2 基于克里金空间插值的局域地磁图构建

空间统计又称地质统计学，于20世纪50年代初开始形成，60年代在法国统计学家Matheron的大量理论研究工作基础上逐渐趋于成熟。其最大优点是以空间统计学作为其坚实的理论基础，可以克服常用插值方法中误差难以分析的问题，并能够对误差做出逐点的理论估计，而且它也不会产生回归分析的边界效应。空间统计方法以克里金法及其各种变种为代表。

克里金法是一种用于空间插值的地理统计方法，又称为空间自协方差最佳内插法。这种方法充分吸收了地理统计思想，认为任何在空间连续性变化的属性是非常不规则的，不能简单用平滑的数学函数进行模拟，而采用随机表面可以较为恰当地描述。克里金法假设某种属性的空间变化既不是完全随机也不是完全确定的，可以表示为三种主要成分的和：与恒定均值或趋势有关的结构性成分；与空间变化有关的随机变量，即区域性变量；与空间无关的随机噪声。

令X为一维、二维或三维空间中的某一个位置，在X处的某一磁场要素值$Z(X)$可由式(3.10)表示。

$$Z(X)=m(X)+\varepsilon'(X)+\varepsilon'' \tag{3.10}$$

式中：$m(X)$为描述 $Z(X)$中地球主磁场结构性成分的确定函数；$\varepsilon'(X)$为描述地磁异常场与空间变化有关的随机变化项；ε''为与空间无关的扰动磁场，在空间上具有零均值、方差为σ^2的与空间无关的随机噪声。

利用克里金法进行空间插值首先要确定适当的结构性趋势项函数 $m(X)$。局部地区的地磁正常场随空间变化平缓，通常采用一次或二次曲面来表示其趋势，可以通过对实测的地磁数据进行多项式曲面拟合而获得。在局部地磁场中去除该趋势项后，剩余的磁场要素值$Z'(X)$为地磁区域性变量和扰动磁场之和。若区域化变量$\varepsilon'(X)$满足二阶平稳假设，即相距为h的两点X、$X+h$之间的地磁异常场随机变化项的数学期望等于零，而且两点间的方差只与距离h有关，即随机变量$Z'(X)$在区域内是平稳的，即满足

$$\begin{cases} E\left[Z'(X)-Z'(X+h)\right]=0 \\ E\left\{\left[Z'(X)-Z'(X+h)\right]^2\right\}=E\left\{\left[\varepsilon'(X)-\varepsilon'(X+h)\right]^2\right\}=2\gamma(h) \end{cases} \tag{3.11}$$

式中：$\gamma(h)$为半方差函数。区域性变量理论的两个内在假设条件是差异的空间稳定性和可变性。一旦结构性成分确定后，剩余的差异变化属于同质变化，不同位置之间的差异仅是距离的函数。这样区域性变量可以表示为

$$Z(X)=m(X)+\gamma(h)+\varepsilon'' \tag{3.12}$$

其中，半方差函数$\gamma(h)$的估算公式为

$$\hat{\gamma}(h)=\frac{1}{2k}\sum_{i=1}^{k}\left[Z'(X_i)-Z'(X_i+h)\right]^2 \tag{3.13}$$

式中：h为控制点间的距离，常用于作为滞后系数；k为相距为h的控制点对的数量。对应于h的$\hat{\gamma}(h)$图称为“半方差图”。半方差图可分成：块金（Nugget）、值域（Range）

和基台（Sill）三部分。块金为在距离为 0 处的半方差，代表无关的空间噪声。值域是半方差的空间相关部分，表示区域变量的空间相关长度。

为了书写方便，将 m 个插值所用的测点进行编号，依次为 1，2，…，m，插值点编号为 0。$\hat{Z}_0'$ 为插值点 X_0 去除趋势项后的地磁要素估计值；w_i 为第 i 个测点的权重；Z_i' 为第 i 个测点去除趋势项后的地磁要素值。克里金法估算插值点的属性值的通用方程为

$$\hat{Z}_0' = \sum_{i=1}^{m} w_i Z_i' \tag{3.14}$$

在克里金法中，为了确定各样本点对插值点影响的权重，必须先拟合得到半方差的理论模型。常见的半方差拟合函数有球面模型、指数模型、高斯模型、线性模型等。在空间分析中，根据数据的空间自相关性和研究对象的先验知识选择要使用的模型。选定了理论模型后，通常是用最小二乘法计算模型中的各个参数，并用最大似然法来选择拟合效果最好的模型。拟合后半方差图的重要作用是确定局部内插所需要的权重因子 w_i。w_i 的选择应使内插值的估计是无偏估计，且估计的方差小于采样值的其他线性组合产生的方差。

若权重 w_i 满足式(3.15)时，才可获得 $\hat{Z}_0'$ 的最小方差：

$$\begin{cases} \sum_{i=1}^{m} w_i = 1 \\ \sum_{j=1}^{m} w_j \gamma(h_{ij}) + \lambda = \gamma(h_{i0}), \quad i = 1, 2, \cdots, m \end{cases} \tag{3.15}$$

式中：$\gamma(h_{ij})$ 为控制点 i 和 j 间的半方差；$\gamma(h_{i0})$ 为控制点 i 和未知点 0 间的半方差；λ 为拉格朗日系数。$\hat{Z}_0'$ 的最小方差 s^2 可以用来反映在整个研究区域内插值结果的可靠性。

$$s^2 = \sum_{j=1}^{m} w_j \gamma(h_{j0}) + \lambda \tag{3.16}$$

在克里金法中，求解权重时不仅考虑了表示插值点与测点间分布关系的半方差 $\gamma(h_{i0})$，还考虑了表示测量点间分布关系的半方差 $\gamma(h_{ij})$，与其他局部插值方法相比，克里金插值法的插值精度更高，还提供了一个衡量估算值的可靠性的指标 s^2。

克里金插值方法根据应用场合和空间数据特性不同，出现了各种不同形式的克里金法。目前主要有以下几种类型：普通克里金（Ordinary Kriging）、泛克里金（Uniersal Kriging）、协同克里金（Co-Kriging）、对数正态克里金（Logistic Normal Kriging）、指示克里金（Indicator Kriging）、概率克里金（Probability Kriging）和析取克里金（Disjunctived Kriging）等。在空间插值应用中，不考虑趋势项 $m(X)$的克里金法称为普通克里金插值方法；而考虑趋势项 $m(X)$的克里金法称为泛克里金插值方法。

利用克里金法进行区域地磁图构建的主要步骤如图 3-5 所示。其关键步骤有：根据测点数据特点选择合适的克里金方法、半方差函数的拟合、插值点估算及交叉验证。

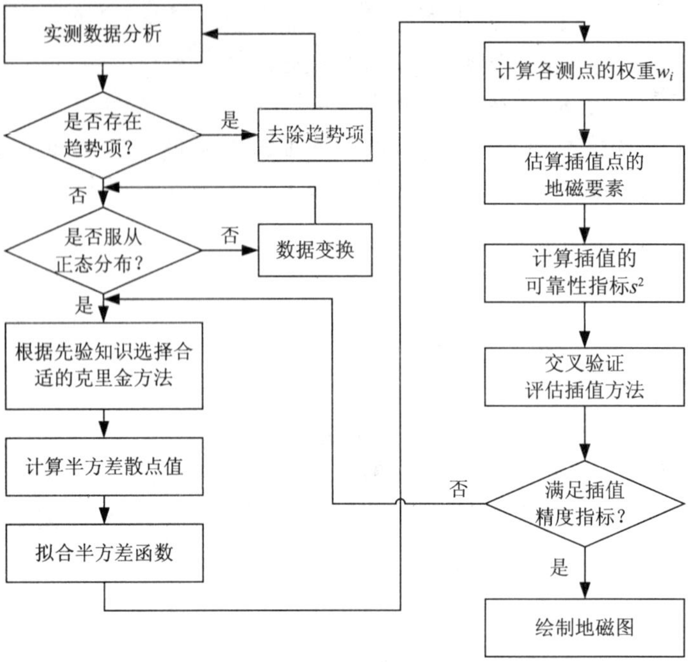

图 3-5　克里金插值流程图

3.4.3　空间插值方法的优劣性评估

交叉验证（Cross Validation）分析通常用于评估不同空间插值方法的精度和优劣性能。根据地磁测量样本点的数目多少，可以采用两种方法进行插值方法的交叉验证：

（1）当测量样本点较多时，可以将地磁测量点分成两个子集：插值子集和验证子集。对于插值子集中的地磁测量样本点选用待评估的空间插值算法进行空间插值，估计验证子集样本点的地磁量；然后用统计学的方法将验证子集中样本点的地磁估计值和实测值两组数据进行统计分析，以评价插值方法的精度。如果控制点数量太少，则这种控制点分离方法不适用。

（2）当测量样本点较少时，在交叉验证法实施过程中对于每一个测量样本点，先将该点暂时去除，对其余样本点选用待评估的空间插值算法进行空间插值，估计该点的地磁量，然后将暂时去除的样本点测量值放回，重复以上步骤，对所有观测点进行估值。最后用统计学的方法将各样本点的估计值和实测值两组数据进行统计分析，以评价插值方法的精度。

常用的交叉验证统计指标有：

（1）平均估计误差百分比（Percent Average Estimation Error，PAEE）：

$$\mathrm{PAEE} = \frac{1}{n \cdot \bar{Z}} \sum_{i=1}^{n} \left[\hat{Z}(X_i) - Z(X_i) \right]^2 \times 100\% \tag{3.17}$$

式中：$\hat{Z}(X_i)$ 为位置 X_i 处的地磁要素的估计值；$Z(X_i)$ 为位置 X_i 处的地磁要素测量值；$\bar{Z}$ 为所有测点地磁要素平均值；n 为采样点的个数。

（2）相对均方差（Relative Mean-Square Error，RMSE）：

$$\mathrm{RMSE}=\frac{1}{n\cdot\sigma^2}\sum_{i=1}^{n}\left[\hat{Z}(X_i)-Z(X_i)\right]^2 \tag{3.18}$$

式中：σ^2为所有测点地磁要素的样本方差。

（3）均方根预测误差（Root-Mean-Square Prediction Error，RMSPE）：

$$\mathrm{RMSPE}=\sqrt{\frac{1}{n}\sum_{k=1}^{n}\left[\hat{Z}(X_i)-Z(X_i)\right]^2} \tag{3.19}$$

（4）残差（Residual）：残差值为实测数据与插值估算数据的差值，可用残差平均值和残差标准差来定量估计插值算法的一致性。

3.5　地磁图的构建与地磁场计算机仿真

为了适应不同地磁应用场合的需求，分别根据全球地磁模型、局域地磁模型和克里金空间插值方法构建不同精度的地磁图。对于大尺度低精度的地磁图，一方面可以用作飞行器在高空飞行或垂直面高度变化较大的机动飞行阶段的地磁导航，另一方面作为局部地磁图的补充，可以有效地填补空白区域的地磁图。而高精度小尺度的局部地磁图作为地磁导航的基准参考图，是高精度地磁导航的重要组成部分，其数据的精度直接影响着地磁导航的精度。

3.5.1　全球地磁场的构建与仿真

根据高斯球谐理论，采用 IGRF-11 模型系数，构建了 0.5×0.5 网格大小的 2015.0 全球地磁图，并绘制了各个地磁要素的等值线图和三维显示图，见图 3-6。可以看出，基于 IGRF 模型构建的地磁图基本上反映了来自地球内部场源的各地磁要素随地理空间分布的基本特征。由于 IGRF-11 模型的全球磁测数据大都是来自低轨卫星的磁测数据，其模型系数仅为 13 阶，因此基于 IGRF-11 模型的地磁图仅能反映地磁正常场随地理空间变化的趋势，而不能反映较小空间分辨率的异常场信息。从图 3-6 中可以看出地磁正常场的空间变化比较平缓，每千米地磁强度变化仅为几十纳特。

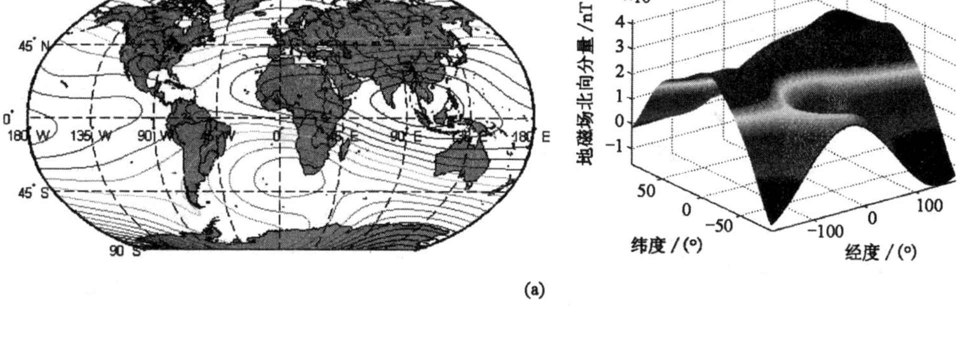

(a)

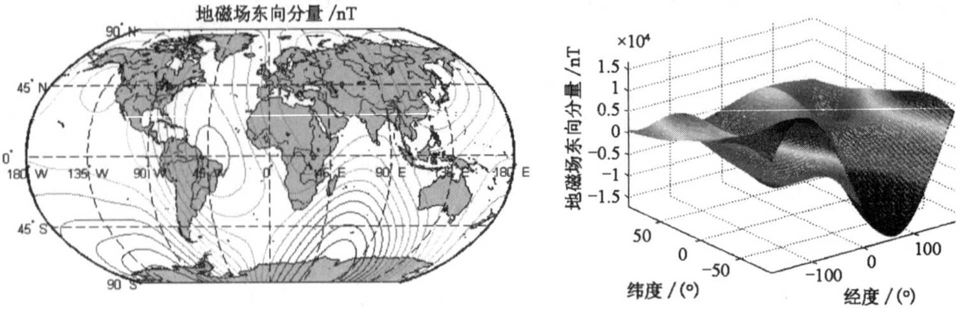
地磁场东向分量 /nT
90° N
45° N
0°
45° S
90° S
180 W 135 W 90 W 45 W 0 45 E 90 E 135 E 180 E
×10⁴
地磁场东向分量 /nT
纬度 / (°)
经度 / (°)

(b)

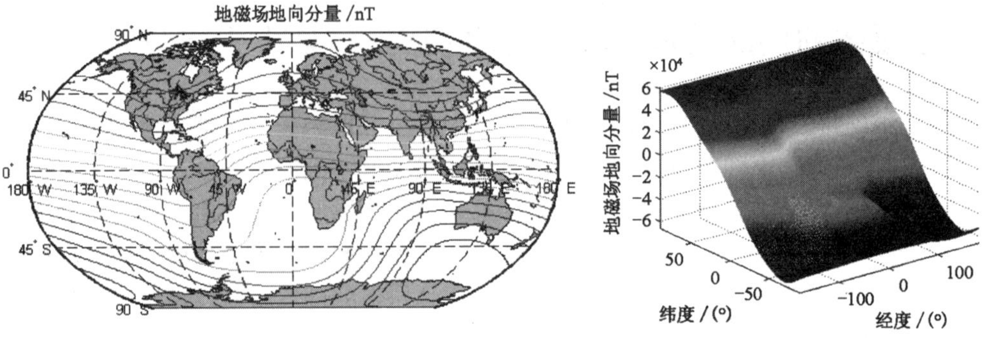
地磁场地向分量 /nT
90° N
45° N
0°
45° S
90° S
180 W 135 W 90 W 45 W 0 45 E 90 E 135 E 180 E
×10⁴
地磁场地向分量 /nT
纬度 / (°)
经度 / (°)

(c)

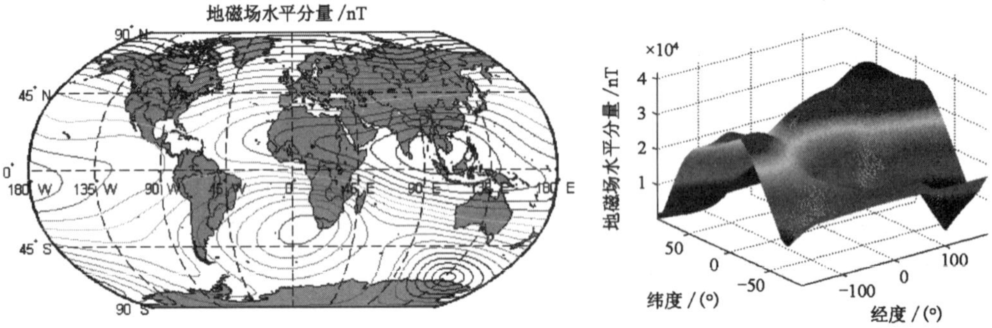
地磁场水平分量 /nT
90° N
45° N
0°
45° S
90° S
180 W 135 W 90 W 45 W 0 45 E 90 E 135 E 180 E
×10⁴
地磁场水平分量 /nT
纬度 / (°)
经度 / (°)

(d)

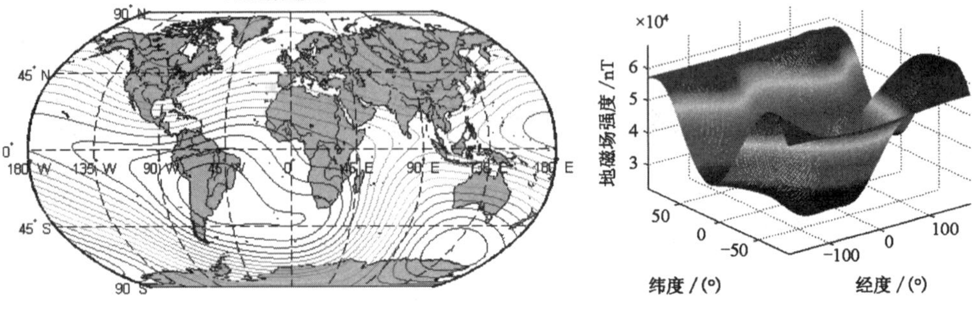
地磁场强度 /nT
90° N
45° N
0°
45° S
90° S
180 W 135 W 90 W 45 W 0 45 E 90 E 135 E 180 E
×10⁴
地磁场强度 /nT
纬度 / (°)
经度 / (°)

(e)

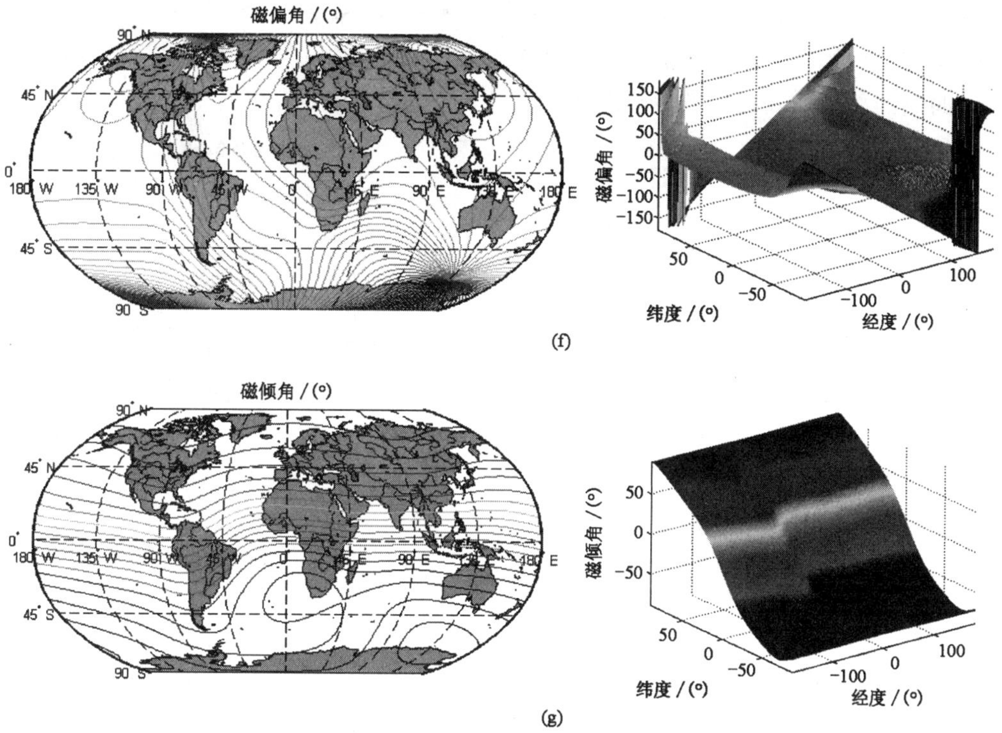

图 3-6　由 IGRF15 构建的 2015.0 全球地磁图

3.5.2　基于实测数据的局域地磁图构建与仿真

全球地磁模型和局域地磁模型均不能有效反映地磁场的局部异常信息，而局部地磁异常场能够提供有效的地磁场随空间分布的高分辨率的位置信息，与地理空间位置是一一对应的。因此及时准确地获取局部地区高分辨率的地磁图是实现高精度地磁匹配导航的基础。高分辨率局部地磁图的绘制通常需要在局部地区选择密集测点进行地磁信息的测量，而加密测量点将会极大增加地理信息保障部门的野外工作量，因此需要寻求一种符合局部地磁分布特点的空间插值方法，以采用较少的测点信息而获得精细的地磁图。由前面的分析可知，局部地磁场中的地球主磁场、地磁异常场及扰动磁场三个主要成分与克里金法的三成分假设具有一一对应关系：地球主磁场是局部地磁场中与恒定均值或趋势有关的结构性成分；地磁异常场为与空间变化有关的随机变量，而且地磁异常场满足二阶平稳假设；而扰动磁场则可以视为与空间无关的随机磁场噪声。因此克里金法较为准确地反映局部地磁场分布的空间相关特性规律，可以用于局部地磁场的空间插值，为地磁场的构建提供了理论基础。

为了验证克里金法构建局部地磁图的有效性，在某地区 1.209km×1.156km 区域范围进行了地面磁测。采用 Javad 公司的 GPS 接收机对磁测点进行 RTK 定位、美国 MEDA 公司的 FVM-400 向量磁力计进行地磁场向量测量。受试验条件和设备的限制，在磁测过程中没有准确的水平和北向基准，因此只进行了地磁场强度的测量。该组磁测数据可用于检验克里金插值法构建局部地磁强度图的精度。根据地面实测的 910 个地磁数据，由式(3.13) 统计计算得到半方差函数的估计 $\hat{\gamma}(h)$。采用 Trust-Region 非线性最小二乘拟合法进行球面模型的拟合，拟合结果如图 3-7 所示。经普通克里金插值后得到该局部地区的三维曲面图和地磁场强度的等值线图如图 3-8 和图 3-9 所示。

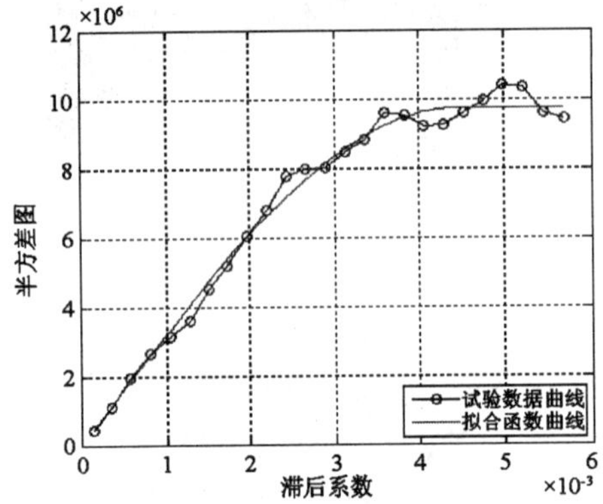

图 3-7 半方差函数曲线

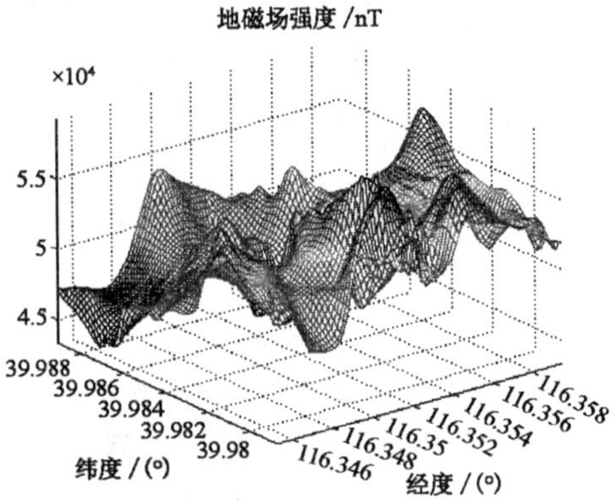

图 3-8 局部地磁三维图

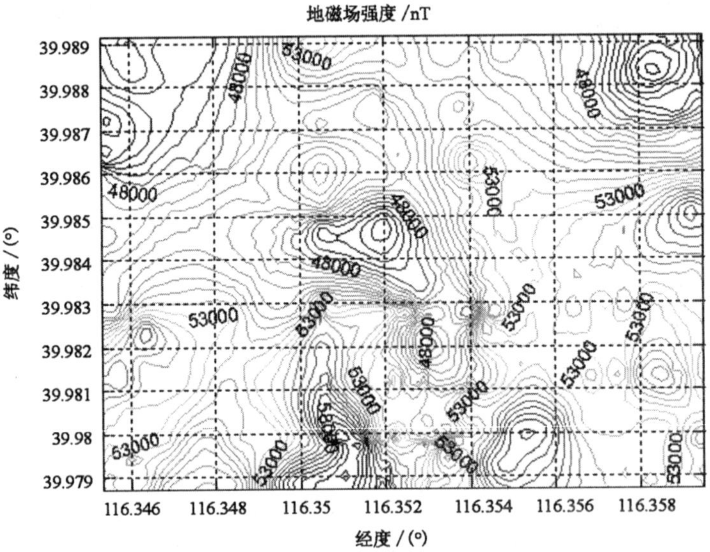

图 3-9 局部地磁等值线图

为了进一步评价插值方法的优劣性，验证基于克里金插值方法进行局部地磁场构建的可行性，分别采用反距离加权插值、最小曲率插值、径向基函数插值、普通克里金插值、泛克里金插值等方法进行地磁图的构建，并采用两种交叉验证方法对各种插值方法进行了交叉验证，其中采用第一种交叉验证方法进行的交叉验证统计指标如表 3-2 所示。可以看出，与其他插值方法相比，采用克里金法构建的区域地磁图具有较高的插值精度，可以用作地磁导航中的基准地磁图。普通克里金插值和泛克里金插值的交叉验证统计指标差异很小，其原因是所研究的局部区域范围较小，地磁场中的趋势项变化很小，可视为一个常数，因此普通克里金插值与泛克里金插值的结果类似。当对于大范围区域进行地磁图构建时宜采用泛克里金插值；而对于小范围区域进行地磁图构建时应采用普通克里金插值，以减小运算量。

表 3-2　各插值算法的交叉验证统计指标

空间插值方法	PAEE	RMSE	RMSPE	残差均值	残差标准差
反距离加权插值	8.437577	0.042227	659.262778	−4.108965	659.612497
最小曲率插值	5.395981	0.027005	527.211511	−34.023335	526.401837
径向基函数插值	17.814364	0.089155	957.932352	−17.241689	958.303860
普通克里金插值	4.974587	0.024896	506.207059	8.807156	506.408761
泛克里金插值①	4.975280	0.024900	506.242310	8.852981	506.443237
泛克里金插值②	4.976251	0.024904	506.291719	8.841202	506.492887

①考虑一次趋势项的泛克里金插值；
②考虑二次趋势项的泛克里金插值

试验结果表明采用克里金插值方法构建的地磁图能够较为准确地反映局部地区地磁异常场的细节信息，有效地解决了高分辨率数字地磁图的生成问题，为地磁导航研究提供了基准。另外在地磁图的构建和应用中，该插值方法还可用于磁测点密度不够或分布不合理、磁测区存在空白、地磁场等值线图的自动绘制、地磁图中指定点地磁信息提取等情况下的地磁数据的获取。

3.5.3　飞行轨迹的地磁场向量仿真

在地面滑行或近地空间飞行时，飞行器所处位置不断改变，相应的地磁场向量也不断发生变化。若要实时仿真飞机上捷联三轴磁传感器的测量值，首先必须仿真生成飞机实时位置处的地磁场向量。下面仿真研究飞行器在不同飞行轨迹下的实时地磁场向量。

1. 水平面航向机动飞行地磁场仿真

1）仿真参数

飞行器轨迹为 2.5 节中所述的水平面航向机动飞行轨迹。

地磁场模型为 IGRF-11 模型。

飞行时间：2015 年 1 月 1 日。

2）仿真结果分析

飞行器在水平面内盘旋飞行一周，俯仰角、横滚角均为 0° 且保持不变，此时轨迹处于 1589.48m×1595.61m 区域内。此时地磁要素呈近似正弦或余弦曲线，其变化范围如表 3-3 所示，而相应变化曲线如图 3-10 所示。可以看出，当飞行器在该约 2.5km^2 区域运动时，地磁场各分量仅在 10nT 级内变化，而且变化比较平滑，说明了 IGRF 模型不适宜用作高精度地磁导航的基准图。

表 3-3　水平面航向机动飞行过程中地磁要素变化范围

地磁要素	ΔX/nT	ΔY/nT	ΔZ/nT	ΔH/nT	ΔF/nT	ΔD/(°)	ΔI/(°)
变化范围	9.87	2.90	14.77	9.80	7.69	0.01	0.02

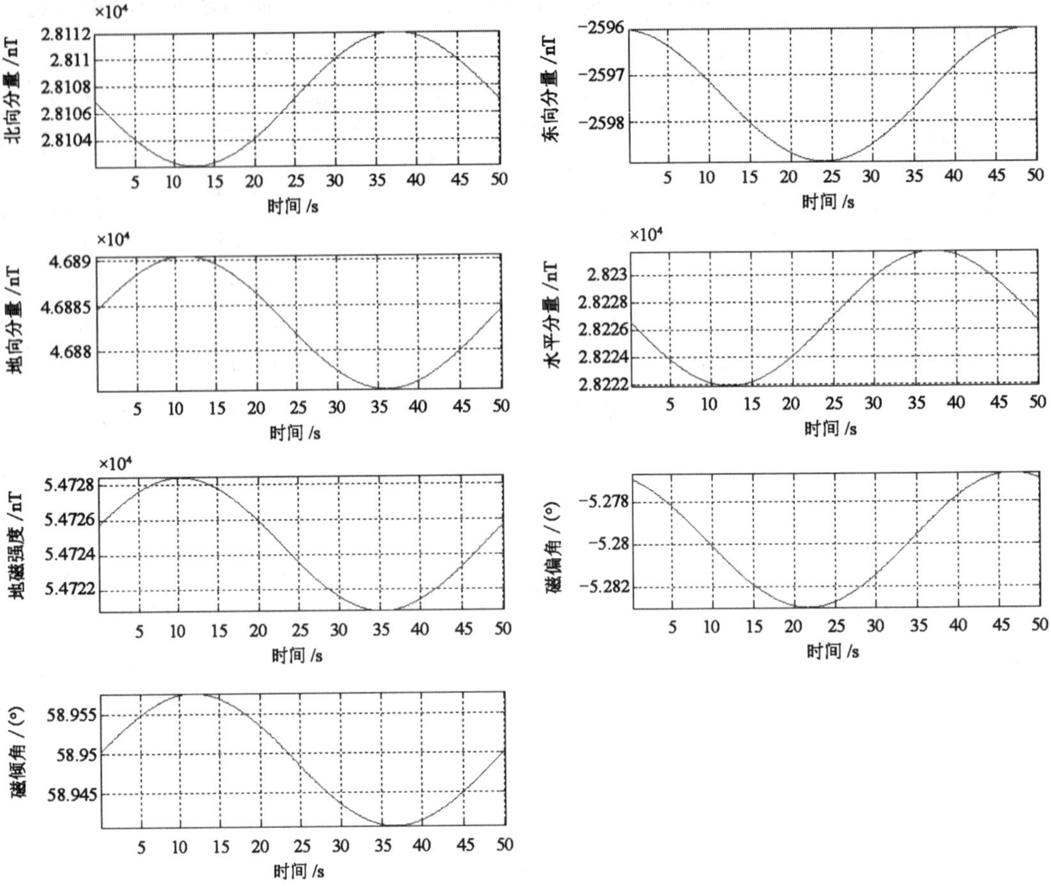

图 3-10　水平面航向机动飞行地磁要素曲线

2. 姿态机动飞行轨迹

1）仿真参数

飞行器轨迹为 2.5 节中所述的姿态机动飞行轨迹。

地磁场模型为 IGRF-11 模型。

飞行时间：2015 年 1 月 1 日。

2）仿真结果分析

飞行器在 0°、90°、180°、270°四个航向上飞行，并且每个航向飞行时俯仰角和横滚角分别作±20°和±15°的机动飞行。此时地磁要素变化范围如表 3-4 所示，相应变化曲线如图 3-11 所示。可以看出，尽管飞行区域扩大到 5590.49m×5610.49m 区域范围，但地磁场各分量还仅在 10nT 级变化，而且变化相对比较平滑。

表 3-4　姿态机动飞行过程中地磁要素变化范围

地磁要素	ΔX/nT	ΔY/nT	ΔZ /nT	ΔH /nT	ΔF/nT	ΔD/ (°)	ΔI /(°)
变化范围	37.43	11.32	61.84	37.77	35.95	0.03	0.06

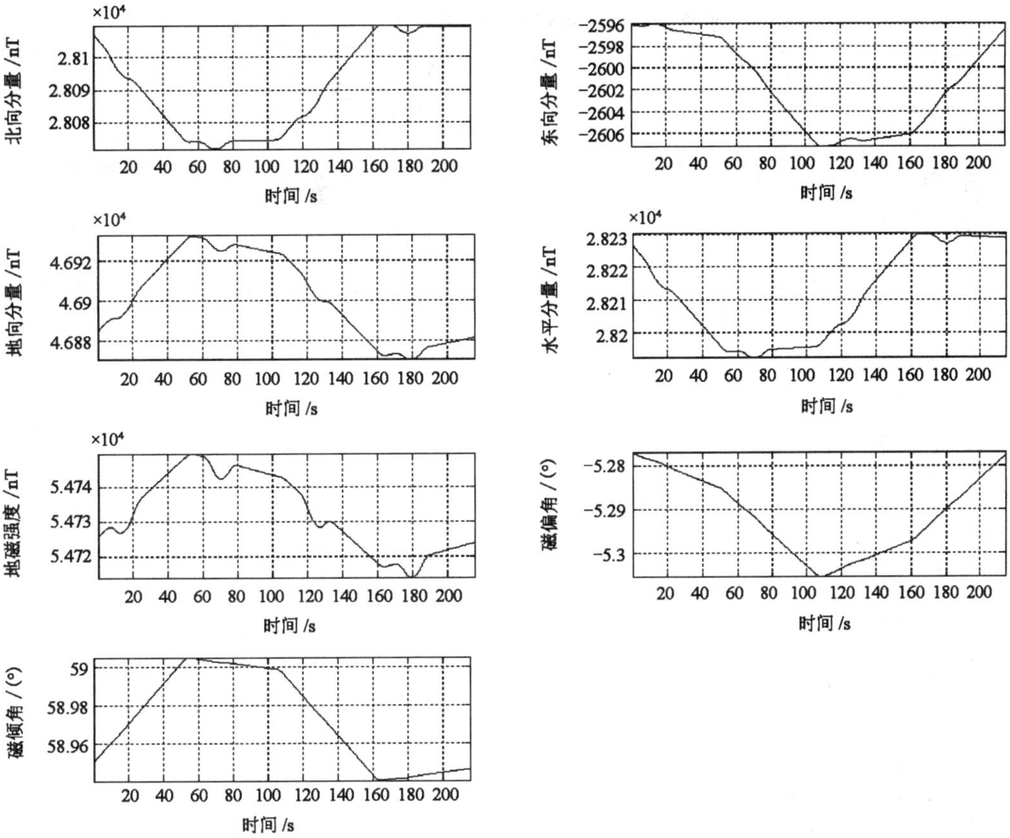

图 3-11　姿态机动飞行地磁要素曲线

3．水平直线飞行轨迹

1）仿真参数

仿真条件 1：

飞行器轨迹为 2.5 节中所述的水平直线飞行轨迹。

地磁场模型为 IGRF-11 模型。

飞行时间：2015 年 1 月 1 日。

仿真条件 2：

飞行器轨迹为 2.5 节中所述的水平直线飞行轨迹。

地磁图为 3.4.3 小节中所构建的局域地磁图。

2）仿真结果分析

飞行器在地磁匹配导航阶段，通常沿着水平直线飞行通过匹配区域。受飞行器上导航计算机存储容量的限制，载体计算机中所存储的高分辨率地磁图的覆盖范围较小。因此根据 IGRF-11 模型所生成的地磁图，飞行器在高空飞行时所敏感到的地磁分量仅在纳特级变化，而且变化十分平滑，如表 3-5、图 3-12 所示。因此要求地磁导航时，飞行器必须在近地表附近飞行，以敏感地磁异常场的细节信息（图 3-13）。从条件 2 的仿真结果图 3-14 可以看出，地磁异常场在较小的区域仍有非常丰富的细节信息，地磁强度的变化范围达到 7498.65nT。

表 3-5　水平直线飞行过程中地磁要素变化范围（仿真条件 1）

地磁要素	ΔX/nT	ΔY/nT	ΔZ/nT	ΔH/nT	ΔF/nT	ΔD/(°)	ΔI/(°)
变化范围	5.98	0.34	9.13	5.90	4.69	0.00	0.01

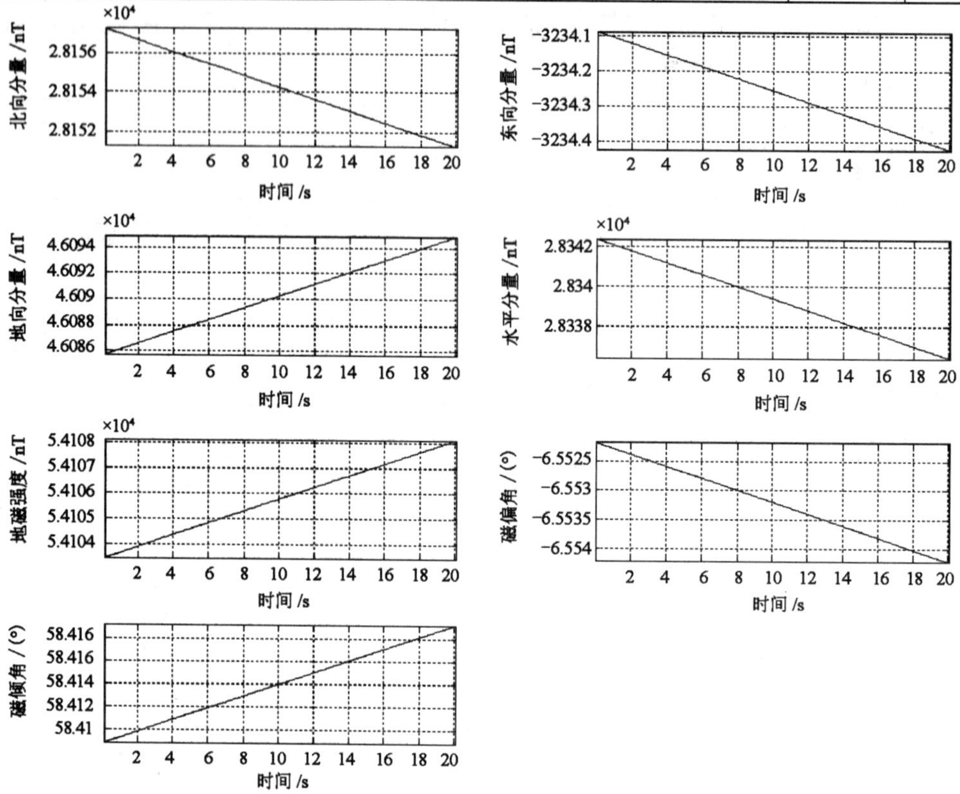

图 3-12　水平直线飞行地磁要素曲线（仿真条件 1）

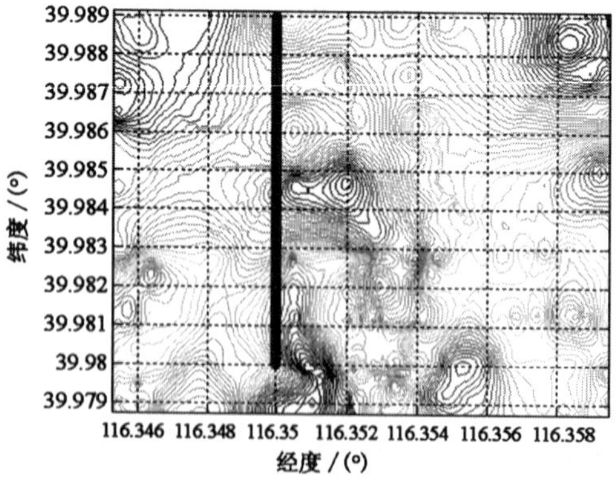

图 3-13　水平直线飞行轨迹图

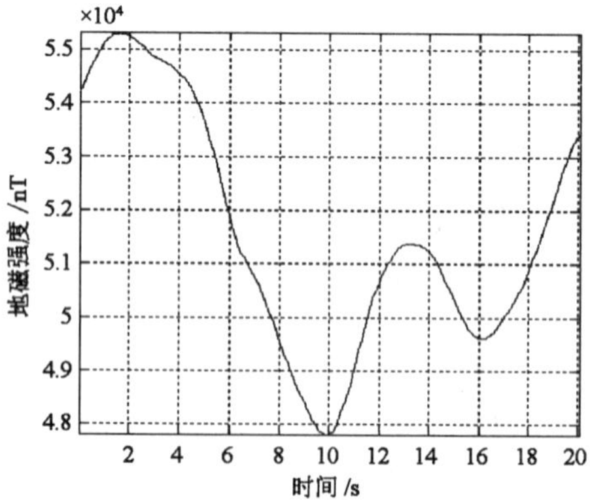

图 3-14　水平直线飞行地磁强度（仿真条件 2）

4. 水平 S 机动飞行轨迹

1）仿真参数

仿真条件 1：

飞行器轨迹为 2.5 节中所述的水平面内 S 机动飞行轨迹。

地磁场模型为 IGRF-11 模型。

飞行时间：2015 年 1 月 1 日。

仿真条件 2：

飞行器轨迹为 2.5 节中所述的水平面内 S 机动飞行轨迹。

地磁图为 3.4.3 小节中所构建的局域地磁图。

2）仿真结果分析

飞行器在地磁匹配导航阶段，在水平面内按照 S 机动飞行。与水平直线飞行轨迹的地磁场仿真结果类似，飞行器在高空飞行时根据 IGRF-11 模型求得的地磁分量变化也仅在纳特级变化，如表 3-6、图 3-15、图 3-16 所示。从条件 2 的仿真结果图 3-17 可以看出，地磁异常场在较小的区域内有丰富的细节信息，而且变化幅度比较大，地磁强度的变化范围达到 8811.43nT。因此与描述地磁正常场的地磁图相比，基于克里金插值方法构建的高分辨率局部地磁图可以准确反映地磁异常场空间分布相关的局部细节信息，为高精度地磁导航提供了可靠准确的基准图。

表 3-6　水平 S 机动飞行过程中地磁要素变化范围

地磁要素	ΔX /nT	ΔY /nT	ΔZ /nT	ΔH/nT	ΔF /nT	ΔD/ (°)	ΔI/ (°)
变化范围	5.30	0.48	7.85	5.21	3.95	0.00	0.01

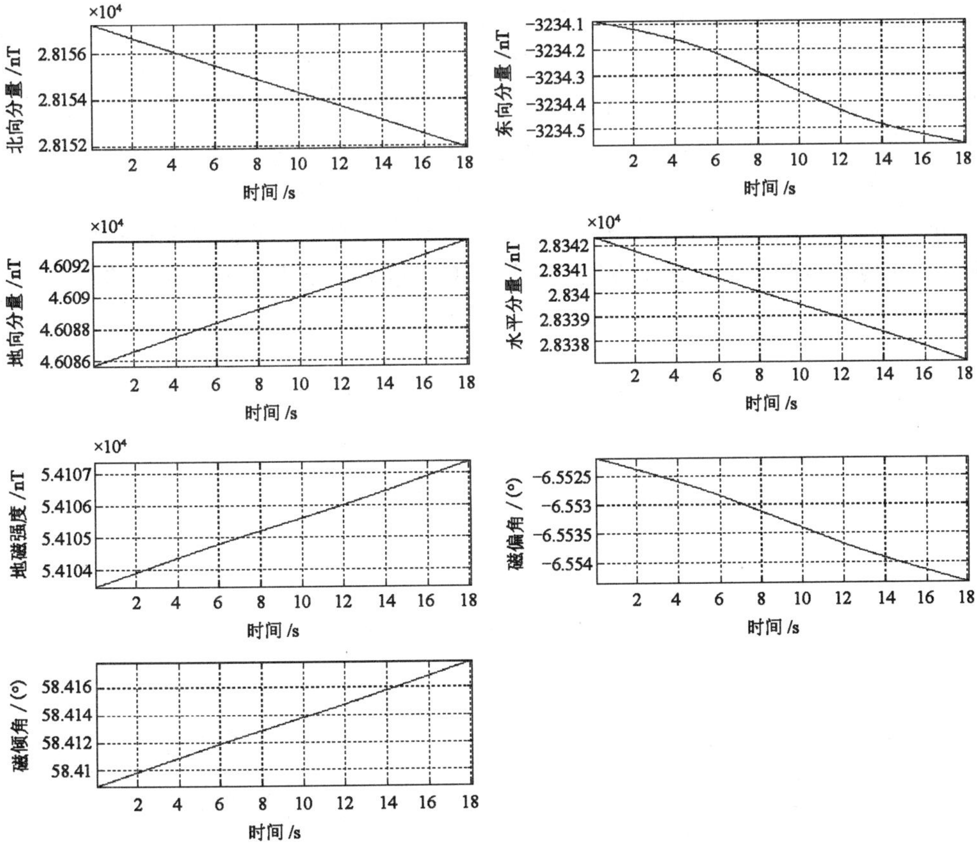

图 3-15　水平 S 机动飞行地磁要素曲线（仿真条件 1）

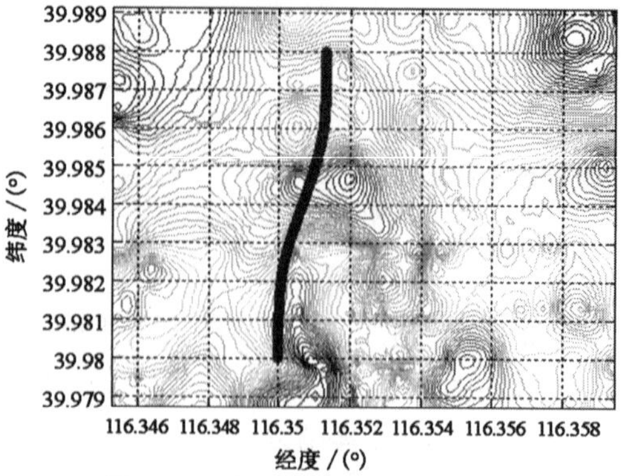

图 3-16　水平 S 机动飞行轨迹图

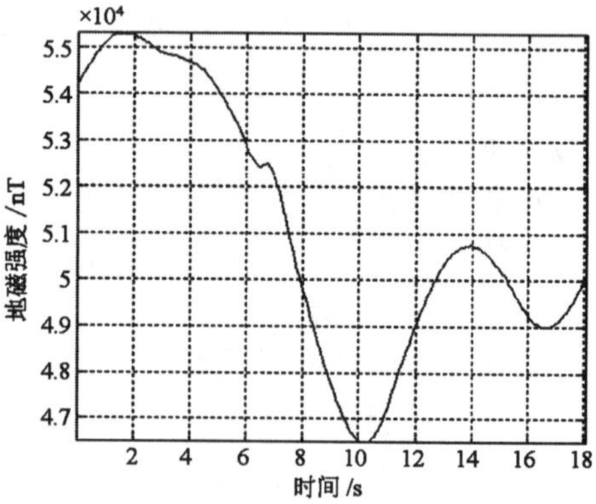

图 3-17　水平 S 机动飞行地磁强度(仿真条件 2)

3.6　本章小结

本章针对基于地磁模型和基于空间插值理论两种地磁图构建方法进行研究，生成了相应的数字地磁基准图。通过对地磁图的分析，可以得出：基于 IGRF 模型的地磁图全面反映了全球地磁场中正常场的时间变化趋势和空间分布规律，可以为卫星定轨测姿提供可靠的基准。但由于模型阶次的限制，IGRF 模型没有反映地磁异常场的细节信息，不能用作地表和近地空间中飞行器的高精度地磁导航。为了准确反映局部地磁异常场丰富的细节信息以满足高精度的地磁导航对地磁图的需求，研究了基于克里金空间插值理论的高分辨率局部地磁图的构建方法。该方法准确地反映了局部地磁场中正常场、异常场及随机场的空间相关特性，有效地解决了地磁导航中高精度高分辨率地磁图的生成问题，同时该插值方法还可用于磁测点密度不够或分布不合理、磁测区存在空白、地磁场等值线图的自动绘制、地磁图中指定点地磁信息提取等情况下的地磁数据的获取。

第 4 章　地磁场测量

4.1　引言

在地磁导航中，地磁场向量的精确测量是进行准确地磁导航的先决条件。而选择合适的地磁测量传感器，并根据测量环境设计一套合适的地磁测量方案，是进行高精度地磁场向量测量的基础。

本章主要针对在地磁导航系统中应用的地磁测量传感器以及不同环境的地磁场测量方式进行介绍。在地磁测量传感器方面，针对适用于地磁场测量的几种不同敏感机理的磁力仪的特点、工作原理、传感器结构以及国内外成熟的产品进行了重点介绍。在地磁测量方式方面，分别介绍了几种不同环境下进行高精度地磁场测量的一些工作原则及规范。

4.2　地磁测量传感器

地磁场是一个具有一定强度和方向的向量场，在近地区域地磁场强度主要在30000～70000nT 之间变化。根据不同磁力仪的测量范围，适合用于地磁场测量的磁力仪主要有磁通门磁力仪、质子旋进磁力仪、光泵磁力仪、超导磁力仪以及磁阻效应磁力仪。

4.2.1　磁通门磁力仪

磁通门磁力仪是一种依据电磁感应现象设计而成的变压器式元件，不过其变压器效应被用于对被测磁场进行调制。磁通门磁力仪的工作原理遵循法拉第电磁感应效应，使磁芯工作在饱和状态下以获取较准确的外磁场信息，因而磁通门磁力仪又可以叫做磁饱和磁力仪。磁通门技术的磁力仪和其他类型的磁力仪相比较，具备弱磁场测量范围宽、可以直接测量磁场的分量、可靠性高等优点，被广泛运用于磁场监测、电磁参数监测、工程监测等方面。

磁通门磁力仪的基本结构原理如图 4-1 所示。该结构中的磁芯材料选用高导磁率、低矫顽力的软磁材料（例如导磁合金中的坡莫合金），在磁芯上两端分别缠绕两组线圈，分别作为驱动线圈与检测线圈。定义磁芯的有效横截面积为 S，磁芯本身的磁导率是 μ，检测线圈上的有效感应匝数为 N_2。将交变电流 I 通过绕在磁芯上的驱动线圈，在磁芯上驱动线圈会产生驱动磁场 H_1。

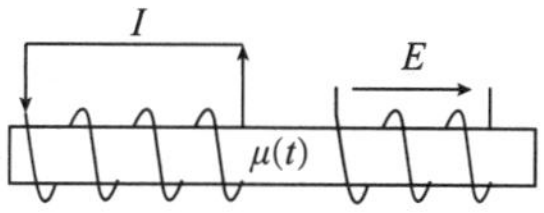

图 4-1　电磁感应原理图

根据法拉第电磁感应定律可知，在检测线圈上所感应到的电势为

$$E = 10^{-8}\frac{\mathrm{d}\left(N_2 \mu H_1 S\right)}{\mathrm{d}t} \tag{4.1}$$

通常情况下，式(4.1)中的感应有效线圈匝数 N_2 和横截面积 S 是固定不变的，而当磁

芯处于未饱和状态工作时，其磁导率 μ 是常量。可以看出感应电势 E 是只随驱动磁场强度 H_1 变化而变化的。设驱动磁场强度为

$$H_1 = H_m \cos 2\pi f_1 t \tag{4.2}$$

式中：H_m 为驱动信号幅值；f_1 为驱动信号频率。

由式(4.1)与式(4.2)可以得出

$$E(t) = 2\pi \times 10^{-8} f_1 \mu N_2 S H_m \sin 2\pi f_1 t \tag{4.3}$$

一般的磁性材料的磁化特性曲线如图 4-2 所示。H_c 代表使磁性材料彻底消磁而所需的反向磁场的值，即磁性材料的矫顽力；H_s 代表磁性材料在外加磁场被磁化时所能够到达的磁化强度的最大值，即饱和磁场强度；B_r 代表磁性材料的残留磁化值，即剩余磁场；B_s 代表磁性材料的饱和磁化值。

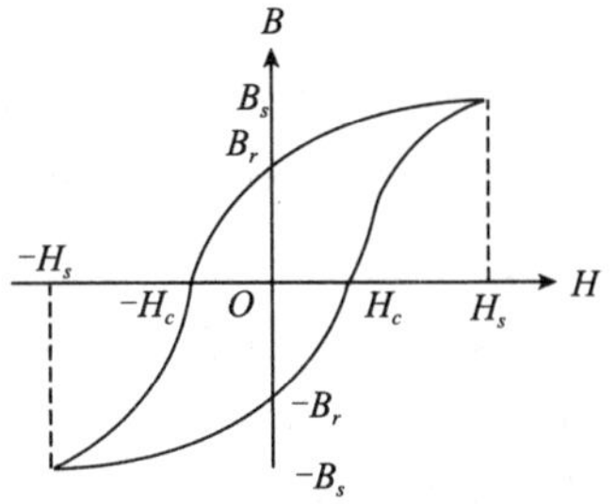

图 4-2　磁性材料磁化特性曲线

可以看出，磁性材料磁化特性曲线具有非线性特征。因此，可以得出驱动磁场瞬时值的改变就会引起磁导率 μ 的改变。可以把磁导率 μ 看作时间 t 的函数 $\mu(t)$，将其代入式(4.3)中，可以得到实际的感应线圈输出电压

$$E(t) = 2\pi \times 10^{-8} f_1 \mu(t) N_2 S H_m \sin 2\pi f_1 t - 10^{-8} \frac{\mathrm{d}\mu(t)}{\mathrm{d}t} N_2 S H_m \cos 2\pi f_1 t \tag{4.4}$$

激励磁场瞬时值的方向变化是周期性的，而随之变化的磁芯磁导率却没有正负。所以可以把 $\mu(t)$看成时间 t 的偶函数。将 $\mu(t)$展开为傅里叶级数可得

$$\begin{aligned}\mu(t) &= \mu_{0m} + \mu_{2m}\cos 4\pi f_1 t + \mu_{4m}\cos 8\pi f_1 t + \mu_{6m}\cos 12\pi f_1 t + \cdots \\ &= \sum_{n=0}^{\infty} \mu_{2n\times m} \cos 4n\pi f_1 t\end{aligned} \tag{4.5}$$

式中：μ_{0m} 为 $\mu(t)$的常数分量；$\mu_{2n\times m}$ (n=1,2,3，…)分别为 $\mu(t)$的各偶次谐波分量的幅值。

将式(4.5)代入式(4.4)可得

$$\begin{aligned}E(t) = 2\pi \times 10^{-8} f_1 N_2 S H_m \Bigg[&\left(\mu_{0m} + \frac{1}{2}\mu_{2m}\right)\sin 2\pi f_1 t + \frac{3}{2}(\mu_{2m} + \mu_{4m})\sin 6\pi f_1 t \\ &+ \frac{5}{2}(\mu_{4m} + \mu_{6m})\sin 10\pi f_1 t + \frac{7}{2}(\mu_{6m} + \mu_{8m})\sin 14\pi f_1 t + \cdots\Bigg]\end{aligned} \tag{4.6}$$

式(4.6)是与激励磁场有关的变压器效应数学模型。通过式(4.6)和式(4.3)的比较可以看出，在磁芯磁导率随时间变化的过程中，输出感应电动势 E 的表达式中出现了奇次谐波分量。

假设外界环境磁场为 H_0，则作用于磁芯轴向上的磁场除了激励磁场外还有外界磁场 H_0，则考虑外界磁场 H_0 的影响时，式(4.4)变成

$$\begin{aligned}E(t) = {}& 2\pi \times 10^{-8} f_1 \mu(t) N_2 S H_m \sin 2\pi f_1 t - 10^{-8} \frac{\mathrm{d}\mu(t)}{\mathrm{d}t} N_2 S H_m \cos 2\pi f_1 t \\ & - 10^{-8} \frac{\mathrm{d}\mu(t)}{\mathrm{d}t} N_2 S H_0\end{aligned} \tag{4.7}$$

由于作用于磁芯轴向方向的外界磁场分量 H_0 比激励磁场强度的幅值 H_m 和磁芯饱和磁场强度 H_s 都小很多，可以忽略 H_0 对磁芯磁导率 $\mu(t)$的影响。因此，式(4.7)中前两项

与式(4.4)相同，最后一项为外界磁场 H_0 所引起的感应电势 E 的增量 $E(H_0)$，将式(4.5)代入可得

$$E(H_0) = -2\pi\times10^{-8} f_1 N_2 S H_0 \left(2\mu_{2m}\sin4\pi f_1 t + 4\mu_{4m}\sin8\pi f_1 t + 6\mu_{6m}\sin12\pi f_1 t\right) \tag{4.8}$$

从式(4.8)可以看出，磁芯在随激励磁场而变化的磁芯磁导率 $\mu(t)$的调制下，感应电势中出现了随外界被测磁场而变化的偶次谐波分量 $E(H_0)$。而且感应电势 $E(H_0)$的大小与外界环境磁场强度 H_0 成正比。通过这种调制方式可以用来测量外界环境磁场。

目前，常用的磁通门磁力仪有很多种类型，根据激励磁场与外界磁场的方向不同主要分为五种，分别如图 4-3 所示。

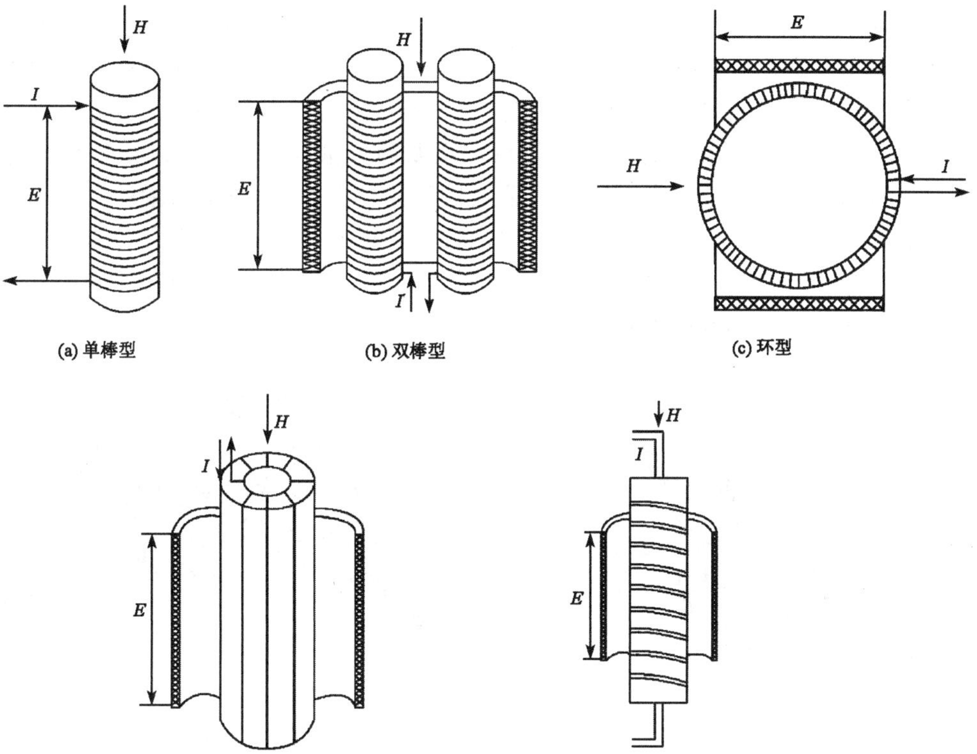

图 4-3　常用的磁通门磁力仪原理结构

（1）单棒型磁通门磁力仪，这种结构类型的磁通门磁力仪结构简单、易于制作。其一般使用峰值检波电路，使所有奇次谐波噪声自行相抵消，从而检测出所有的偶次谐波信号；其不足则是磁力仪的分辨率较低，静态和动态噪声都比较差。

（2）双棒型磁通门磁力仪，这种结构类型的磁通门磁力仪由两根平行、尺寸一致的磁芯所构成，它们的激励线圈反向串联，通过这种方式使得磁力仪的变压器效应所产生的感应电动势互相抵消，而所测磁通门信号相叠加。双棒型磁通门磁力仪一般采用二次谐波法电路来检测磁场。磁通门磁力仪所采用的二次谐波法电路中带通滤波器和相敏解调器是最基本的环节。

（3）环型磁通门磁力仪，这种结构的磁通门磁力仪的激励线圈的磁路是闭合的。环型磁通门磁力仪的结构是双棒型磁通门磁力仪结构的改进型。在双棒型磁通门磁力仪的基础上使磁芯闭合就形成了环型磁通门磁力仪，薄片的高导磁率的软磁材料缠绕多圈置于环形骨架中。因为结构对称性好，目前高分辨率的磁通门磁力仪一般采用环型结构。

（4）正交型磁通门磁力仪，这种类型的磁通门磁力仪所施加的激励磁场的方向与外界环境磁场的方向互相垂直。

（5）混合型磁通门磁力仪，这类磁通门磁力仪的磁芯薄片被缠绕在筒状结构上形成了螺旋状的条纹，其激励磁场中既有与外界磁场垂直的分量又有与外界磁场平行的分量。

近年来，国内外的许多厂商针对高精度磁通门磁力仪进行了许多研发工作。英国的巴庭顿（Bartington）仪器有限公司主要设计研发高精度磁场检测设备，该公司主要利用磁通门技术生产研发单轴磁通门磁力仪、三轴磁通门磁力仪、梯度磁力仪、磁化率仪以及高精度磁场发生装置等设备。该公司生产的 Spacemag 系列三轴磁通门磁力仪具有高精度、小体积、低功耗以及低噪声等特点，主要用于空间飞行器在高低轨道飞行姿态测量以及地磁图测量（图 4-4）。该系列磁通门磁力仪具有±100μT 的量程，其频带宽度大于 100Hz，其零偏误差在±100nT 范围内，温度漂移小于 1nT/℃，磁滞小于 2nT，工作温度较宽，在−55～+125℃范围内，磁通门探头尺寸为 40mm×40mm×31mm，信号检测系统尺寸为 80mm×106mm×30mm。

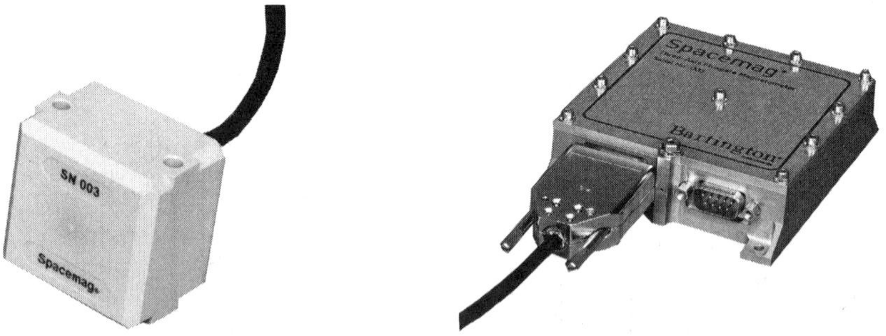

图 4-4　Spacemag 系列三轴磁通门磁力仪

在国内方面，北京京核鑫隆科技中心研发的 GM4-XL 型高精度磁通门磁力仪主要用于国家地磁基准台和地磁基本台的地磁背景场检测（图 4-5）。该系列磁力仪的量程为 62.5μT，磁场分辨率为 0.1nT，温度系数为 1nT/℃，频带宽度约为 0.3Hz，工作温度 0～40℃。

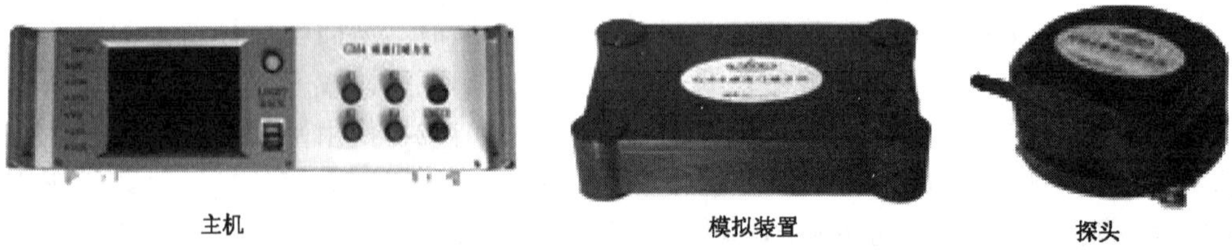

图 4-5　GM4-XL 型磁通门磁力仪

4.2.2　质子旋进磁力仪

质子旋进磁力仪简称质子磁力仪，是一种便携的、高精度和高灵敏度的测量地磁场的仪器。该磁力仪是根据煤油、水、酒精等含氢原子溶液中氢原子核（质子）在地磁场中产生一定频率的旋进作用制成的，其应用范围非常广泛，主要领域包括地球物理、土木地质勘探、考古勘探和探矿等。由于质子磁力仪体积小、准确度高且操作简单，该仪器经常用于地磁观测站、火山和地震等长时间观测地磁场。

1. 质子旋进磁场测量原理

构成各种物质分子的原子都是由带正电的原子核和绕核旋转带负电的电子组成。原子核又由带正电的质子和不带电的中子组成，氢的原子核最简单。质子磁力仪使用的工作物质（探头中）有蒸馏水、酒精、煤油、苯等富含氢的液体。宏观看水（H_2O）是逆磁性物质，但其各个组成部分磁性不同。水分子中的氧原子核不具磁性，其电子自旋磁矩都成对地互相抵消了，而电子的运动轨道又由于水分子间的相互作用被“封固”。当施加外加磁场时，因电磁感应作用，各轨道电子的速度略有改变，因而显示出水的逆磁性。此外，水分子中的氢原子核（质子）由自旋产生的磁矩，在外加磁场的影响下逐渐地转到外磁场方向。这就是逆磁性介质中的“核子顺磁性”。

当没有外加磁场作用于含氢液体时，其中质子磁矩无规则地任何指向，不显现宏观磁矩。若垂直地磁场 $\boldsymbol{B}$ 的方向，加一强人工磁场 $\boldsymbol{H_0}$，则样品中的质子磁矩将按 $\boldsymbol{H_0}$ 方向排列起来，此过程称为极化。然后，切断磁场 $\boldsymbol{H_0}$，则地磁场对质子有 $\boldsymbol{\mu_p}\times\boldsymbol{B}$ 的力矩作用，试图将质子拉回到地磁场方向。由于质子自旋，因而在力矩作用下质子磁矩 $\boldsymbol{\mu_p}$ 将绕着地磁场 $\boldsymbol{B}$ 的方向作旋进运动。质子自旋又围绕外磁场方向旋转的运动方式称为拉莫尔进动，进动的频率称为拉莫尔进动频率。质子的拉莫尔进动现象示意图如图 4-6 所示。

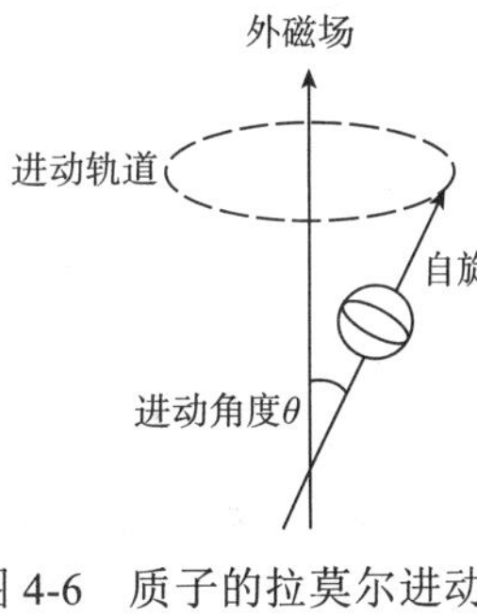

图 4-6　质子的拉莫尔进动现象

而根据经典物理学理论，拉莫尔进动频率与地磁场存在定量关系：

$$f = \frac{\gamma_p \cdot B}{2\pi} \tag{4.9}$$

式中：f 为拉莫尔进动频率；$\boldsymbol{B}$ 为地磁场；γ_p 为质子回旋磁比，由于质子回旋磁比是常数，据精密测定为（2.6751987±0.0000075）$\times 10^8\ \mathrm{T^{-1}\cdot s^{-1}}$，故可得到

$$B \approx 23.4872 f \tag{4.10}$$

其中，地磁场单位为 nT；拉莫尔进动频率单位为 Hz。

由式(4.10)可知，地磁场的大小与质子在其中发生旋进的频率 f 成正比。这样就把对地磁场的测量变为对旋进信号的频率的测定。

对于质子旋进磁力仪，一般选取富含氢质子的样品作为溶液，比如水、乙醇等。用线圈缠绕在盛于溶液的圆柱形或圆环形容器外，并对线圈通入直流电以获得激励场。一段时间后，关断直流，撤去激励场 $\boldsymbol{H_0}$。质子磁矩将围绕外部均匀磁场 $\boldsymbol{B}$（地磁场）进动。在进动过程中，质子磁矩在弛豫作用下，与激励场平行方向的分量（即横向分量）会随

时间衰减，衰减平面示意图如图 4-7 所示。

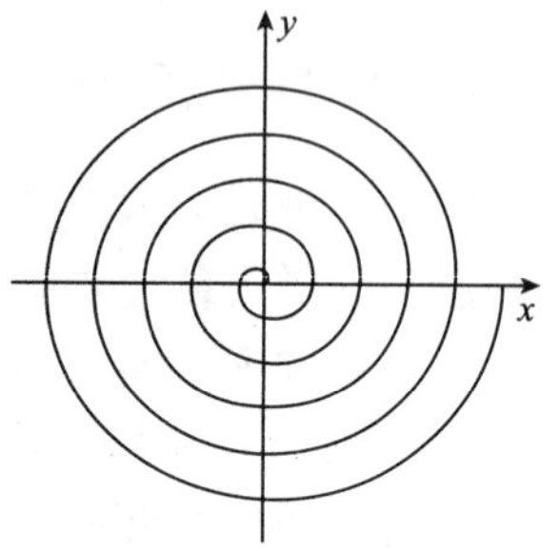

图 4-7　质子磁矩的横向分量衰减的平面示意图

此时，质子磁矩的进动将会周期性地切割线圈，使得线圈内的磁通量发生变化，从而在线圈两端产生微弱的感应电动势，该感应电动势是随时间衰减的正弦电压信号，如图 4-8 所示。

在线圈内，感应信号的电压为

$$V(t_1)=C\kappa_p H_0 \gamma_p B\sin^2\theta\cdot\sin(\gamma_p Bt_1)\mathrm{e}^{-\frac{t_1}{T_2'}} \tag{4.11}$$

式中：C 为与线圈的横截面积、匝数及容器的填充因子有关的系数，对于一定的探头 C 是一个常数；κ_p 为质子（核子）的磁化率；H_0 为极化磁场的强度；θ 为线圈轴线与 $\boldsymbol{B}$ 的夹角；t_1 为切断极化磁场时刻起算的时间；$1/T_2'$ 为衰减常数。

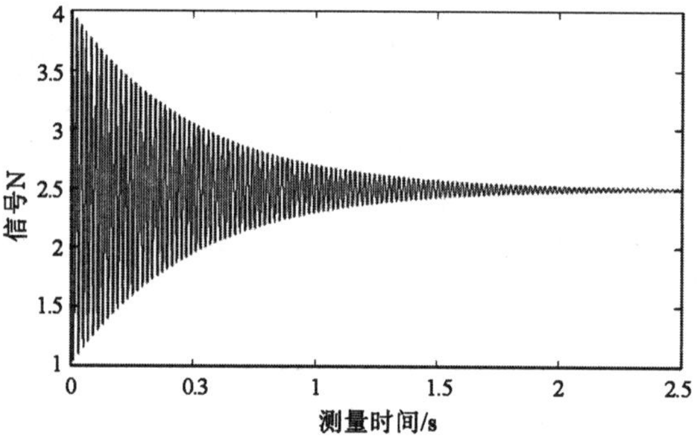

图 4-8　感应电动势随时间的衰减

从式(4.11)中可以看出：

（1）感应的信号的幅度与 $\kappa_p H_0$ 成正比。$\kappa_p H_0$ 是在极化磁场作用下，质子的磁化强度。为了获取强旋进信号，一方面要选用单位体积内质子数目多的工作物质；另一方面使用极化电流，产生强极化磁场，以提高功率功耗。

（2）信号幅度与质子进动频率成正比 $2\pi f=\gamma_p\cdot B$。若地磁场强度较弱，则旋进频率就会较低，因而产生的信号幅度也较小。目前，质子磁力仪的测程一般是 20000～100000nT，相当于旋进频率为 851.52～4257.60Hz；此频率范围对于地面、海洋及航空磁测来说，一般是足够的。

（3）信号幅度亦与 $\sin^2\theta$ 有关。线圈轴线与外磁场 $\boldsymbol{B}$ 的夹角 θ 在 0°～90°之间变化，其大小会影响旋进信号的振幅，而与旋进信号频率无关。当 $\theta=\pi/4$，信号幅度仅降到最大幅度的 1/2。因此，对探头定向只要求大致与 $\boldsymbol{B}$ 垂直。θ 接近于 0°，则是探头工作的盲区。

（4）旋进信号是按照指数函数规律衰减的信号，其频率为 $2\pi f=\gamma_p\cdot B$。衰减常数为 $1/T_2'$，它持续几秒钟。感应信号的衰减与探头所处的磁场梯度有关，梯度越大衰减越快。

2. 质子旋进磁力仪的组成

自 20 世纪 60 年代中期以来，法国、苏联、加拿大等国利用动态极化法即 Overhauser

效应法对溶液进行极化研制质子旋进磁力仪。这类仪器的探头一般有两个轴线互相垂直且垂直于地磁场的线圈，绕在盛有工作物质的有机玻璃容器外面。一个是高频线圈，产生射频磁场，频率等于电子顺磁共振频率，约为几十兆赫；另一个是低频接收线圈。在工作物质中，存在着电子自旋磁矩及质子磁矩两个磁矩系统。在射频场的作用下，电子自旋磁矩极化。由于两种磁矩间的强相互作用，电子顺磁共振或电子的定向排列会导致核子的强烈极化，这种效应称为Overhauser效应。因此质子磁矩沿地磁场方向磁化，可达很大数值；然后在垂直于地磁场方向加一短促的脉冲磁场（称为转向磁场），使质子磁矩偏离地磁场力向，质子即绕地磁场作旋进运动；测出旋进频率，即测出地磁场的量值。在Overhauser效应作用之下，用一个很小的探头即可得到很强的旋进信号及很高的灵敏度；探头小还可提高梯度容限。由于射频场不间断的作用，因此产生一个不衰减的连续的质子旋进信号，可以有很高的采样率甚至是连续地测定地磁场。

加拿大 GEM 公司销售的质子旋进磁力仪就是基于 Overhauser 效应研发的，其中GSM-19T 型质子磁力仪是世界公认的磁力仪的标准系列。GSM-19T 型质子旋进磁力仪是目前销售量最大、使用最广泛质子旋进磁力仪，如图 4-9 所示。它采用大量新型技术，因而性能优于其他质子旋进磁力仪，比如可在主机屏幕上实时显示观测磁场剖面图；用户可以在办公室内把设计好的观测路线和点位输入给 GPS；可自由选择点、线号的增减；具有独一无二的可程序化的基点站观测功能等。GSM-19T 型质子旋进磁力仪的技术指标为：灵敏度达 0.05nT，分辨率达 0.01nT，绝对精度达±0.2nT，测量范围 20000～120000nT，梯度容限大于 7000nT/m。

图 4-9 GSM-19T 型质子磁力仪

目前国内代表性的质子旋进磁力仪有 1992 年北京地质仪器厂研制的 CZM-2 型质子旋进式磁力仪和吉林大学研制的 JPM-1 型质子旋进磁力仪。与北京地质仪器厂研制的CZM-2 型质子旋进式磁力仪相比，吉林大学研制的 JPM-1 型质子旋进磁力仪功耗低、稳定性强、精度较高、野外实测待机电流 0.8mA，最大误差 0.5nT。

JPM-1 型质子磁力仪包括探头和控制台两部分，用一根长 200cm 的电缆连接。控制台为长方体铝盒，如图 4-10 所示，重约 4kg；长×宽×高为 26cm×22cm×11cm。探头长170cm，直径 7cm，重约 1kg。仪器在空闲状态、极化状态和采集数据状态时，整机电流分别为 224mA、955mA 和 237mA。电池使用铅酸蓄电池，电压 11～14V，容量 2A·h。

JPM-1 型质子旋进磁力仪是由探头、极化电路、信号检测电路、DSP 主控芯片以及相关外围数字电路组成的。系统框图如图 4-10 所示。

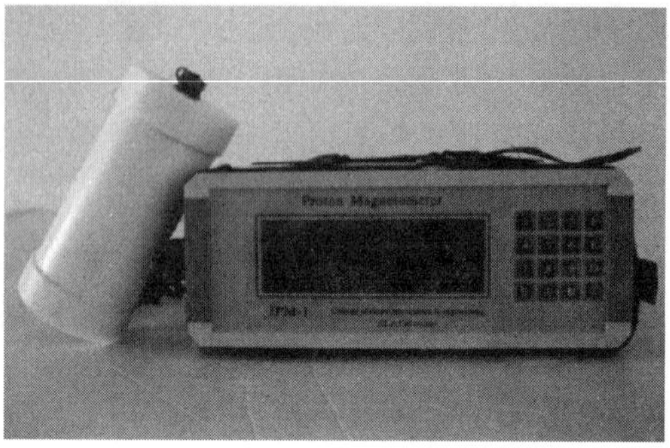

图 4-10　JPM-1 型质子磁力仪

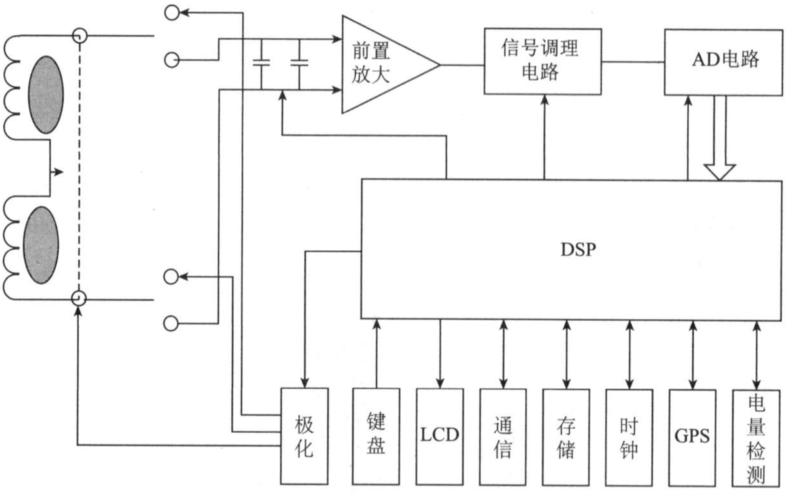

图 4-11　JPM-1 型质子磁力仪结构框图

极化电路由继电器和光耦等组成。极化电路提供给探头 0.9A 的极化电流，并能在一个拉莫尔信号周期内迅速撤去极化电流。在调谐电路控制上，利用优化选择配谐电容的算法实现量程范围内的自动配谐。前放电路由低噪声仪表放大器构成，放大倍数为 252 倍。宽带滤波、窄带滤波、低通滤波和加法电路构成信号调理电路，总放大倍数约 780 倍。其中窄带滤波由开关电容滤波器组成，可方便更改滤波器中心频率、增益等。A/D 电路采用高精度的 A/D 芯片构成，利用高稳定的晶振，给 AD 提供稳定的采样频率。对于频率测量，采用基于 DSP 的过零数频算法来得到旋进信号频率，在过零点利用线性插值来减小误差。

为了方便人机交互，仪器设置 16 个按键的键盘和 240×64 点阵液晶显示。除了完成基本测量功能外，仪器还配置了一些辅助功能，如电池电量检测、与上位机串口通信、FLASH 数据存储和时钟等。

4.2.3　光泵磁力仪

光泵磁力仪是以氦、汞、氪、氢以及碱金属铷、铯等元素的原子在外磁场中产生的塞曼分裂为基础，并采用光泵和磁共振技术研制成的。由于采用磁共振元素不同，光泵磁力仪分为氦磁力仪和碱金属磁力仪；按采用的电路不同可分为自激式磁力仪和跟踪式磁力仪。光泵磁力仪之所以能测量磁场，是基于上述元素在特定条件下，能发生磁共振吸收现象（称为光泵吸收），而发生这种现象时的电场频率与样品所在地的外磁场强度成比例关系。只要能准确测定这个频率，即可获取准确的外磁场强度。

光泵磁力仪同质子旋进磁力仪一样，它也是属于磁共振类仪器。但光泵磁力仪利用的原理是电子的顺磁共振现象。而质子旋进磁力仪利用的是核磁共振。光泵磁力仪是目前实际生产和科学技术应用中灵敏度较高的一种磁测仪器，相比于质子旋进磁力仪，该磁力仪具有以下特点：

（1）灵敏度高，一般为 0.01nT 量级，理论灵敏度高达 $10^{-2}\sim10^{-4}$ nT；

（2）响应频率高，可在快速变化中进行测量；

（3）可测量地磁场的总向量 $\boldsymbol{B}$ 及其分量，并能进行连续测量。

1. 氦光泵磁力仪测量原理

1）氦原子特性

氦（He）是一种惰性气体，在自然界中，存在着 ^{3}He 与 ^{4}He 两种同位素。氦光泵磁力仪中采用 ^{4}He 作为工作元素。氦原子有两套谱线系，一套谱线都是单线，另一套谱线较为复杂，分别对应着氦的两套能级结构：单层结构和三层结构，这两套能级结构之间无相互跃迁，它们各自在内部的跃迁产生了氦的两套光谱。在可见光和近红外光谱范围中，氦原子的能级是以三层结构出现的。从原子物理上讲，氦原子有两个电子，这两个电子在氦原子核的外部组成封闭的壳层。由于只有两个电子，所以其自旋量子数 S 只有两个可能值，即 S=0 和 S=1。其总角动量 P_J 满足总轨道角动量 P_L 和总自旋角动量 P_S 相同的量子化条件，即

$$P_J=\sqrt{J(J+1)}\,\frac{h}{2\pi} \tag{4.12}$$

由于量子数 J 的取值只能为 $J=|L\pm S|$，故对于每一个角量子数 L，J 的可能数值是：在 S=0 的情况下，$J=L$，表示两个电子的自旋方向相反，因而自旋磁矩互相抵消，对应状态为单态；在 S=1 的情况下，$J=L+1$、L、$L-1$ 表示两个电子的自旋方向相同，对应状态称为三态。三态中出现的氦的亚稳态在光泵作用中起到了非常重要的作用。

通常氦原子几乎全部处于基态上，可以通过弱放电激励的方法使氦原子吸收 19.77eV 的功，从而跃迁到亚稳态。原子在亚稳态上停留的时间很长，其寿命大约是 10^{-4} s。在氦光泵磁力仪中，将氦原子从基态激励到亚稳态上是通过高频放电来实现的。在外磁场作用下，氦的亚稳态能级将会在磁场中分裂成 3 个塞曼次能级，而光泵作用实现的氦原子的光学取向就发生在亚稳态能级分裂出的塞曼次能级上。

2）塞曼效应

1896 年荷兰科学家塞曼使用精密的仪器发现当光源放置在强磁场中时，其所发出的光谱谱线会产生分裂现象，并且每条谱线所发出的光都是呈偏振态的，这种现象称作塞

曼效应。塞曼效应是指原子的能级在外磁场中产生分裂的现象。

谱线的分裂表明原子能级的能量发生了变化。在无外界磁场时，考虑原子在能级 E_1 和 E_2 之间的跃迁，能级跃迁会伴随跃迁能量 $h\nu$ 的出现，其跃迁频率为 ν，则有

$$\Delta E = h\nu = E_2 - E_1 \tag{4.13}$$

原子中的电子具有轨道磁矩和自旋磁矩，原子核具有核磁矩，但由于原子核的磁矩要比电子的磁矩小 3 个数量级，因此在计算原子总磁矩时可忽略，则原子的总磁矩就等于电子轨道磁矩和自旋磁矩之和。因为原子具有磁矩 μ_J，其在外磁场 $\boldsymbol{B}$ 中将受到力矩作用，当 μ_J 与 $\boldsymbol{B}$ 间的夹角为 α 时，磁场对原子的附加能量为

$$\Delta E = -\mu_J B\cos\alpha = mg_J\mu_B B \tag{4.14}$$

式中：m 为原子角动量 P_J 的磁量子数；$\mu_B = \dfrac{he}{4\pi m}$ 为玻耳磁子；g_J 为朗德因子。所以当存在外磁场作用时，能级 E_1 和 E_2 会产生分裂，即在能级上会叠加附加能量 ΔE_1 和 ΔE_2，此时伴随的跃迁能量为 $h\nu'$，跃迁频率为 ν'。则有

$$\Delta E' = h\nu' = h\nu + h\Delta\nu' \tag{4.15}$$

根据式(4.14)、式(4.15)可得

$$\Delta E' = h\nu + (m_2 g_{J2} - m_1 g_{J1})\mu_B B \tag{4.16}$$

因此，可得

$$h\Delta\nu' = (m_2 g_{J2} - m_1 g_{J1})\mu_B B \tag{4.17}$$

对于自旋量子数 $S=0$ 的原子，$g_J=1$，此时称之为正常塞曼效应；而对于自旋量子数 $S\neq 0$ 的原子，称为反常塞曼效应。

对于磁量子数 m 而言，其有 $2J+1$ 种数值（其中 J 为总角动量量子数）。这表明，无磁场时的一个能级，因磁场的作用能分裂成 $2J+1$ 个能级，即所谓的塞曼次能级。图 4-12 显示了氦原子在外磁场中能级分裂的情况。其基态 1^1s_0 由于 J 值为零故不发生分裂，而亚稳态 2^3s_1 在外磁场中将分裂成 3 个次能级，高能级中的激发态 2^3p_1 和 2^3p_2 则分别分裂成 3 个和 5 个次能级。

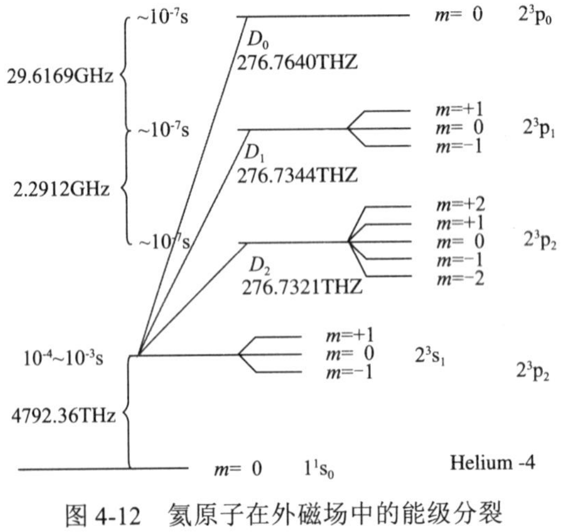

图 4-12 氦原子在外磁场中的能级分裂

由式(4.17)的关系可知，在外磁场作用下分裂出的塞曼次能级，其能级间距与外磁场强度成正比，而这一关系将成为光泵磁力仪测磁的理论计算依据。

3）光泵作用

在外磁场中，原子因塞曼效应其能级会发生分裂从而形成塞曼次能级。光泵是指利用光的作用使原本分布在各个塞曼次能级上的原子都集中到某一特定塞曼次能级上的现象，也称为光抽运作用。而使原子都集中到某一个塞曼次能级的现象称为原子的光学取向，即光泵作用是指通过光使原子的磁矩完成定向排列，从而形成光学取向。氦光泵磁力仪就是根据氦元素原子的光学取向设计实现的。

氦原子中光泵作用过程如图 4-13 所示。^{4}He 原子的基态是 $1s_0$，利用高频放电使其由基态过渡到亚稳态 2^3s_1。当利用具有足够能量分布宽度的 D_1 线左旋圆偏振光照射时，根据跃迁选择定则可知，$\Delta M = 1$。处于亚稳态 2^3s_1 塞曼次能级 $M = -1$ 和 $M = 0$ 的原子吸收该光子分别跃迁至激发态 2^3p_1 的 $M = 0$ 和 $M = +1$ 的塞曼次能级上。由于 $M = 1$，塞曼次能级不满足选择定则，该次能级上的原子不能吸收光子发生跃迁，而始终被“卡”在 $M=1$ 次能级上。与此同时，被激发到 2^3p_1 各个塞曼次能级上的原子在激发态停留约 10^{-8} s，又以等几率返回到亚稳态 2^3s_1 各个塞曼次能级上，其中包括 $M = 1$ 次能级。可以推知，在 2^3s_1 塞曼次能级 $M = 1$ 上的原子数目，不但不能因被激发到更高能级上而减少，反而又有其他次能级由激发态 2^3p_1 自发辐射回来的原子补充而增加。经过光泵时间 τ_P（约 0.1s）后，亚稳态能级上的原子几乎全部集中到 2^3s_1 的 $M = 1$ 塞曼次能级上，形成非玻耳兹曼分布。该过程后，几乎所有氦原子的磁矩取向一致，所以光泵作用的效果就是达到了原子磁矩的定向排列。

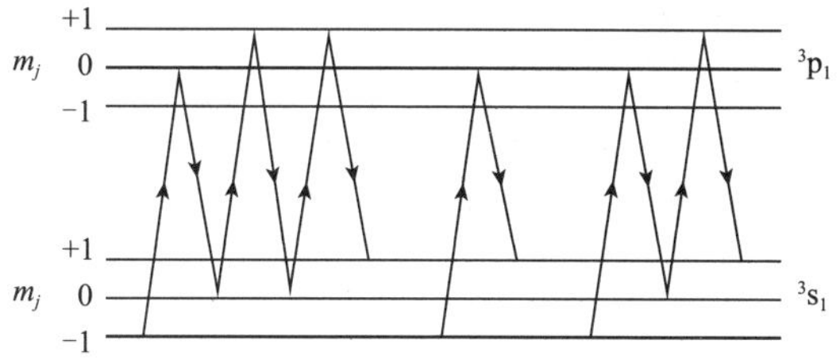

图 4-13　氦原子光泵作用过程

4）磁共振作用

当通过光泵作用使原子实现光学取向后，可通过加入一射频场引入磁共振作用，磁共振能使已取向的原子发生磁共振跃迁，即已取向的原子在塞曼次能级间跃迁，这种跃迁是磁矩在外磁场中取向发生改变的磁偶极子跃迁，其对磁量子数的选择定则是 $\Delta m = \pm1$。这样通过判断发生磁共振时的射频场频率，就可以利用该磁共振频率与被测磁场的关系来测量磁场值。

原子在外磁场 $\boldsymbol{B}$ 中，其相邻两个塞曼次能级的间隔为 $g_J \mu_B B$，所以依此可以建立起发生磁共振时的射频场频率 f 与被测外磁场 B 之间的关系：

$$f = \gamma_{\mathrm{He}} \frac{B}{2\pi\mu_0} = 28.02356B \tag{4.18}$$

式中：γ_{He} 为氦（^{4}He）的磁旋比；频率 f 的单位为 Hz；磁场 B 的单位为 nT。

由式(4.18)可知，在氦光泵磁力仪中，只需测得发生磁共振时的共振频率 f，就可以求得被测磁场 B。该磁共振频率可以通过检测透过吸收室的光强变化而间接测量得到。

2. 氦光泵磁力仪组成

氦光泵磁力仪主要包括两部分：氦光泵磁敏探头和信号检测电路。前者的作用是将弱磁场信号转换成电信号，供给后者处理、控制和显示。其中，氦光泵磁敏探头的原理结构如图 4-14 所示。

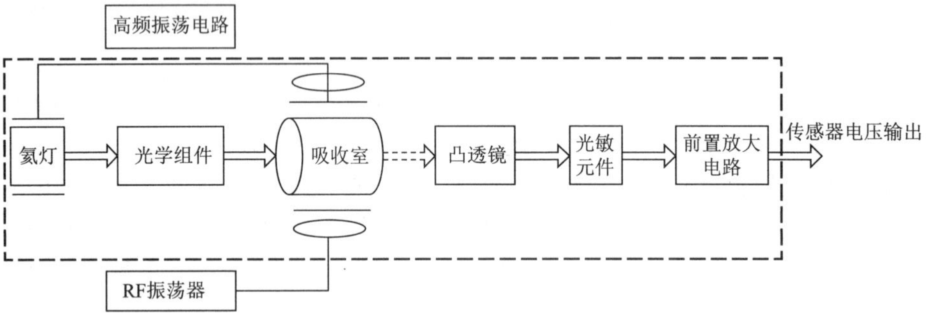

图 4-14　氦光泵磁敏探头原理结构

（1）氦灯，主要提供诱导吸收室内发生 s 到 p 能级跃迁的光子，其有效光是波长为 1083nm 的自然光。D_1 线的光子有足够的能量分布宽度,可以覆盖所有 s 和 p 塞曼次能级差。

（2）光学组件，其能够将氦灯发出的自然光转换成圆偏振光，它由凸透镜、偏振片和 1/4 波长片组成。将氦灯颈部置于凸透镜焦点，将自然光变成平行光。再经过偏振片后，变成电向量在某一方向振动的线偏振光。调整偏振片透光轴与 1/4 波长片快（慢）轴夹角约 45°，尽量保证透射光为圆偏振光。

（3）吸收室，其内部充以氦气，是发生光泵作用和磁共振作用的场所，是氦光泵磁敏探头的核心组成部分。吸收室的体积和压强是影响吸收室质量的重要指标。当温度 T 和压强 P（体积 V）一定的条件下，体积 V（压强 P）越大，气体粒子数目越多，发生极化的原子增多，共振信号加强，但会导致吸收室内磁场分布不均匀，使测量精度下降；同时，氦原子密度增大致使原子碰撞几率增大，产生强烈的去取向作用，弛豫时间变短，从而共振线宽加宽，降低了灵敏度。

（4）凸透镜，其作用是将透过吸收室的平行光汇聚到光敏元件上，为减小探头体积，需选用焦距较小的凸透镜。

（5）光敏元件，其主要为光电转换器件，用于将变化的光信号转化为电信号。

（6）前置放大电路，其作用是将光/电转换器件输出的微弱电流信号转换成仪器能够识别的电压信号，要求电子线路低噪声、低偏移、高线性度以及具有一定的带宽和稳定性。

（7）高频振荡电路，其主要作用是将氦原子中一个电子被激发到 $n = 2$ 轨道上，原子由基态 $^1s_0$ 被激发到 2^3s_1 能级上，当弱磁场存在时，该能级可分裂成三层，用于形成宏观磁矩。

3. 光泵磁力仪应用

光泵磁力仪主要应用于国防工程、空间磁场测量、地磁场微变测量、区分矿与非矿异常以及预报天然地震等广泛的领域中。尤其是在针对地磁场测量时，它既可测量地磁场总场，又可测量总场的梯度；可以测量磁场的慢速变化，也可以测量快速瞬变的磁场。光泵磁力仪性能优良，应用广泛，已受到世界各国的重视。

美国 Polatomic 公司主要研制氦光泵磁力仪，它将 1083nm 的半导体激光器用于氦光泵磁力仪中，成功研制出了激光激发的氦光泵磁力仪 P-2000，如图 4-15 所示。其灵敏度优于 0.1pT，噪声水平低于 $0.1pT/Hz^{1/2}$。P-2000 磁力仪是 Polatomic 公司专门为美国海军研制的用于反潜作战的高灵敏度磁测设备，目前已装载到 P3-C 反潜机上进行实战，它代表了目前世界上氦光泵磁力仪的先进水平。

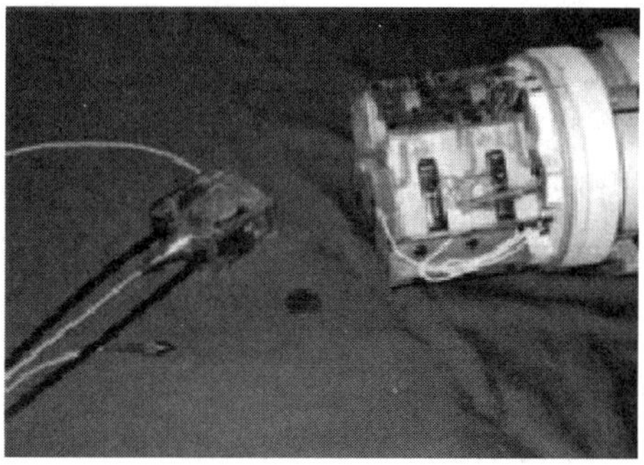

图 4-15　P-2000 激光氦光泵磁力仪

国土资源部航遥中心一直是我国研制光泵磁力仪的主要单位，其生产的氦光泵磁力仪种类丰富，主要用于航空磁测和地面地磁测量。其中用于航空磁测的仪器主要有 HC-90K 和 HC-2000 氦光泵磁力仪，用于地面磁测的仪器主要有 HC-90D 和 HC-95 氦光泵磁力仪，见图 4-16。这些仪器经不断改善，灵敏度最高可达 0.0025nT，测磁范围达 30000～90000nT。在实际应用中，这些仪器除可以测量总场外，也可以采用多仪器或多探头来进行磁场梯度的测量。

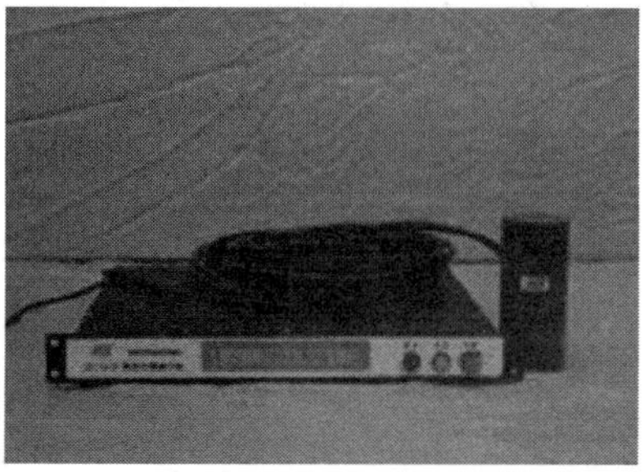

(a) HC-2000 航空光泵磁力仪

(b) HC-90D 地面光泵磁力仪

图 4-16　航遥中心生产的 HC 系列光泵磁力仪

4.2.4　超导磁力仪

超导磁力仪是一种利用超导技术研制的高灵敏度磁力仪，其核心器件为超导量子干涉器件（Superconducting Quantum Interference Device，SQUID）。SQUID 实质是一种将磁通转化为电压的磁通传感器，其基本原理是基于超导约瑟夫森效应和磁通量子化现象。以 SQUID 为基础派生出各种传感器和测量仪器，可以用于测量磁场、电压、磁化率等物理量。

利用 SQUID 研制的超导磁力仪的灵敏度可以高出其他磁力仪几个数量级，可以测量$10^{-5}\sim10^{-6}$ nT，并具有磁场频率响应高、观测数据稳定可靠等特点。在应用地球物理领域内，用它可制成航磁梯度仪；在地磁学中，可用于研究地磁场的微扰；在磁大地电流法与电磁法中，可用于测量微弱的磁场变化，还可用于岩石磁学研究。由于其高灵敏度特性，SQUID 可以用于生物磁测领域，尤其是脑磁测量领域。另外，该磁力仪还可以通过材料缺陷的不正常磁性分布来进行无损探伤。

根据所使用的超导材料，SQUID 可分为低温超导 SQUID 和高温超导 SQUID。又可根据超导环中插入的约瑟夫森结的个数分为 RF-SQUID 和 DC-SQUID。RF-SQUID 只有一个约瑟夫森结，常采用射频偏置；DC-SQUID 有两个约瑟夫森结，常采用直流偏置。

1. SQUID 磁场测量原理

考虑相距一个宏观距离的两块超导体 S_1 和 S_2 时，两块超导体是彼此独立的。两块超导体 S_1 和 S_2 的电子对波函数$\psi_1=\sqrt{\rho}e^{i\varphi_1}$和$\psi_2=\sqrt{\rho}e^{i\varphi_2}$，其中 ρ_1 和 ρ_2 分别是超导体 S_1 和 S_2 的电子对密度；φ_1 和 φ_2 为电子对的量子位相。根据超导的宏观量子理论，超导体中所有电子对波函数是相同的，所以 φ_1 和 φ_2 分别是超导体 S_1 和 S_2 中所有电子对的量子位相。故位相 φ_1 和 φ_2 也就称为两块超导体 S_1 和 S_2 的宏观量子位相。

被一薄势垒层（厚度约 1nm）分开的两块超导体组成弱连接超导体系统，这就是所谓的约瑟夫森结，如图 4-17 所示。它在某种程度上表现为像一块超导体一样，但它不同于一般的超导电性，这种现象称为“弱超导电性”。在超导结中，电子对形成超导电流从一块超导体出发，通过隧道效应，穿过结区流向另一块超导体，若把 ψ_1 和 ψ_2 的表达式代入系统随时间变化的薛定谔方程，可解得超导电流与两块超导体之间的宏观量子位相差有如下关系：

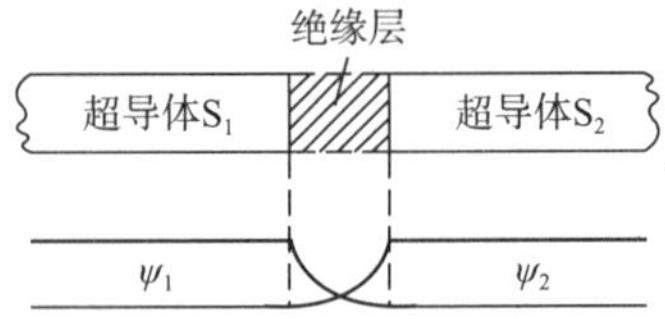

图 4-17　约瑟夫结

$$I=I_c\sin\varphi \tag{4.19}$$

式中：I 为超导电流；I_c 为临界超导电流；$\varphi=\varphi_1-\varphi_2$ 为两块超导体之间的宏观量子位相差。

若约瑟夫森结两端有一直流电压 V，可导出位相差 φ 与结两端电压 V 之间的关系为

$$\frac{\partial\varphi}{\partial t}=\frac{2e}{\hbar}V \tag{4.20}$$

式中：$\dfrac{\partial\varphi}{\partial t}$ 为两块超导体之间的宏观量子位相差 φ 随时间的变化率。

式(4.19)和式(4.20)是约瑟夫森效应的基本关系式。

利用超导材料将 2 个约瑟夫森结并联起来，并采用直流供电方式，构成超导环路，这就是直流量子干涉器件(DC-SQUID)，其结构如图 4-18 所示。在双结 SQUID 中，两个弱连接未被超导路径短路，因此可以观测直流 I–V 特性。在工作情况下，器件被电流偏置于略大于临界电流 I_c 的数值上，并可测量器件两端电压。

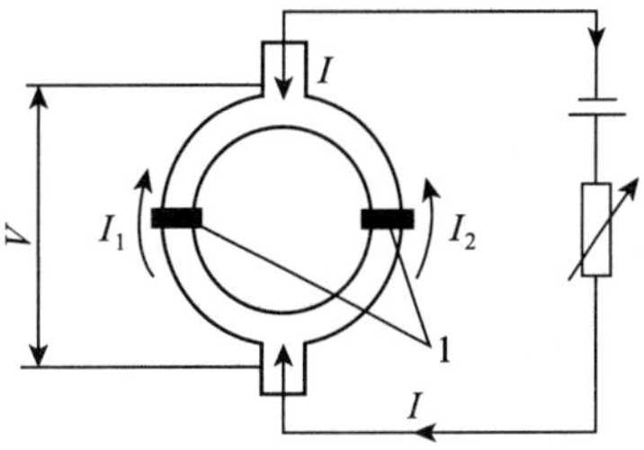

图4-18　双结直流量子干涉器件结构图
（1为约瑟夫森结）

超导环中包含的总磁通量必须满足量子化条件，即穿过超导环中的总磁通量 $\varPhi$ 只能取磁通量子的整数倍，即

$$\varPhi = n\varPhi_0 \tag{4.21}$$

式中：磁通量子 $\varPhi_0$ =2 .07×10^{-15} Wb。这时，超导电流达到最大值。

设2个超导结具有相同的超导临界电流 I_c，那么通过结1和结2的电流 I_1 和 I_2 分别为

$$\begin{cases} I_1 = I_c \sin\varphi_1 \\ I_2 = I_c \sin\varphi_2 \end{cases} \tag{4.22}$$

式中：φ_1 和 φ_2 分别为结1和结2的宏观量子位相差。

可以得到，超导环的总超导电流为

$$I = I_1 + I_2 = I_c\left(\sin\varphi_1 + \sin\varphi_2\right) = 2I_c \sin\left(\varphi_1 + \frac{\varphi_2 - \varphi_1}{2}\right)\cos\left(\frac{\varphi_2 - \varphi_1}{2}\right) \tag{4.23}$$

当两个超导结独立时，它们的位相差 φ_1 和 φ_2 是互相独立的，但将它们并联成一个超导环路，成为双结SQUID时，φ_1 和 φ_2 之间就存在着相互关联，当磁场存在时，根据超导电流与超导电子波函数的关系，可以证明

$$\frac{\varphi_2 - \varphi_1}{2} = \frac{\varPhi}{\pi\varPhi_0} \tag{4.24}$$

式中：$\varPhi$ 为穿过超导环的总磁通量。

根据式(4.24)，式(4.23)就变为

$$I = 2I_c \sin\left(\varphi_1 + \frac{\pi\varPhi}{\varPhi_0}\right)\cos\left(\frac{\pi\varPhi}{\varPhi_0}\right) \tag{4.25}$$

选择 φ_1，令 $\sin\left(\varphi_1 + \frac{\pi\varPhi}{\varPhi_0}\right) = 1$，这时超导环中的最大超导电流为

$$I_{\max} = 2I_c \cos\left(\frac{\pi\varPhi}{\varPhi_0}\right) \tag{4.26}$$

考虑到穿过超导环的总磁通量 $\varPhi$ 是外加磁场产生的磁通量 $\varPhi_B$ 和环流电流 I_r 产生的磁通量 $\varPhi_r$ 之和，即

$$\varPhi = \varPhi_B + \varPhi_r = \varPhi_B + LI_r \tag{4.27}$$

式中：L 为环路的自感；而环流电流 I_r 是 I_1 和 I_2 分别通过结1和结2时在环内产生相反方向磁通量的合成效果，环流电流定义为

$$I_r = \frac{1}{2}\left(I_1 - I_2\right) \tag{4.28}$$

根据式(4.22)，若满足

$$\sin\varphi_1 = \sin\varphi_2 = 1 \tag{4.29}$$

则 $I_1 = I_2$，这时超导环中的环流电流 $I_r = 0$，由式(4.27)可知

$$\Phi = \Phi_B = n\Phi_0 \tag{4.30}$$

这时超导环中的最大超导电流达到极大值

$$I_{\max} = 2I_c \tag{4.31}$$

可见，当外加磁通量 Φ_B 等于磁通量子 Φ_0 的整数倍时，最大超导电流达到极大值。

当外加磁通量 Φ_B 不满足 Φ_0 的整数倍时，根据超导环中的磁通量子化条件，超导环中将出现环流电流 I_r 来满足 $\Phi_B + LI_r = n\Phi_0$ 的磁通量子化条件。根据超导环的电对称性，环流电流 I_r 的最大补偿能力应满足

$$(LI_r)_{\max} = \frac{\Phi_0}{2} \tag{4.32}$$

因此，可以得到直流量子干涉器件的最大超导电流 $I_{\max}$ 随外加磁通 Φ_B 的变化关系如图 4-19 所示。为了测量上的方便，一般都将电流偏置在 $I > 2I_c$ 处，于是在干涉器件两端出现电压 U，此电压随 I 的增大而增大。在一恒定电流源的偏置下，电压 U 是 Φ_B 的周期函数，其周期为 Φ_0。

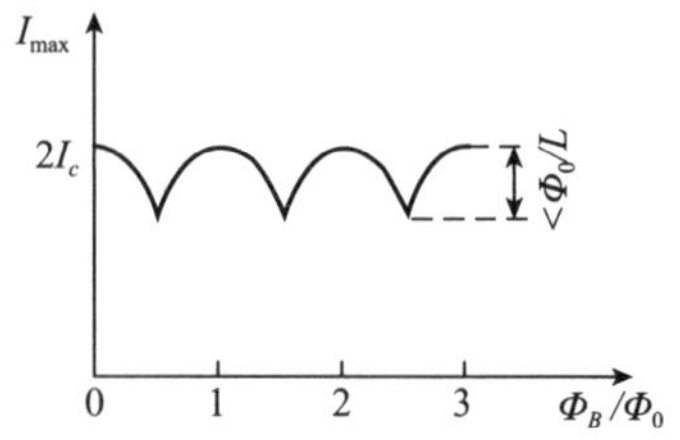

图 4-19　$I_{\max}$ 随磁通 Φ_0 的变化关系

2. 光泵磁力仪应用

国际上一些国家在 SQUID 磁力仪的研究和开发工作起步较早，已经研制出性能优良的超导磁力仪。美国特瑞斯坦技术公司（Tristan technology）采用高温 DC-SQUID 研制了三分量磁梯度仪 Model G377（图 4-20），该仪器测量频率范围为 0～10kHz，具有较高的磁场分辨率（0.01pT）以及磁梯度分辨率（0.001pT/m），该仪器主要应用于地质探矿、大地电磁测量以及地磁图绘制。现阶段，国内还没有研发出成熟的 SQUID 磁场测量系统。

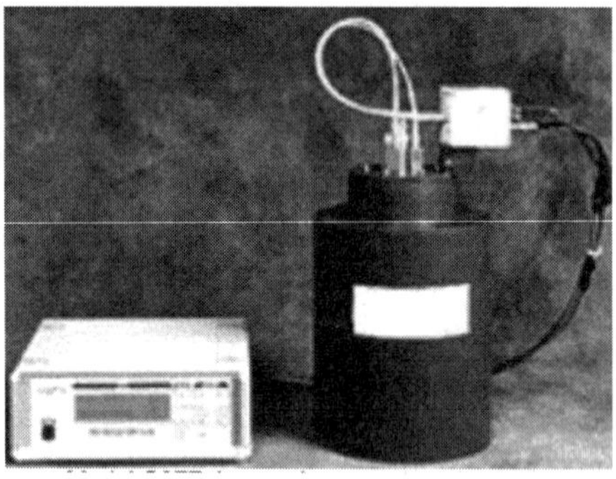

图 4-20　Model G377 三分量 SQUID 磁梯度仪

4.2.5　磁阻效应磁力仪

磁阻效应磁力仪又称磁阻传感器，是根据材料在磁场中阻值发生变化的磁阻效应而研制的一种微小型磁传感器。现代常用的磁阻效应主要包括基于霍尔效应的半导体磁阻效应、金属材料中出现的各向异性磁阻效应（Anistropic Magnetoresistance，AMR）、巨磁电阻效应（Giant Magnetoresistance，GMR）以及隧道磁阻效应（Tunnel Magnetoresistance，TMR）。

1. 半导体磁阻传感器

半导体材料的电阻在外加磁场的作用下发生变化的现象，称为半导体磁阻效应。这一效应主要是由于洛仑兹力使电流方向偏转一个角度造成的。在两端设置电流电极的霍尔片中，电荷载流子具有不同的速度，由于外界磁场的存在，电荷载流子受到的洛仑兹力也不同。对某些载流子，其洛仑兹力大于平衡的霍尔电场力，而另一些载流子的洛仑兹力小于平衡的霍尔电场力，因此改变了电流的分布，电流所流经的途径变长，导致电极间的电阻值增加，这就是磁阻效应。

在利用磁阻效应的元件中，半导体材料的载流子迁移率必须很高。磁阻效应在硅中是非常小的，然而在其他一些高载流子迁移率的材料中却是显著的，比如 InSb。InP 也是一种很有发展前景的材料，铁电材料同样也展示出大的磁阻效应。

2. 各向异性磁阻传感器

各向异性磁阻传感器是一种利用铁磁性薄膜在外部磁场中产生的各向异性磁阻效应来测量磁场的磁传感器。这类传感器具有体积小、高可靠性、较快的响应速度等特点，已广泛用于导航以及角度、距离、电流测量等应用领域。

各向异性磁阻效应是一种典型的磁电效应，它是指在外磁场的作用下材料的电阻发生变化的现象，表征磁阻效应的大小的物理量是磁阻比，其定义为磁电阻系数 η

$$\eta = \frac{R_H - R_0}{R_0} = \frac{\rho_H - \rho_0}{\rho_0} \tag{4.33}$$

式中：$R_H\,(\rho_H)$为磁场 H 作用时材料电阻（率）；$R_0\,(\rho_0)$为无外加磁场时材料电阻（率）。

普通电子自旋是简并的，且无净磁矩的。但铁磁金属由于交换劈裂，费米面处自旋向上的子带全部或大部分被电子占据，而自旋向下的子带仅部分被电子占据。两子带的占据电子数之比正比于它的磁矩。由于费米面处自旋向上子带与自旋向下子带 3d 电子态密度相差很大。它们对不同自旋取向的电子的散射不一样，电子的自由程不同，传导电流也是自旋极化，这就是磁电阻效应。各向异性磁电阻效应指铁磁金属或合金中，磁场平行电流和垂直电流方向电阻率发生变化的效应。由于电子自旋—轨道耦合和势散射中心的低对称，降低了电子波函数的对称性，从而导致了电子散射的各向异性。铁磁性磁畴在外磁场下做各向异性运动，使得各向异性磁阻效应强烈依赖于自发的磁场方向。

各向异性传感器的基本单元是用一种长而薄的坡莫（Ni-Fe）合金用半导体工艺沉积在以硅衬底上制成，沉积时薄膜以条带的形式排布，形成一个平面的线阵以增加磁阻的感知磁场的面积。外加磁场使得磁阻内部的磁畴指向发生变化，进而与电流的夹角 θ 发生变化，就表现为磁电阻各向异性的变化。电阻与夹角之间的变化服从

$$R(\theta) = R_{\perp}\sin^2\theta + R_{//}\cos^2\theta \tag{4.34}$$

式中：$R_{\perp}$为电流方向与磁化方向垂直时的电阻值；$R_{//}$为电流方向与磁化方向平行时的电流值。图 4-21 所示为磁电阻系数与磁场电流夹角的关系。可以看出，当电流方向与磁化方向平行时，传感器最敏感。而一般磁阻都工作于图中±45°线性区附近，这样可以实现输

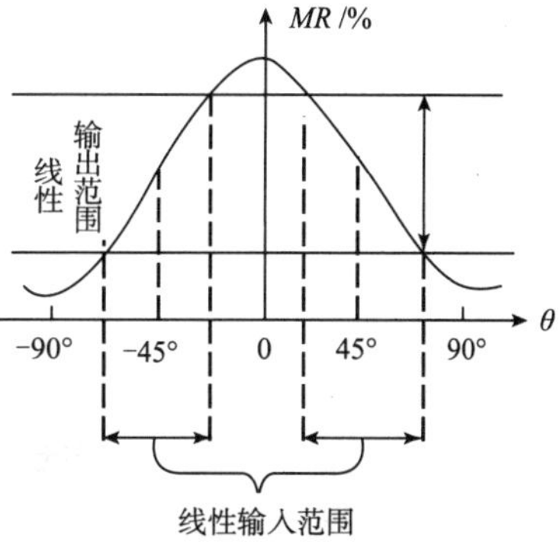

图 4-21　磁场与电流的夹角与磁电阻系数的关系

出的线性特性。

现阶段各向异性磁阻传感器的相关技术已趋于成熟，其生产厂商主要有 Honeywell、NEC、日本旭化成和西门子等。其中最具代表性是 Honeywell 公司生产的 HMC 系列小体积磁传感器，如图 4-22 所示。该传感器具有相对较好的性能指标，其灵敏度最高可达 1mV/V/G，测量带宽可达 5MHz，磁滞误差为 0.06%，量程为±6Oe，适于地磁场测量。为了保证传感器的测量精度，防止高磁场环境中传感器测量失效，Honeywell 公司在芯片中设置了复位/置位线圈以消除磁化对灵敏度的影响。

图 4-22　Honeywell 公司 HMC 系列 AMR 传感器

3. 巨磁电阻传感器

巨磁电阻传感器是利用由铁磁层、非磁性导体层以及反铁磁层组成的多层膜结构材料的巨磁电阻效应制备而成的一种磁阻传感器。巨磁阻效应是指磁性材料的电阻率在有外磁场作用时较之无外磁场作用时存在巨大变化的现象。与 AMR 传感器相比具有更高的灵敏度，且自身特性不会受强磁场的影响，无需复位/置位线圈。其主要用于大容量磁盘存储、位移测量、角度测量等应用领域中。

1988 年德国的 Peter Granberg 和法国的 A. Fert 教授课题组分别在 Fe/Cr/Fe 三层膜和[Fe/Cr]周期性多层膜中独立发现了电阻随外磁场强度的增加而大幅降低的现象，如图 4-23 所示。

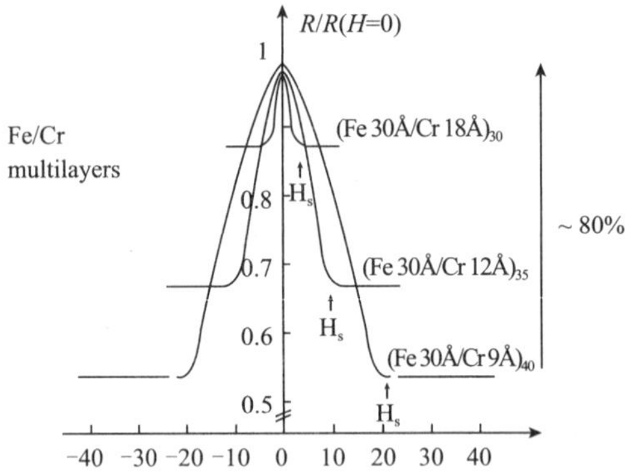

图 4-23　Fe/Cr 多层膜中的巨磁电阻效应

巨磁电阻计算公式的定义与各向异性磁阻传感器类似，其磁电阻系数为

$$\eta = \frac{R_{AP} - R_P}{R_P} \tag{4.35}$$

式中：R_{AP}、R_P 分别为磁性层反平行与平行时的电阻值。

巨磁阻是一种量子力学效应，它产生于层状的磁性薄膜结构。这种薄膜结构是由铁磁材料和非铁磁材料薄层交替叠合而成，其中上下两层为铁磁材料，中间夹层是非铁磁材料。电子在磁性多层膜中传输时受到的散射是与自旋相关的，传导电子有两种自旋取向，每种取向的电子容易穿过磁矩排列和自身自旋方向相同的那个膜层。由于在 Cr 层两侧的 Fe 层是反铁磁耦合，在无外场时磁矩方向成反平行排列，自旋电子在通过磁矩排列和自身自旋方向相反的那个膜层时会受到强烈的散射作用，即没有哪种自旋状态的电子可以穿越两个磁性层，这在宏观上就产生了高电阻状态，如图 4-24（a）所示。

当外加磁场大到克服这一反铁磁耦合时，会使得相邻 Fe 层磁矩沿外场方向平行排列。在传导电子中，自旋方向与磁矩取向相同的那一半电子可以很容易地穿过许多磁层而只受到微弱的散射作用，而另一半自旋方向与磁矩取向相反的电子则在每一磁层都受到强烈的散射作用，所以有一半传导电子存在一个低电阻通道，在宏观上多层膜处于低电阻状态，如图 4-24（b）所示。

由于早期用于研究巨磁电阻效应的多层膜，其相邻磁性层间的磁矩反平行排列是通过反铁磁耦合形成的，因而具有很高的饱和场，所以需要施加很大的外磁场来克服耦合，不利于实际应用。为了克服多层膜结构饱和场过高的缺陷，B.Diney 提出了具有实用价值的自旋阀结构。

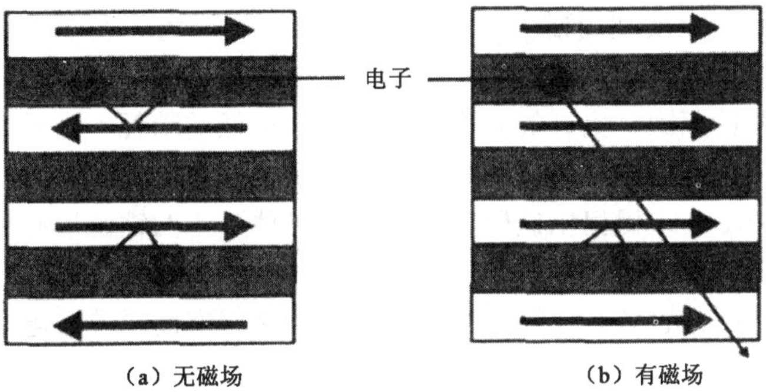

图 4-24　巨磁电阻效应原理图

通常的自旋阀结构从上至下一共分为 6 层，依次是保护层、钉扎层、参考层、中间非磁性金属层、自由层和缓冲层，图 4-25 所示为自旋阀的基本结构。底端缓冲层的作用既可以防止基底表面形貌对自旋阀内部结构的不良影响，又可以起到诱导上层结构晶向的作用。而顶端保护层是防止自旋阀内部机构与空气接触被氧化和污染，通常采用不易氧化的金属。中间四层为自旋阀的核心结构：自由层和参考层由自旋极化率较高的铁磁材料构成，中间层则是由非磁性材料构成，其磁屏蔽作用可使自由层和参考层解耦，此三层组成的三明治结构即为产生巨磁电阻信号的核心部件。钉扎层也叫反铁磁层，采用反铁磁材料，位于上述三明治结构的上部或者下部，其通过与之相邻的参考层所产生的交换偏置作用，使其磁化方向被钉扎在某一固定方向，使得参考层的磁化方向在外加磁场较小时不随外场变化而翻转，具有钉扎参考层的作用，故参考层亦被称为被钉扎层。而自由层由于没有受到交换偏置作用，其磁化方向可随外场自由翻转，故得此名。图 4-26 给出了自旋阀的巨磁电阻曲线，可以看出，很小的外磁场即可使自由层磁矩翻转，实现电阻的变化。

巨磁电阻传感器的主要生产厂商为 NVE 公司，其 GMR 传感器的灵敏度最大可达 18 mV/V/G，测量带宽为 1MHz，磁滞误差为 4%，相比于 HMC 系列各向异性传感器无需复位/置位线圈。

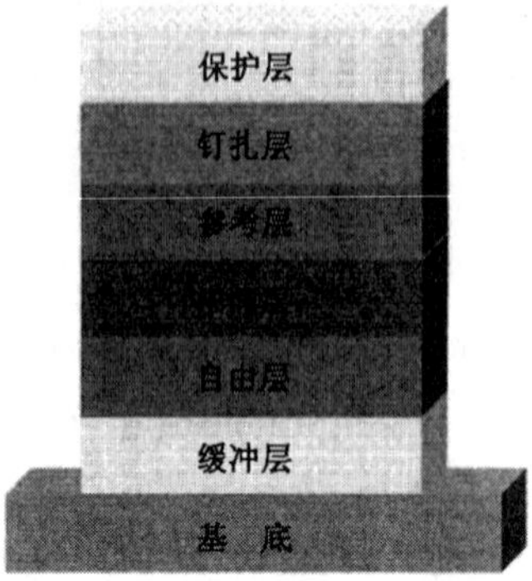

图 4-25 自旋阀基本结构示意图

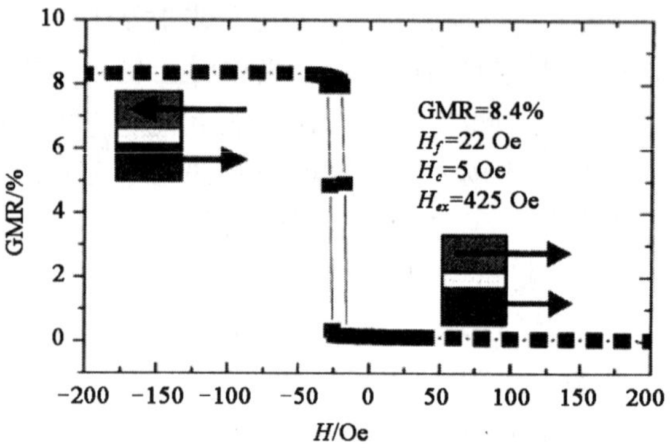

图 4-26 自旋阀 GMR 回线

4. 隧道磁阻传感器

隧道磁阻传感器主要利用磁性隧道结(MTJ)在不同磁场环境中铁磁层与反铁磁层之间隧穿电流变化导致的隧穿电阻变化来敏感磁场，其理论上比 AMR、GMR 具有更高的灵敏度、更宽的线性范围、更好的温度稳定性以及更低的功耗，由于其饱和磁场强度很低的特点，已被广泛应用于硬盘磁头和磁性内存领域。

1975 年 Slonczewski 提出以铁磁金属取代超导体。当两铁磁层磁化方向平行或反平行时，FM/I/FM 隧道结具有不同的电阻值。随后，Julliere 在 Fe/Ge/Co 隧道结中观察到了这一现象。这种因外磁场改变隧道结铁磁层的磁化状态而导致其电阻变化的现象，称为隧道磁电阻效应。

经典物理学认为，动能低于势垒的电子是不能穿透势垒的。但是根据量子力学的理论，上述电子可以穿透势垒，并已被试验所证实。当两个电极充分接近(约为 1nm)，电子云相互重叠时，在电极间加上电压(约为 100 mV)，电子便会通过电子云的狭窄通道流动，形成隧道电流。图 4-27 所示为电子遂道穿越绝缘层的图形化描述。图 4-27（a）描述波函数，图 4-27（b）描述隧穿的电子数。

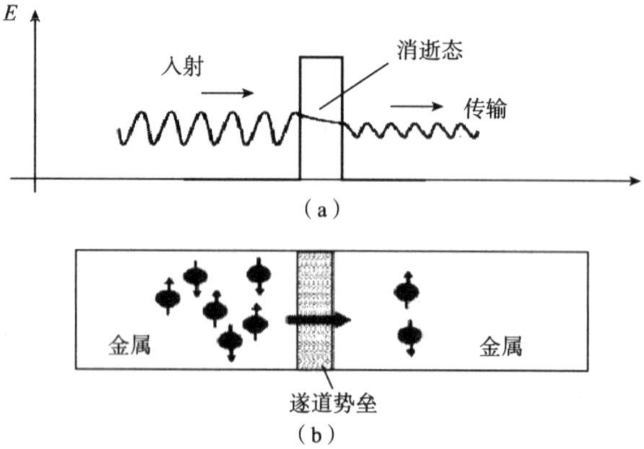

图 4-27 电子隧道穿越薄绝缘势垒

电子隧穿现象的产生是当电子以波动形式通过绝缘隧道结势垒时，电子波会在势垒中被衰减，但如果势垒足够薄，电子波幅度在没有衰减为零之前，就到达势垒边缘，那么电子波函数就穿越势垒。存在电子波函数穿越势垒的现象就表明存在有电子隧道穿越势垒而使电路导通。电子波函数穿过势垒时，电子波振幅随势垒的厚度成指数衰减。这种现象可以利用施敏表达式来描述：

$$I(V)=f(t_b)\left[\left(\varphi-\frac{V}{2}\right)e^{-\left(1.025\sqrt{\varphi-\frac{V}{2}}\right)t_b}-\left(\varphi+\frac{V}{2}\right)e^{-\left(1.025\sqrt{\varphi+\frac{V}{2}}\right)t_b}\right] \tag{4.36}$$

式中：I 为遂穿电流；φ 和 V 分别为平均势垒高度和隧道结偏置电压；t_b 为势垒厚度。

在铁磁性隧道结（MTJ）中，两个电极都是铁磁性材料。在铁磁性材料中，电子具有两种形式：自旋向上电子与自旋向下电子。在隧穿过程中，电子的自旋状态不会发生改变，并且隧道结电导率由两个电极的磁化方向 M_1 和 M_2 的平行与反平行决定，如图4-28所示。

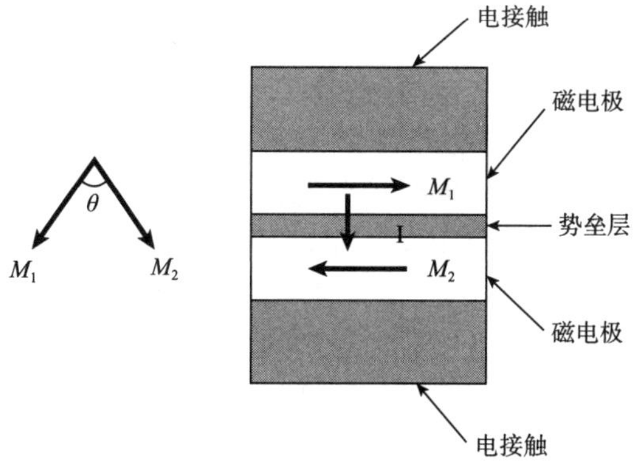

图 4-28　MTJ 中两个电极的磁化方向 M_1 和 M_2

当两个电极的磁化方向 M_1 和 M_2 存在夹角 θ 时，隧道结电导与 $\cos\theta$ 成正比。

$$G(\theta)=\frac{1}{2}(G_{AP}+G_P)+(G_{AP}-G_P)\cos\theta \tag{4.37}$$

定义隧穿磁电阻相对变化率（TMR Ratio）

$$\text{TMR Ratio}=\frac{R_{AP}-R_P}{R_0} \tag{4.38}$$

式中：R_{AP} 与 R_P 分别为当外加磁场，两层铁磁层磁化方向反平行和两层铁磁层磁化方向平行时，MTJ 结构的电阻；R_0 为无外加磁场时的 MTJ 结构电阻。

自旋向上电子和自旋向下电子在费米能级 E_F 处电子态密度的不同导致 TMR 效应的产生。因为电子在隧穿过程中保持自旋方向不变，电子只能隧穿进入具有相同自旋方向的子带内。隧穿电导与两个电极内具有相同自旋方向的费米能级态密度值的乘积成正比。当两个电极内，磁化状态由平行状态变化为反平行状态时，在隧穿过程中，一个电极内的两个自旋子带会发生交换作用，这样同时会引起电导的变化。利用式(4.38)所定义的 TMR 相对变化率，可以进而得到 Julliere 公式：

$$\text{TMR Ratio}=\frac{2P_1P_2}{1-P_1P_2} \tag{4.39}$$

式中：P_1，P_2 分别为两个电极的极化因子，其定义为

$$P=\frac{N_{\uparrow}(E_F)-N_{\downarrow}(E_F)}{N_{\uparrow}(E_F)+N_{\downarrow}(E_F)} \tag{4.40}$$

式中：$N_{\uparrow}$ (E_F)为自旋向上电子数；$N_{\downarrow}$ (E_F)为自旋向下电子数。

江苏多维科技首先在世界范围内推出了高灵敏度TMR线性磁传感器，现在已经推出了第四代隧道磁阻传感器TMR2705，如图4-29所示。该传感器灵敏度可达20mV/V，磁滞误差为1%，量程可达±30Oe。

图4-29　江苏多维科技公司的TMR2705隧道磁阻传感器

4.3　地磁场测量方式

动态环境下地磁向量信息的实时获取是实现地磁向量导航的必要条件，也是制约地磁向量导航实用化的技术瓶颈。一方面，实现任何以地磁场为基准的导航系统的前提是必须构建所需要的、符合质量要求的数字地磁基准图。由航空磁测或海洋磁测获取的地磁场实测数据是制备地磁基准图的主要数据来源，其数据质量决定着所制备地磁基准图的精度水平。另一方面，载体运动过程中对地磁场向量的实时测量精度也直接决定着地磁导航的精度水平。

在地磁图构建中，地磁场测量按其观测空间领域的不同，可分为地面磁测、航空磁测、海洋磁测和卫星磁测几种。不论进行何种磁测，都需要用正确的工作方法才能获得完整而可靠的磁测数据。

4.3.1　地面磁测

1. 基点和基点网的建立

为了提高观测精度，控制观测过程中仪器零点位移及其他因素对仪器的影响，并将观测结果换算到统一的水平，在磁测工作中要建立基点。基点分为总基点、主基点及分基点。总基点和主基点主要作用为观测磁场的起算点。当测区面积很大，需要划分几个分工区进行工作时，必须设立一个总基点；若干个分工区的主基点，形成一个基点网；分基点的主要作用为测线观测时控制仪器性能的变化。根据分工区面积大小和磁测结果的改正方法，来确定是否需要设立分基点和形成分基点网，如图4-30所示。

对各类基点的选择需有严格要求。在组成基点网或分基点网后，必须选用高精度仪器进行联测，联测时要求在日变幅度小和温差较小的早晨或傍晚前短时间内进行闭合观测。若主基点（或分基点）很多，可以分成具有公共边的若干个闭合环进行联测，可以选用多台仪器一次往返观测，或用一台仪器多次往返观测。

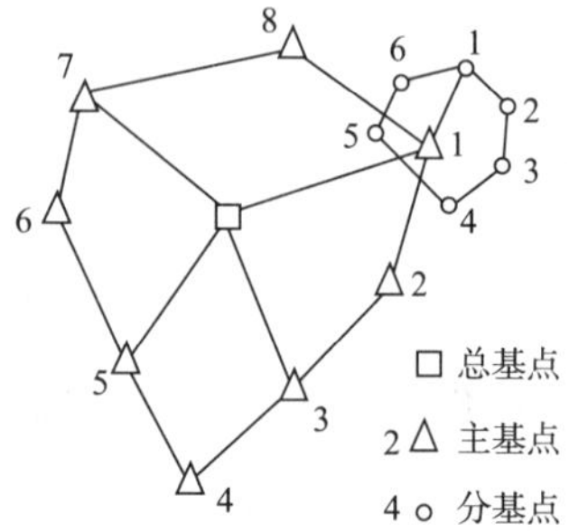

图4-30　基点分布图

由联测的结果计算均方误差和误差分配，要求联测的均方误差小于总均方误差的1/2。如果多环联测必须进行平差，平差方法参考重力方法相关内容。

2. 日变观测

在高精度磁测时，如不设立分基点网进行混合改正，则必须设立日变观测站，以便消除地磁场周日变化和短周期扰动等影响，这是提高磁测质量的一项重要措施。日变观测站必须设在正常场（或平稳场）内温差小、无外界磁干扰和地基稳固的地方。观测时要早于出工的第一台仪器，晚于收工的最后一台仪器。日变站有效作用范围与磁测精度有关。低精度测量时，一般在半径 5～100km 范围内，可以认为变化场差异微小；高精度磁测时，一般以半径 25km 设一个站为宜。

3. 测线磁场观测

要按照磁测工作设计书规定的野外工作方法技术严格执行。针对不同磁测精度，不同观测仪器和不同校正方法，采用不同的野外观测方法。每天测线观测都是始于基点而终于基点。对建守分基点网的，要求测量过程中 2～3h 闭合一次分基点观测。

4. 质量检查

质量检查的目的是了解野外所获得异常数据的质量是否达到了设计的要求。这是野外工作阶段贯彻始终的重要环节。

质量检查的基本要求：要有严格检查量，平稳场检查点数要大于总测点数的 3%，绝对数不得少于 30 个点；异常场检查点数为总检查点数的 5%～30%。前者采用均方误差评价，并以正态分布图表示；后者采用平均相对误差评价，可用异常场检查对比剖面图表示。

磁测的质量检查评价以平稳场的检查为主。检查观测应贯穿于野外施工的全过程，做到不同时间、同点位、同探头高度。

4.3.2　航空磁测

航空磁测与地面磁测相比，不受水域、水系、森林、沼泽、高山的限制。由于飞行距地面有一定的高度，这就减弱了地表磁性不均匀的影响，所以能够更清楚地反映深部地质体的磁场。同时航空磁测还可以进行不同高度的测量飞行，了解磁异常的空间分布特征。

1. 磁补偿和偏向飞行

飞机本身的磁场对测量结果产生很大的影响，称为飞机的磁干扰。消除或减弱其影响的方法之一是用 30～60m 的电缆线把探头悬吊在机身下面拖着进行飞行测量（简称飞测）。另一种方法是将探头安装在机身、机翼、机尾上，再人为地产生一种磁场，使其与飞机干扰磁场大小相等方向相反且变化规律近于相同，这种消除干扰的方法称为硬件磁补偿。这种人为产生的磁场称为补偿磁场，它是由探头周围贴的坡莫合金片或安装由可调恒流源控制的亥姆霍兹线圈产生的。飞机的磁干扰场是随飞机的航向及飞行姿态的变化而改变的。通过“米”字形飞行测量，也称偏向飞行测量，来了解不同方位磁干扰的特点和检查磁干扰在不同方位的补偿效果。飞行的路线如图 4-31 所示。

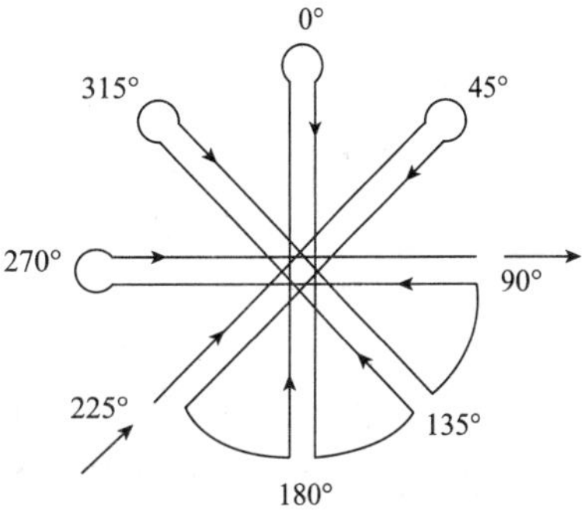

图 4-31　偏向飞行路线图

2. 测量飞行

测量飞行分为基线飞行测量、测线飞行测量和辅助飞行测量。基线测量相当于地面磁测的基点观测，其作用是起算磁异常，发现仪器的零点位移并进行改正。测线飞行测量相当于地面磁测的测点观测。辅助测量包括视察飞行、重复线测量和切割线测量。视察飞行的目的是了解测区情况飞行条件和仪器的工作状态等。重复检查线测量则是为了评价航磁异常观测的质量。切割线飞行是为了联系检查不同飞行架次观测磁异常的磁场水平。应在测区内均匀布置切割线框。切割线应尽可能选在平静磁场上和地形高差变化较平缓地段，并且尽量接近测线的离地高度。切割线的间距按所使用飞机的飞行速度确定。一般情况下，在飞行 2～5min 之间选择。

3. 导航定位

采用无线电台站定位系统时应事先计算和检验相应比例尺的导航定位图。当使用具有零点漂移的导航定位系统(多普勒系统、惯性定位系统)时，应确定校准和更新数据的已知坐标的地物标志或用照相(录像)进行航迹校正与恢复。当使用全球卫星导航定位系统(GPS)不能满足定位精度要求时可使用差分 GPS 方法，用雷达高度计、气压或 GPS 确定飞行高度。

4. 磁日变观测

按规范要求在地面选择磁日变站址。每个测区正式飞行前，在静磁日进行 2～3 个昼夜连续观测，选择其中一昼夜测量结果求出该日平均值，即为该站的磁场基值。如果是多台站观测，则确定其中一个为主台站，其他台站的磁场基值向主台站归算。日变观测的采样时间应与空中磁力仪同步。

5. 航磁测量总精度评价

航磁测量的总精度是航磁系统的观测误差、各项校正不充分或不准确等误差的总和。测量总精度计算是在经过各项校正和调平后，切割线与测线交点上磁场差值之均方差来衡量。

4.3.3 海洋磁测

我国目前海洋磁测中主要使用拖曳式船，用质子旋进式磁力仪进行测量。工作时将探头拖曳在船后的海面下数米，用缆将探头连接到船上的仪器主体部分，仪器主体与记录仪连接，在航行中进行测量。取数速度视航速而定，一般应保证 100m 有 4～5 个测点，以便对 100m 宽的磁异常也能提供研究的信息。海磁测量的参量与所用仪器与航磁类似，但也有不同之处。

1. 海上试验工作

（1）试验探头与船体之间拖曳距离。方法是：首先让船只沿磁子午线往返拖曳航行，并不断改变拖曳距离，在噪声增加情况下，记录的抖动度不变，即为最佳距离。一般地，船体长 100m、3000 吨位测量船拖曳长度约为 300～500m。除进行拖曳距离试验外，还应进行方位测量，常选择在平静磁场区进行。先抛设八方位固定的无磁性浮标，船沿八方位通过浮标，当探头经过浮标时，记录当时的测量数值和时间，经日变校正后绘出方位曲线图，提供作船体影响校正。

（2）试验探头沉放深度。船只航行时，拖曳于船后并浮在水面附近的探头将激起水面浪花，且随涌波上下浮动，从而增加仪器的噪声，使记录抖动度明显加大，影响测量精度。因此探头必须在水下一定深度拖曳。根据船速快慢，适当在探头上配重（无磁性），不断观测仪器的噪声和记录质量，选择最佳沉放深度。

2. 导航定位

规范要求船舶航迹与设计测线的左右最大偏差不超过测线距的1/10。同时航行中应随时修正航向，使航迹与设计测线基本吻合。一般使用无线电导航系统时系统与岸台有关，与作业区和岸台所在区的气候关系极为密切，当气候不佳时，会影响工作。故采用卫星导航系统是目前的最佳选择。

3. 磁日变观测

由于磁日变站难以在海域测区内设立，一般在近测区的海岸附近设立，这时要注意海岸效应，选择平静日变场地区设立日变站十分重要。如何真正解决海磁的日变改正问题，人们提出应用不受日变影响的海磁梯度测量资料换算到地磁日变量的途径，但精度不理想，所以海磁日变改正问题仍需进一步研究。

4.3.4 卫星磁测

卫星磁测是利用安装于航天器中的磁力仪对地磁场进行测量。该方法可以在很短的时间里取得某段时间内整个地球磁场的资料。根据合适轨道的长期卫星磁测的资料，可以建立全球范围的地磁场模型，如国际参考磁场模式；研究地磁场的空间结构和时间变化；研究全球范围的磁异常情况；它还可以用作飞行器的姿态测量。卫星磁测是空间环境监测的重要组成部分。

20 世纪 50 年代以来，世界各国相继发射人造地球卫星，它们携带磁力仪进行近地地磁场测量，主要有：①1958 年苏联发射了 Sputnik 3 卫星：平面倾角 65°，高度范围 226～1881km，携带磁通门（标量）磁力仪，可达到的异常精度 100nT。②1979 年美国发射了一颗与太阳同步的 Magsat 卫星：平面倾角 97°，高度范围 325～550km，携带磁通门（向量）与铯光泵（标量）磁力仪，可达到的异常精度分别为 6nT 与 3nT。③2000 年，德国发射了一颗圆形轨道的 CHAMP 卫星，平面倾角 87.3°高度范围 300～460km，携带磁通门（向量）与欧弗豪泽质子（标量）磁力仪，可达到的异常精度分别为 2nT 与 1nT。

磁卫星的分辨率可达 150～300km。磁卫星异常与地质构造有较好的相关性，展现了研究全球构造的广阔应用前景。

4.4 本章小结

本章主要针对地磁导航中用到的地磁传感器以及地磁测量方式进行了介绍。在地磁传感器方面，重点介绍了量程覆盖近地区域地磁场强度范围（30000～70000nT）的几种不同敏感机理的磁力仪，主要包括磁通门磁力仪、质子旋进磁力仪、光泵磁力仪、超导磁力仪以及磁阻效应磁力仪。文中对这些磁力仪的特点以及磁敏感原理进行了分析，并介绍了这些传感器的结构组成以及国内外生产厂家研制的成熟产品。在地磁测量方式方面，介绍了几种不同环境下的磁测方式，包括地面磁测、航空磁测、海洋磁测和卫星磁测，并分别介绍了各种环境磁测方式的工作方法以及技术规范。

第 5 章 捷联式三轴磁传感器建模与标定

5.1 引言

由于制造、安装、信号处理、数据采集、数据处理以及环境等因素的影响，利用三轴磁传感器进行地磁场实时测量时不可避免地会出现测量误差。减小磁测系统的误差影响，努力提高器件的测量精度，是发展地磁导航技术的迫切需要。实际的磁测器件中客观存在着各种误差源（如原理误差、结构误差、工艺误差等），尤其是工作于捷联环境下的三轴磁传感器，载体的复杂动态运动会引起多种形式的误差。研究各种误差源及其对磁测系统性能影响的表现形式，对减小磁测传感器的误差，提高磁传感器的测量精度，尤其对实现磁传感器的计算机误差补偿具有重要的意义。本章将对三轴磁传感器系统误差进行全面分析，为误差补偿提供依据。

本章对捷联式三轴磁传感器测量中的系统误差进行了全面分析。按照系统误差的产生机理不同，将其分为三轴磁传感器制造误差、安装误差和姿态测量误差三类。然后根据各误差的影响因素分别建立了相应的数学模型，为下一步对磁测误差的标定和补偿提供理论依据。然后针对三轴磁传感器的制造误差，提出了一种标定和补偿方法，并通过一系列仿真试验验证了该方法的有效性。

5.2 三轴磁传感器的数学模型分析

三轴磁传感器的数学模型就是表现误差源及其对测量影响的一种数学关系。为了便于建立磁传感器的数学模型，可以依据在不同环境下的输入和输出，将数学模型分为静态数学模型、动态数学模型、随机数学模型三类。

三轴磁传感器的静态数学模型是指当测量点处的磁场向量不随时间变化或随时间的变化程度远缓慢于磁传感器本身所固有的最低阶运动模态的变化程度时，三轴磁传感器的输出量与待测的磁场向量之间的函数关系，通常可以描述为：$\boldsymbol{H}_m=\boldsymbol{f}(\boldsymbol{H}_e^m)$，其中 $\boldsymbol{H}_m=\left[H_{m,x},H_{m,y},H_{m,z}\right]^{\mathrm{T}}$ 为三轴磁传感器的测量向量；$\boldsymbol{H}_e^m=\left[H_{e,x}^m,H_{e,y}^m,H_{e,z}^m\right]^{\mathrm{T}}$ 为外加磁场向量在三轴磁传感器的测量坐标系中的投影；$\boldsymbol{f}(\cdot)$是三维向量函数，对其自变量而言是非线性的。当 $\boldsymbol{H}_m=K\boldsymbol{H}_e+\boldsymbol{H}_0$ 时，三轴磁传感器的静态特性是线性的，此时称三阶方阵，K 为三轴磁传感器的静态增益；三维列向量 $\boldsymbol{H}_0$ 为三轴磁传感器的零偏。

三轴磁传感器的动态数学模型是指在动态测量中描述磁传感器的特征量随时间而变化，而且随时间的变化程度与磁传感器本身固有的最低阶运动模态的变化相比不是缓慢的变化过程。在地磁导航应用中，由于磁传感器的动态性能较好，其响应时间一般在0.01～0.1s 之间，而巡航载体的运动速度较低（一般为 Ma 0.5～3 之间），地磁图网格较大（一般在 50～500m 之间），且地磁场在空间域的变化频率较低。与磁传感器的最低阶运动模态的变化相比，在地磁导航过程中地磁场的变化比较缓慢，因此在后续的分析中，只分析三轴磁传感器的静态数学模型，而不考虑动态数学模型。

研究静态数学模型有两种方法：解析法和试验法。解析法是依据磁传感器的实际结构和测量原理，在不同测量环境中用解析方法建立起传感器输入和输出的静态数学关系。解析形式是研究和应用数学模型的重要理论基础。由于三轴地磁传感器主要的系统误差为传感器制造误差、安装误差及姿态角测量误差，其产生机理比较清楚，因此采用解析法对三轴磁传感器进行数学建模分析。

5.3　制造误差建模与补偿

三轴磁传感器的制造误差与多种因素有关，主要表现为两类误差：单轴传感器误差和三轴磁传感器误差。

5.3.1　单轴磁传感器误差

单轴磁传感器的测量误差可分为零位误差和静态灵敏度误差。零位误差又称为零偏，是由于传感器、模拟电路和 A/D 转换的零点不为零以及数据处理过程中数据偏移所引起的误差，而静态灵敏度误差是由于磁传感器的测量曲线或测量工作点发生变化使得真实灵敏度与标定灵敏度不一致而引起的测量误差。因此单轴磁传感器的数学模型可以表示为

$$H_{m,i}=(k_{n,i}+\delta k_i)H_{e,i}^m+H_{0,i}=k_iH_{e,i}^m+H_{0,i};i=x,y,z \tag{5.1}$$

式中：$k_{n,i}$ 为 $i(i=x,y,z)$轴向上的磁传感器额定灵敏度；δk_i 为 $i(i=x,y,z)$轴向上的磁传感器灵敏度偏差；k_i 为 $i(i=x,y,z)$轴向上的磁传感器实际灵敏度；$H_{0,i}$ 为 $i(i=x,y,z)$轴向上的磁传感器零偏。

单轴磁传感器的零偏和静态灵敏度偏差均可以通过对磁传感器的零偏和灵敏度参数标定，以减小或消除单轴磁传感器的测量误差。

5.3.2　三轴磁传感器轴间误差

磁场的向量测量一般采用三个相互两两正交的单轴磁传感器组成一个独立的三轴磁传感器，用其来敏感磁场向量在三个测量轴上的投影分量。尽管在组成三轴磁传感器时，尽量选择工艺相同、同一批次且测量特性相近的单轴磁传感器，但三个单轴磁传感器的测量特性总会存在一些差异，而且装配过程中也很难保证三个单轴磁传感器相互两两正交。因此三轴磁传感器误差主要可分为三轴间静态灵敏度不匹配误差和三轴间不正交误差。

三轴间静态灵敏度不匹配误差是由于三个测量轴的磁传感器的灵敏度、测量信号的放大电路特性不完全相同而引起的测量误差。其数学模型可以表示为

$$\begin{cases}\boldsymbol{H}_m=\boldsymbol{K}_1\boldsymbol{H}_e^m\\ \boldsymbol{K}_1=k_n\begin{bmatrix}1&0&0\\0&1&0\\0&0&1\end{bmatrix}+\begin{bmatrix}\delta k_x&0&0\\0&\delta k_y&0\\0&0&\delta k_z\end{bmatrix}=\begin{bmatrix}k_x&0&0\\0&k_y&0\\0&0&k_z\end{bmatrix}\end{cases} \tag{5.2}$$

式中：k_n 为三轴磁传感器的额定灵敏度；k_x、k_y、k_z 分别为三轴磁传感器测量轴 x、y、z 的灵敏度。理想三轴磁传感器的各轴灵敏度均为额定灵敏度 k_n，通常 k_n=1。

三轴间不正交误差是由于在制造过程中不能保证三个磁传感器测量轴完全两两正交而引起的测量误差。设理想三轴磁传感器的测量轴为 x、y、z，而实际磁传感器的测量轴为 x_1、y_1、z_1，三者近似两两正交；设 z 与 z_1 轴重合，x_1 位于 xOz 平面内，与 x 轴夹角为 α；y_1 轴在 xOy 平面内的投影与 y 轴的夹角为 β，与 xOy 平面的夹角为 γ，如图 5-1 所示。理想三轴磁传感器中不正交角 α、β、γ 均为零。三轴磁传感器轴间不正交的数学模型为

$$\begin{cases} \boldsymbol{H}_{m1} = \boldsymbol{K}_2 \boldsymbol{H}_e^m \\ \boldsymbol{K}_2 = \begin{bmatrix} \cos\alpha & 0 & \sin\alpha \\ \sin\beta\cos\gamma & \cos\beta\cos\gamma & \sin\gamma \\ 0 & 0 & 1 \end{bmatrix} \end{cases} \tag{5.3}$$

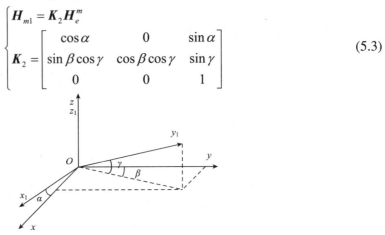

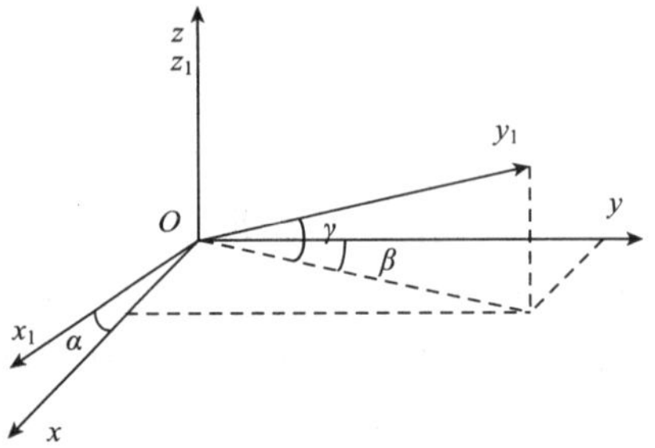

图 5-1　三轴传感器测量轴不正交示意图

三轴磁传感器轴间误差的数学模型可以表示为

$$\boldsymbol{H}_{m1} = \boldsymbol{K}_1 \boldsymbol{K}_2 \boldsymbol{H}_e^m \tag{5.4}$$

5.3.3　制造误差的数学模型

三轴磁传感器的数学模型必须综合考虑单轴磁传感器测量模型和三轴磁传感器轴间测量模型，建立整体的数学模型。设理想三轴磁传感器在 x、y、z 轴的测量值为 $H_{m,x}$、$H_{m,y}$、$H_{m,z}$；而实际三轴磁传感器的测量轴为 x_1、y_1、z_1，测量轴间存在不正交角 α、β、γ，零位误差分别为 $H_{0,x1}$、$H_{0,y1}$、$H_{0,z1}$；各轴的放大系数分别为 k_{x1}、k_{y1}、k_{z1}；三个传感器测量轴的指向如图 5-1 所示，因此，三轴磁传感器的实际测量模型可以写为

$$\begin{cases} \boldsymbol{H}_{m1} = \boldsymbol{K}_1 \boldsymbol{K}_2 \boldsymbol{H}_e^m + \boldsymbol{H}_0 \\ \begin{bmatrix} H_{m,x1} \\ H_{m,y1} \\ H_{m,z1} \end{bmatrix} = \begin{bmatrix} k_{x1} & 0 & 0 \\ 0 & k_{y1} & 0 \\ 0 & 0 & k_{z1} \end{bmatrix} \begin{bmatrix} \cos\alpha & 0 & \sin\alpha \\ \sin\beta\cos\gamma & \cos\beta\cos\gamma & \sin\gamma \\ 0 & 0 & 1 \end{bmatrix} \begin{bmatrix} H_{e,x}^m \\ H_{e,y}^m \\ H_{e,z}^m \end{bmatrix} + \begin{bmatrix} H_{0,x1} \\ H_{0,y1} \\ H_{0,z1} \end{bmatrix} \end{cases} \tag{5.5}$$

只要能够准确地标定零位误差 $H_{0,x1}$、$H_{0,y1}$、$H_{0,z1}$，放大系数 k_{x1}、k_{y1}、k_{z1} 及轴间不正交的夹角 α、β、γ，就可以对三轴的磁测量数据进行补偿校准，从而获得准确的地磁分量 $H_{e,x}^m$、$H_{e,y}^m$ 和 $H_{e,z}^m$，即

$$\boldsymbol{H}_e^m = \boldsymbol{K}_2^{-1} \boldsymbol{K}_1^{-1} (\boldsymbol{H}_{m1} - \boldsymbol{H}_0) = \boldsymbol{K}^{-1} (\boldsymbol{H}_{m1} - \boldsymbol{H}_0) \tag{5.6}$$

通常不正交角 α、β 和 γ 非常小，一般可以保证在±20′之内，因此 K_2 可以简化为

$$\boldsymbol{K}_2 \approx \begin{bmatrix} 1 & 0 & \alpha \\ \beta & 1 & \gamma \\ 0 & 0 & 1 \end{bmatrix} \tag{5.7}$$

式(5.5)和式(5.6)的矩阵形式可以分别简化为

$$\begin{bmatrix} H_{m,x1} \\ H_{m,y1} \\ H_{m,z1} \end{bmatrix} = \begin{bmatrix} k_{x1} & 0 & \alpha k_{x1} \\ \beta k_{y1} & k_{y1} & \gamma k_{y1} \\ 0 & 0 & k_{z1} \end{bmatrix} \begin{bmatrix} H_{e,x}^m \\ H_{e,y}^m \\ H_{e,z}^m \end{bmatrix} + \begin{bmatrix} H_{0,x1} \\ H_{0,y1} \\ H_{0,z1} \end{bmatrix} \tag{5.8}$$

$$\begin{bmatrix} H_{e,x}^m \\ H_{e,y}^m \\ H_{e,z}^m \end{bmatrix} = \begin{bmatrix} 1/k_{x1} & 0 & -\alpha/k_{z1} \\ -\beta/k_{x1} & 1/k_{y1} & -\gamma/k_{z1} \\ 0 & 0 & 1/k_{z1} \end{bmatrix} \left(\begin{bmatrix} H_{m,x1} \\ H_{m,y1} \\ H_{m,z1} \end{bmatrix} - \begin{bmatrix} H_{0,x1} \\ H_{0,y1} \\ H_{0,z1} \end{bmatrix} \right) \tag{5.9}$$

5.3.4　制造误差参数标定与补偿

通常，磁传感器在出厂前已经进行了较为准确的误差参数标定和补偿。在开始使用阶段，可以不用考虑对传感器自身误差参数进行标定和补偿，但随着使用时间的增加，磁传感器的自身参数发生变化，就需要对制造误差进行准确的标定和补偿。

当三轴磁传感器在某一固定地理位置作各种姿态变化时，可以将地磁场向量视为一常向量，其磁场强度为一常数，因此，根据式(5.6)，有

$$\left\|\boldsymbol{H}_e^m\right\|^2 = \left(\boldsymbol{H}_e^m\right)^{\mathrm{T}} \boldsymbol{H}_e^m = \left(\boldsymbol{H}_{m1} - \boldsymbol{H}_0\right)^{\mathrm{T}} \left(\boldsymbol{K}^{-1}\right)^{\mathrm{T}} \left(\boldsymbol{K}^{-1}\right)\left(\boldsymbol{H}_{m1} - \boldsymbol{H}_0\right) \tag{5.10}$$

经整理后可得，捷联式三轴磁传感器的测量向量满足二次标准型方程

$$\left(\boldsymbol{H}_{m1}\right)^{\mathrm{T}} \frac{\left(\boldsymbol{K}^{-1}\right)^{\mathrm{T}} \boldsymbol{K}^{-1}}{\left\|\boldsymbol{H}_e^m\right\|^2} \boldsymbol{H}_{m1} - 2\frac{\left(\boldsymbol{H}_0\right)^{\mathrm{T}} \left(\boldsymbol{K}^{-1}\right)^{\mathrm{T}} \left(\boldsymbol{K}^{-1}\right)}{\left\|\boldsymbol{H}_e^m\right\|^2} \boldsymbol{H}_{m1} + \frac{\left(\boldsymbol{H}_0\right)^{\mathrm{T}} \left(\boldsymbol{K}^{-1}\right)^{\mathrm{T}} \left(\boldsymbol{K}^{-1}\right)\boldsymbol{H}_0}{\left\|\boldsymbol{H}_e^m\right\|^2} = 1 \tag{5.11}$$

根据式(5.11)，当磁传感器零偏向量 $\boldsymbol{H}_0$ 为零时，对于任一不为零的磁场向量 $\boldsymbol{H}_{m1}$，地磁场向量的模值恒大于零，即

$$\left(\boldsymbol{H}_{m1}\right)^{\mathrm{T}} \left(\boldsymbol{K}^{-1}\right)^{\mathrm{T}} \boldsymbol{K}^{-1} \boldsymbol{H}_{m1} = \left\|\boldsymbol{H}_e^m\right\|^2 > 0 \tag{5.12}$$

因此 $\left(\boldsymbol{K}^{-1}\right)^{\mathrm{T}} \boldsymbol{K}^{-1}$ 矩阵为正定实矩阵。捷联式三轴磁传感器在三个轴向的量测数据满足一个二次型椭球曲面方程，其几何意义为以三轴测量数据为坐标的点在量测坐标系中均位于一个由式(5.11)所确定的椭球曲面上，其中椭球曲面参数与三轴磁传感器的零偏 $\boldsymbol{H}_0$（$H_{0,x1}$、$H_{0,y1}$、$H_{0,z1}$）、各轴的放大系数（k_{x1}、k_{y1}、k_{z1}）及不正交误差角（α、β、γ）的 9 个参数有关。若根据三轴磁传感器在不同姿态下的地磁测量可以准确拟合出最佳椭球曲面的参数，则进一步可由椭球曲面的参数求得三轴磁传感器的 9 个制造误差系数。

设该椭球曲面的方程为

$$F(\boldsymbol{\xi}, \boldsymbol{z}) = \boldsymbol{\xi}^{\mathrm{T}} \boldsymbol{z} = ax^2 + by^2 + cz^2 + 2dxy + 2exz + 2fyz + 2px + 2qy + 2rz + g = 0 \tag{5.13}$$

式中：$\boldsymbol{\xi} = [a, b, c, d, e, f, p, q, r, g]^{\mathrm{T}}$ 为待求的椭球曲面参数向量；$\boldsymbol{z} = [x^2, y^2, z^2, 2xy, 2xz, 2yz, 2p, 2q, 2r, 1]^{\mathrm{T}}$ 为测量数据的运算组合向量；$F(\boldsymbol{\xi}, \boldsymbol{z})$为测量数据$(x, y, z)$到该椭球曲面 $F(\boldsymbol{\xi}, \boldsymbol{z})=0$ 的代数距离。椭球曲面拟合时，一般选择测量数据到椭球曲面代数距离的平方和最小为判断准则，即

$$\min_{\xi\in R^6}\left\|F(\boldsymbol{\xi},z_i)\right\|^2=\min_{\xi\in R^6}\boldsymbol{\xi}^{\mathrm{T}}\boldsymbol{D}^{\mathrm{T}}\boldsymbol{D}\boldsymbol{\xi} \tag{5.14}$$

式中：$\boldsymbol{D}=\begin{bmatrix} x_1^2 & y_1^2 & z_1^2 & 2x_1y_1 & 2x_1z_1 & 2y_1z_1 & 2x_1 & 2y_1 & 2z_1 & 1 \\ x_2^2 & y_2^2 & z_2^2 & 2x_2y_2 & 2x_2z_2 & 2y_2z_2 & 2x_2 & 2y_2 & 2z_2 & 1 \\ \vdots & \vdots & \vdots & \vdots & \vdots & \vdots & \vdots & \vdots & \vdots & \vdots \\ x_N^2 & y_N^2 & z_N^2 & 2x_Ny_N & 2x_Nz_N & 2y_Nz_N & 2x_N & 2y_N & 2z_N & 1 \end{bmatrix}$。

将拟合后的椭球方程式(5.13)整理为向量形式：$(\boldsymbol{X}-\boldsymbol{X}_0)^{\mathrm{T}}\boldsymbol{A}(\boldsymbol{X}-\boldsymbol{X}_0)=1$，展开可得

$$\boldsymbol{X}^{\mathrm{T}}\boldsymbol{A}\boldsymbol{X}-2\boldsymbol{X}_0^{\mathrm{T}}\boldsymbol{A}\boldsymbol{X}+\boldsymbol{X}_0^{\mathrm{T}}\boldsymbol{X}_0=1 \tag{5.15}$$

式中：$\boldsymbol{A}=\begin{bmatrix} a & d & e \\ d & b & f \\ e & f & c \end{bmatrix}$为与椭球半轴及其旋转角度有关的椭球形状矩阵；$\boldsymbol{X}_0=-\boldsymbol{A}^{-1}\begin{bmatrix} p \\ q \\ r \end{bmatrix}$为椭球的中心点坐标。与式(5.11)比对可以得出

$$\begin{cases} \boldsymbol{K}\boldsymbol{K}^{\mathrm{T}}=\dfrac{1}{\left\|\boldsymbol{H}_e^m\right\|^2}\boldsymbol{A}^{-1} \\ \boldsymbol{H}_0=\boldsymbol{X}_0 \end{cases} \tag{5.16}$$

由式(5.8)，可得

$$\boldsymbol{K}\boldsymbol{K}^{\mathrm{T}}=\begin{bmatrix} (\alpha^2+1)k_{x1}^2 & (\beta+\alpha\gamma)k_{x1}k_{y1} & \alpha k_{x1}k_{z1} \\ (\beta+\alpha\gamma)k_{x1}k_{y1} & (\beta^2+\gamma^2+1)k_{y1}^2 & \gamma k_{y1}k_{z1} \\ \alpha k_{x1}k_{z1} & \gamma k_{y1}k_{z1} & k_{z1}^2 \end{bmatrix} \tag{5.17}$$

因此根据椭球参数 $\boldsymbol{A}$ 和 $\boldsymbol{X}_0$，可以估计出三轴磁传感器的制造误差参数。设 $\boldsymbol{A}^{-1}=\begin{bmatrix} a' & d' & e' \\ d' & b' & f' \\ e' & f' & c' \end{bmatrix}$，则制造误差参数为

$$\begin{cases} \hat{k}_{x1}=\dfrac{\sqrt{a'c'-e'^2}}{\sqrt{c'}\left\|\boldsymbol{H}_e^m\right\|} \\ \hat{k}_{y1}=\dfrac{\sqrt{(b'-f'^2)(a'c'^2-c'e'^2)-(c'd'-e'f')^2}}{\left\|\boldsymbol{H}_e^m\right\|\sqrt{a'c'^2-c'e'^2}} \\ \hat{k}_{z1}=\sqrt{c'}\Big/\left\|\boldsymbol{H}_e^m\right\| \\ \hat{\alpha}=e'\Big/\sqrt{a'c'-e'^2} \\ \hat{\beta}=\dfrac{c'd'-e'f'}{\hat{k}_{y1}\left\|\boldsymbol{H}_e^m\right\|\sqrt{a'c'^2-c'e'^2}} \\ \hat{\gamma}=\dfrac{f'}{\hat{k}_{y1}\left\|\boldsymbol{H}_e^m\right\|\sqrt{c'}} \\ \hat{\boldsymbol{H}}_0=X_0 \end{cases} \tag{5.18}$$

综上所述，三轴磁传感器制造误差参数的标定和补偿的过程如下：

（1）选择在地磁场短期变化较小的时间段内，在某一固定位置准确测量该点处的地磁场强度$\left\|\boldsymbol{H}_e^m\right\|$。

（2）在该测量点随机旋转三轴磁传感器，使其姿态角跨度尽量大一些，从而获得一系列的磁场测量值$\boldsymbol{H}_{m,i}=\begin{bmatrix}H_{m,x1,i} & H_{m,y1,i} & H_{m,z1,i}\end{bmatrix}^{\mathrm{T}}$，$(i=1, 2, \cdots, n)$。

（3）由磁场测量值$\boldsymbol{H}_{m,i}$拟合椭球曲面，获得最佳拟合椭球参数$\boldsymbol{\xi}=[a, b, c, d, e, f, p, q, r, g]$，其中椭球曲面拟合算法将在第 6 章中详细介绍。

（4）将最佳拟合椭球方程整理为式(5.15)所示的标准椭球方程，获得椭球形状参数矩阵$\boldsymbol{A}$和椭球中心点坐标$\boldsymbol{X}_0$，并求出$\boldsymbol{A}^{-1}$。

（5）由式(5.18)估计出三轴磁传感器的 9 个制造误差参数：标定零位误差$H_{0,x}$、$H_{0,y}$、$H_{0,z}$；放大系数k_{x1}、k_{y1}、k_{z1}及轴间不正交的夹角α、β、γ。

（6）根据式(5.9)对磁场测量值$\boldsymbol{H}_{m,i}$进行制造误差补偿，获得较为准确的地磁场向量值$\boldsymbol{H}_e^m$。

5.4 安装误差

安装误差是由于在运动载体上以捷联方式安装三轴磁传感器时，磁传感器的三个测量轴Ox^m、Oy^m、Oz^m分别与载体的横轴Ox^b、纵轴Oy^b、竖轴Oz^b三个轴不平行而引起的测量误差。在仅考虑安装误差的情况下，理想的三轴磁传感器相对于载体坐标系的安装误差表示为三轴磁传感器依次绕z轴、x轴和y轴转动三个微小的安装误差角φ_z、φ_x、φ_y，如图 5-2 所示。此时磁传感器的测量值为

$$\begin{cases}\boldsymbol{H}_m^b=\boldsymbol{R}_y\boldsymbol{R}_x\boldsymbol{R}_z\boldsymbol{H}_e^m\\ \begin{bmatrix}H_{m,x}^b\\H_{m,y}^b\\H_{m,z}^b\end{bmatrix}=\begin{bmatrix}\cos\varphi_y & 0 & -\sin\varphi_y\\0 & 1 & 0\\\sin\varphi_y & 0 & \cos\varphi_y\end{bmatrix}\begin{bmatrix}1 & 0 & 0\\0 & \cos\varphi_x & \sin\varphi_x\\0 & -\sin\varphi_x & \cos\varphi_x\end{bmatrix}\begin{bmatrix}\cos\varphi_z & \sin\varphi_z & 0\\-\sin\varphi_z & \cos\varphi_z & 0\\0 & 0 & 1\end{bmatrix}\begin{bmatrix}H_{e,x}^m\\H_{e,y}^m\\H_{e,z}^m\end{bmatrix}\end{cases} \tag{5.19}$$

式中：$\boldsymbol{R}_i(i=x, y, z)$为绕$i$轴的旋转矩阵。

一旦传感器安装完毕后，安装误差角就确定不变了。只要能够准确标定安装误差角φ_z、φ_y、φ_x，就可以对三轴的磁测量值进行安装误差的补偿，从而获得各个准确的地磁分量H_x、H_y、H_z，即

$$\boldsymbol{H}_e^m=\boldsymbol{R}_z^{\mathrm{T}}\boldsymbol{R}_x^{\mathrm{T}}\boldsymbol{R}_y^{\mathrm{T}}\boldsymbol{H}_m^b \tag{5.20}$$

一般安装工艺可以保证各安装误差角在±20′之内，安装误差角φ_z、φ_y、φ_x非常小。因此，式(5.19)和式(5.20)的矩阵形式可分别简化为

$$\begin{bmatrix}H_{m,x}\\H_{m,y}\\H_{m,z}\end{bmatrix}=\begin{bmatrix}1 & \varphi_z & -\varphi_y\\-\varphi_z & 1 & \varphi_x\\\varphi_y & -\varphi_x & 1\end{bmatrix}\begin{bmatrix}H_x\\H_y\\H_z\end{bmatrix} \tag{5.21}$$

$$\begin{bmatrix} H_x \\ H_y \\ H_z \end{bmatrix} = \begin{bmatrix} 1 & -\varphi_z & \varphi_y \\ \varphi_z & 1 & -\varphi_x \\ -\varphi_y & \varphi_x & 1 \end{bmatrix} \begin{bmatrix} H_{m,x} \\ H_{m,y} \\ H_{m,z} \end{bmatrix} \tag{5.22}$$

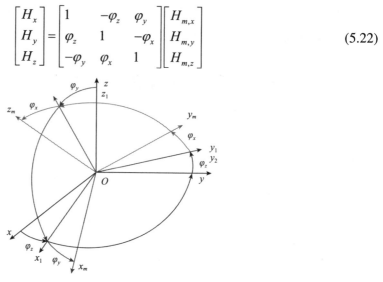

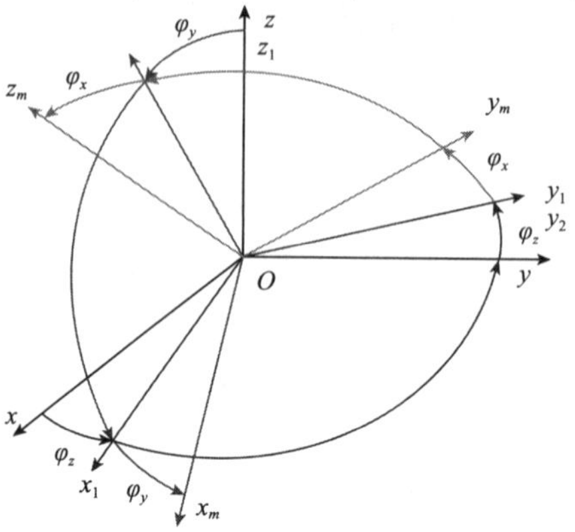

图 5-2 捷联式三轴磁传感器安装误差角

5.5 姿态测量误差

目前常用的地磁导航都是利用地磁场总强度的标量信息进行匹配或滤波定位。基于地磁总强度标量信息的导航技术可参考地形匹配导航中成熟的理论与方法，但却没有充分利用地磁场的向量信息。地磁场的向量可以提供更丰富的导航信息，若能充分利用地磁向量信息进行导航，势必大大提高地磁导航的精度和鲁棒性。

利用捷联式三轴磁传感器测量信息进行地磁向量导航时，需要将磁传感器测量所得地磁场向量信息由载体坐标系变换到北—东—地导航坐标系中，才能与地磁向量基准图进行匹配导航。完成这一变换就必须在计算机中建立姿态变换矩阵 $\boldsymbol{C}_b^n$。设飞行器的姿态角依次为航向角 ψ、俯仰角 θ 和横滚角 γ，这些姿态角由捷联式惯性导航系统 SINS 根据陀螺仪和加速度计的测量值实时解算得到。由于惯导系统存在初始对准误差、陀螺误差及加速度误差，它所解算的姿态角也存在着一定的误差。由这些含误差的姿态角计算姿态变换矩阵 $\boldsymbol{C}_b^n$ 实现地磁场向量由载体坐标系变换到北—东—地导航坐标系的变换，必然带来一定的姿态变换误差，影响地磁导航的精度。

设在某一时刻真实的姿态角分别为航向角 ψ_0、俯仰角 θ_0 和横滚角 γ_0；而 SINS 解算所得的姿态角分别为航向角 $\psi_{\text{SINS}}=\psi_0+\varphi_z$、俯仰角 $\theta_{\text{SINS}}=\theta_0+\varphi_x$ 和横滚角 $\gamma_{\text{SINS}}=\gamma_0+\varphi_y$；由于姿态变换阵 $\boldsymbol{C}_b^n$ 为

$$\boldsymbol{C}_b^n = \begin{bmatrix} \cos\gamma\cos\psi+\sin\gamma\sin\theta\sin\psi & \cos\theta\sin\psi & \sin\gamma\cos\psi-\cos\gamma\sin\theta\sin\psi \\ -\cos\gamma\sin\psi+\sin\gamma\sin\theta\cos\psi & \cos\theta\cos\psi & -\sin\gamma\sin\psi-\cos\gamma\sin\theta\cos\psi \\ -\sin\gamma\cos\theta & \sin\theta & \cos\gamma\cos\theta \end{bmatrix} \tag{5.23}$$

将 SINS 输出的姿态角(ψ_{SINS}，θ_{SINS}，γ_{SINS})建立的姿态变换矩阵 $\left(\boldsymbol{C}_b^n\right)_{\text{INS}}$ 在真实姿态角 $\boldsymbol{A}_0=(\psi_0,\theta_0,\gamma_0)$处泰勒展开，考虑到姿态误差角很小，只保留一次项而忽略高次项，可得

$$\left(\boldsymbol{C}_b^n\right)_{\mathrm{SINS}} \approx \boldsymbol{C}_b^n\Big|_{A_0} + \frac{\partial C_b^n}{\partial \psi}\Big|_{A_0}\phi_z + \frac{\partial C_b^n}{\partial \theta}\Big|_{A_0}\phi_x + \frac{\partial C_b^n}{\partial \gamma}\Big|_{A_0}\phi_y \tag{5.24}$$

其中：

$$\boldsymbol{C}_n^b\Big|_{A_0} = \begin{bmatrix} \cos\gamma_0\cos\psi_0 + \sin\gamma_0\sin\theta_0\sin\psi_0 & \cos\theta_0\sin\psi_0 & \sin\gamma_0\cos\psi_0 - \cos\gamma_0\sin\theta_0\sin\psi_0 \\ -\cos\gamma_0\sin\psi_0 + \sin\gamma_0\sin\theta_0\cos\psi_0 & \cos\theta_0\cos\psi_0 & -\sin\gamma_0\sin\psi_0 - \cos\gamma_0\sin\theta_0\cos\psi_0 \\ -\sin\gamma_0\cos\theta_0 & \sin\theta_0 & \cos\gamma_0\cos\theta_0 \end{bmatrix}$$

$$\frac{\partial \boldsymbol{C}_n^b}{\partial \psi}\Big|_{A_0} = \begin{bmatrix} -\cos\gamma_0\sin\psi_0 + \sin\gamma_0\sin\theta_0\cos\psi_0 & \cos\theta_0\cos\psi_0 & -\sin\gamma_0\sin\psi_0 - \cos\gamma_0\sin\theta_0\cos\psi_0 \\ -\cos\gamma_0\cos\psi_0 - \sin\gamma_0\sin\theta_0\sin\psi_0 & -\cos\theta_0\sin\psi_0 & -\sin\gamma_0\cos\psi_0 + \cos\gamma_0\sin\theta_0\sin\psi_0 \\ 0 & 0 & 0 \end{bmatrix}$$

$$\frac{\partial \boldsymbol{C}_n^b}{\partial \theta}\Big|_{A_0} = \begin{bmatrix} \sin\gamma_0\cos\theta_0\sin\psi_0 & -\sin\theta_0\sin\psi_0 & -\cos\gamma_0\cos\theta_0\sin\psi_0 \\ \sin\gamma_0\cos\theta_0\cos\psi_0 & -\sin\theta_0\cos\psi_0 & -\cos\gamma_0\cos\theta_0\cos\psi_0 \\ \sin\gamma_0\sin\theta_0 & \cos\theta_0 & -\cos\gamma_0\sin\theta_0 \end{bmatrix}$$

$$\frac{\partial \boldsymbol{C}_n^b}{\partial \gamma}\Big|_{A_0} = \begin{bmatrix} -\sin\gamma_0\cos\psi_0 + \cos\gamma_0\sin\theta_0\sin\psi_0 & 0 & \cos\gamma_0\cos\psi_0 + \sin\gamma_0\sin\theta_0\sin\psi_0 \\ \sin\gamma_0\sin\psi_0 + \cos\gamma_0\sin\theta_0\cos\psi_0 & 0 & -\cos\gamma_0\sin\psi_0 + \sin\gamma_0\sin\theta_0\cos\psi_0 \\ -\cos\gamma_0\cos\theta_0 & 0 & -\sin\gamma_0\cos\theta_0 \end{bmatrix}$$

因此，捷联式三轴磁传感器所测量的地磁信息在导航坐标系中的投影为

$$\boldsymbol{H}_m^n = \left(\boldsymbol{C}_b^n\right)_{\mathrm{SINS}}\boldsymbol{H}_m^b \approx \boldsymbol{C}_b^n\Big|_{A_0}\boldsymbol{H}_m^b + \left(\frac{\partial \boldsymbol{C}_b^n}{\partial \psi}\Big|_{A_0}\delta\psi + \frac{\partial \boldsymbol{C}_b^n}{\partial \theta}\Big|_{A_0}\delta\theta + \frac{\partial \boldsymbol{C}_b^n}{\partial \gamma}\Big|_{A_0}\delta\gamma\right)\boldsymbol{H}_m^b \tag{5.25}$$

5.6 捷联式三轴磁传感器仿真研究

本节首先通过一系列对制造误差、安装误差和姿态测量误差的仿真分析，深入研究捷联式三轴磁传感器中各个误差参数对磁测精度的影响程度，为进一步提高磁测精度、寻找主要误差源提供依据，然后针对基于椭球拟合的制造误差标定和补偿方法进行了仿真验证和性能评估。

5.6.1 三轴磁传感器制造误差仿真、标定及补偿

为了分析三轴磁传感器制造误差中的灵敏度系数、零偏和不正交角对磁测精度的影响，研究了单个误差源和多个误差源对磁测精度的影响。然后针对基于椭球拟合的三轴磁传感器制造误差的标定与补偿方法进行了一系列的仿真验证。

1. 仿真条件

磁传感器所在位置为（116°E, 40°N, 0m)；初始姿态角为（0°, 0°, 0°)；初始速度为（0m/s, 0m/s, 0m/s)；姿态变化顺序为：在水平面内原地航向旋转一周；俯仰改变−90°～+90°；横滚角改变 0°～+360°，具体参数设置如表 5-1 所示。根据某型号三轴磁通门磁力计的技术参数：x、y、z 分量范围为±100000nT；分辨率为 1nT；精度为±（读数的 0.25%+5nT)；轴间不正交角在±0.25°之内。设置三轴磁传感器的仿真参数如表 5-2 所示。

表 5-1 磁传感器姿态机动序列

序号	姿态机动	Δt /s	a /(m/s^2)	$\Delta\psi$/ (°)	$\Delta\theta$/ (°)	$\Delta\gamma$/ (°)
1	一般转弯飞行	360	0	360	0	0
2	俯仰运动	90	0	0	−90	0
3	俯仰运动	180	0	0	180	0
4	俯仰改平	90	0	0	—	0
5	一般横滚	360	0	0	0	360

表 5-2 三轴磁传感器制造误差仿真参数

仿真条件 / 仿真参数	仿真条件 1	仿真条件 2	仿真条件 3	仿真条件 4
三轴灵敏度	[1.0025, 0.9975, 1.0020]	[1, 1, 1]	[1, 1, 1]	[1.0025, 0.9975, 1.0020]
三轴零偏/nT	[0, 0, 0]	[−5, 5, −3]	[0, 0, 0]	[−5, 5, −3]
不正交角/(″)	[0, 0, 0]	[0, 0, 0]	[900, 700,-900]	[900, 700, −900]
量测噪声/nT	[0, 0, 0]	[0, 0, 0]	[0, 0, 0]	[1 1 1]

2. 仿真结果分析

根据仿真条件设置相应的参数，进行了一系列的计算机仿真。仿真结果如图 5-3～图 5-6 所示，数据统计结果如表 5-3、表 5-4 所示。各仿真条件下横向磁场、纵向磁场、竖向磁场及地磁场强度的测量数据的均值和标准差如表 5-3 所示。可以看出：灵敏度误差所引起的测量误差随被测磁场分量强度的增加而增加，与被测磁场分量强度成正比；磁场总强度的测量误差与各轴的灵敏度误差、磁场分量强度等因素有关；各轴零偏引起的测量误差为固定值，数量级为纳特，对磁场测量精度的影响很小；由于各轴间的不正交误差角的定义是以 z 轴为参考的，因此由它引起的测量误差只出现在 x、y 方向上。由于三轴磁传感器安装工艺的限制，各轴间不正交误差一般只能保证在±0.25°之内。由此带来的测量误差在上百纳特。因此三轴磁传感器的制造误差中各轴间不正交误差对磁测精度的影响最大，灵敏度的影响次之，而各轴零偏的影响最小。

表 5-3 三轴磁传感器的测量误差与补偿误差统计

各仿真条件下误差统计		横向磁场/nT		纵向磁场/nT		竖向磁场/nT		地磁强度/nT	
		均值	标准差	均值	标准差	均值	标准差	均值	标准差
1	测量误差	−2.1819	56.2450	−38.5109	64.4583	−51.4249	61.7363	40.8140	65.9736
	补偿误差	-3×10^{-11}	5×10^{-10}	5×10^{-10}	7×10^{-10}	-8×10^{-10}	7×10^{-10}	1×10^{-9}	4×10^{-11}
2	测量误差	−5.0000	0.0000	5.0000	0.0000	−3.0000	0.0000	2.8845	2.9458
	补偿误差	-5×10^{-11}	6×10^{-10}	4×10^{-10}	7×10^{-10}	-7×10^{-10}	8×10^{-10}	1×10^{-9}	2×10^{-11}
3	测量误差	−112.1831	134.6862	108.9941	154.6333	0.0000	0.0000	1.3805	102.0443
	补偿误差	-8.7×10^{-13}	2.1×10^{-10}	2.4×10^{-1}	3.9×10^{-1}	-6.5×10^{-10}	8.3×10^{-10}	3.4×10^{-1}	2.2×10^{-1}
4	测量误差	−119.6573	146.4882	75.2190	191.4022	−54.4128	61.7938	45.1274	123.6475
	补偿误差	-9.1×10^{-2}	1.0056	3.03×10^{-1}	1.0176	-6.45×10^{-2}	9.59×10^{-1}	3.39×10^{-1}	9.97×10^{-1}

表 5-4　三轴磁传感器的设定参数与标定参数对比

实验结果 \ 性能指标		三轴灵敏度	三轴零偏/nT	不正交角/″
1	设定值	[1.0025, 0.9975, 1.0020]	[0, 0, 0]	[0, 0, 0]
	标定值	[1.0025, 0.9975, 1.0020]	[0.0140, −0.3161,0.2117]e−9	[−0.0018, −0.0085, −0.1544]e−8
2	设定值	[1, 1, 1]	[−5, 5, −3]	[0, 0, 0]
	标定值	[1.0000, 1.0000, 1.0000]	[-5.0000, 5.0000, -3.0000]	[0.0332, -0.1356, −0.4294]e−9
3	设定值	[1, 1, 1]	[0, 0, 0]	[900, 700, −900]
	标定值	[1.0000, 1.0000, 1.0000]	[−0.0796,0.5827, −0.3807]e−10	[900.0057, 700.0027, −900.0109]
4	设定值	[1.0025, 0.9975, 1.0020]	[−5, 5, −3]	[900, 700, −900]
	标定值	[1.0025, 0.9975, 1.0020]	[−4.8059, 4.8006, −2.8655]	[900.9941, 698.0438, −900.5379]

为了减小三轴磁传感器的制造误差对磁场测量精度的影响，提出了一种基于椭球拟合的三轴磁传感器制造误差标定和补偿方法。根据椭球拟合算法，对含有各种制造误差的三轴测量数据进行了椭球拟合，如图 5-7～图 5-10 所示，相应的最佳拟合椭球参数如表 5-5 所示。可以看出，各轴灵敏度误差使得理想的测量数据圆球畸变为一个各半轴均不相同的椭球体；各轴零偏则使该椭球的中心点发生偏移；而各轴间的不正交角使得椭球绕其中心点发生旋转。

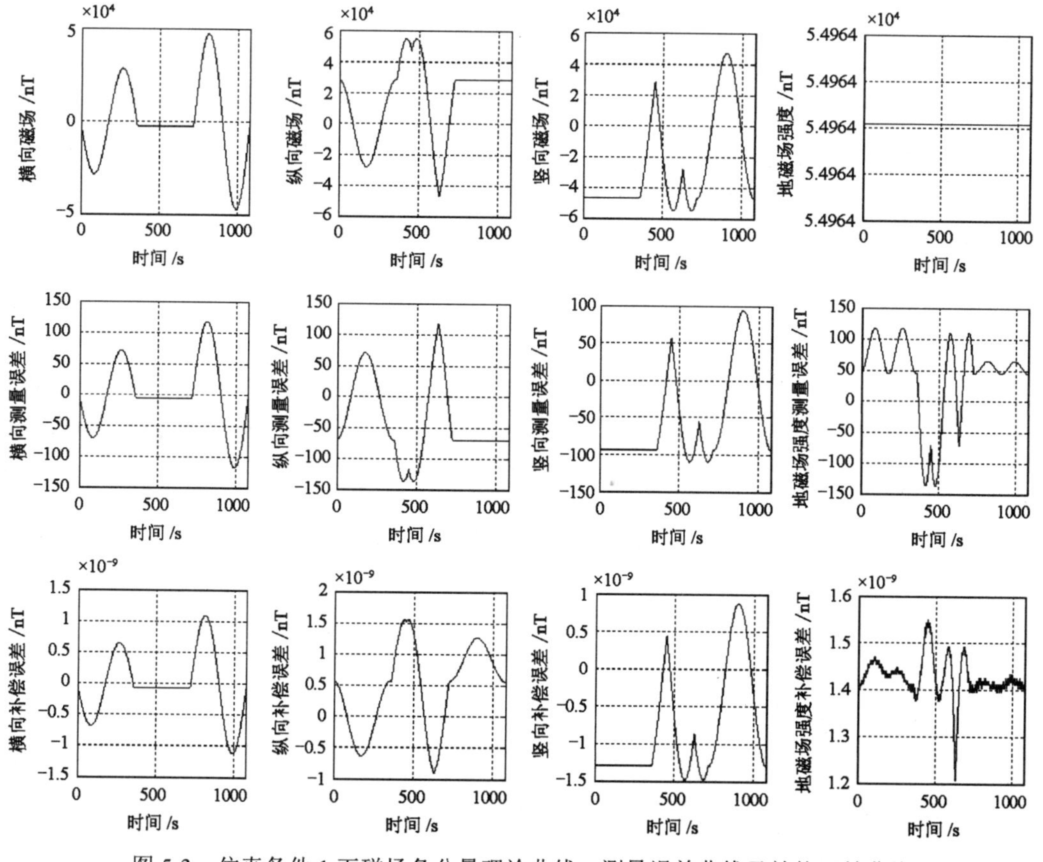

图 5-3　仿真条件 1 下磁场各分量理论曲线、测量误差曲线及补偿误差曲线

根据基于椭球拟合的三轴磁传感器制造误差标定和补偿方法，通过仿真试验对各种制造误差进行了标定和补偿。试验表明该误差标定和补偿方法具有如下特点：

（1）该方法具有较高的制造误差标定精度。在磁传感器测量噪声为 1nT 的仿真条件下，对于各轴灵敏度系数的标定精度可以达到 10^{-8} 量级；零偏的标定精度可以达到 10^{-1}nT 量级；各轴间的不正交角的标定也可以达到角秒级。

（2）该方法具有较高的制造误差补偿精度。在磁传感器测量噪声为 1nT 的仿真条件下，对于磁场测量精度的补偿均达到 1nT 水平，使得三轴磁传感器的测量误差减小到补偿前的 1%。

（3）在低信噪比的磁测条件下，通过增大磁传感器的姿态角跨度仍能保证较好的标定和补偿精度。

（4）该三轴磁传感器制造误差标定和补偿方法简便易行，且计算量小。标定过程中对标定条件的要求低，不需要高精度的水平及北向基准。

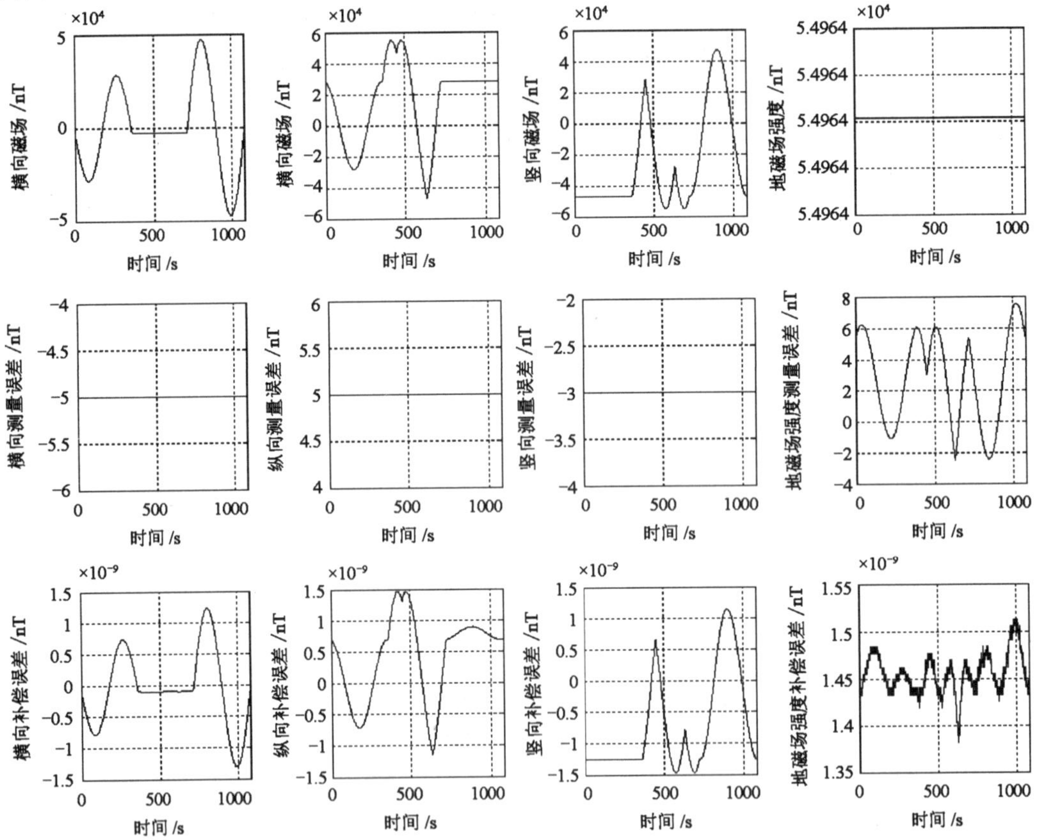

图 5-4　仿真条件 2 下磁场各分量理论曲线、测量误差曲线及补偿误差曲线

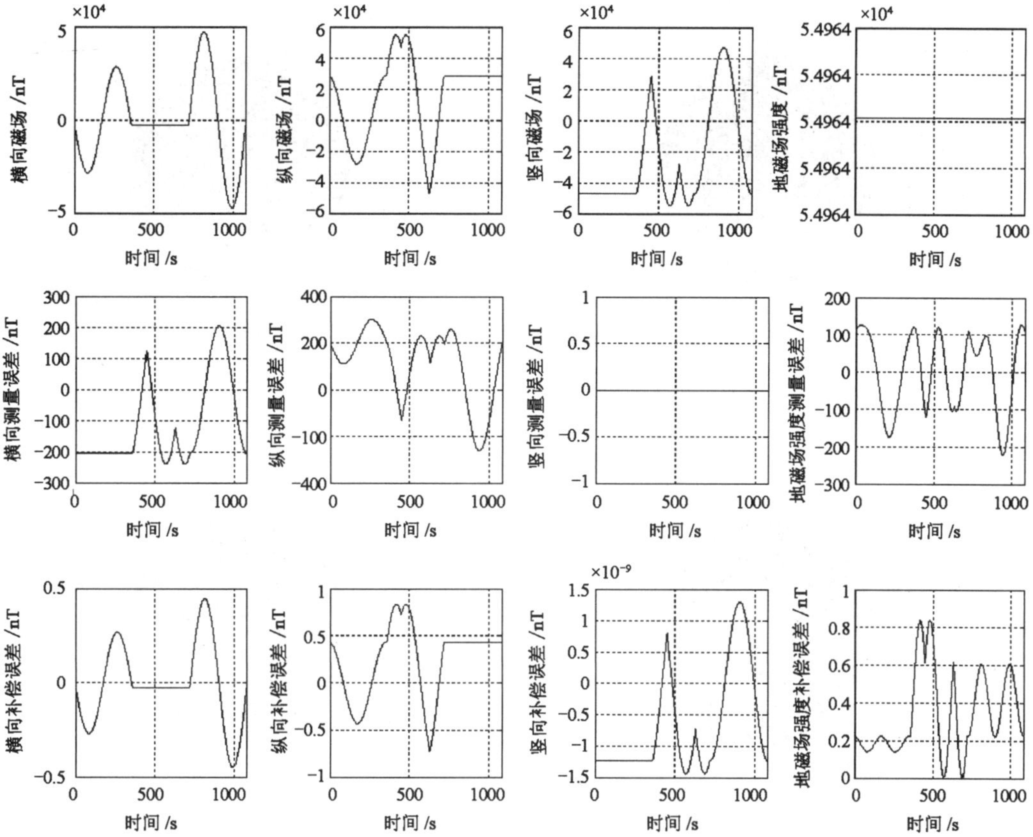

图 5-5　仿真条件 3 下磁场各分量理论曲线、测量误差曲线及补偿误差曲线

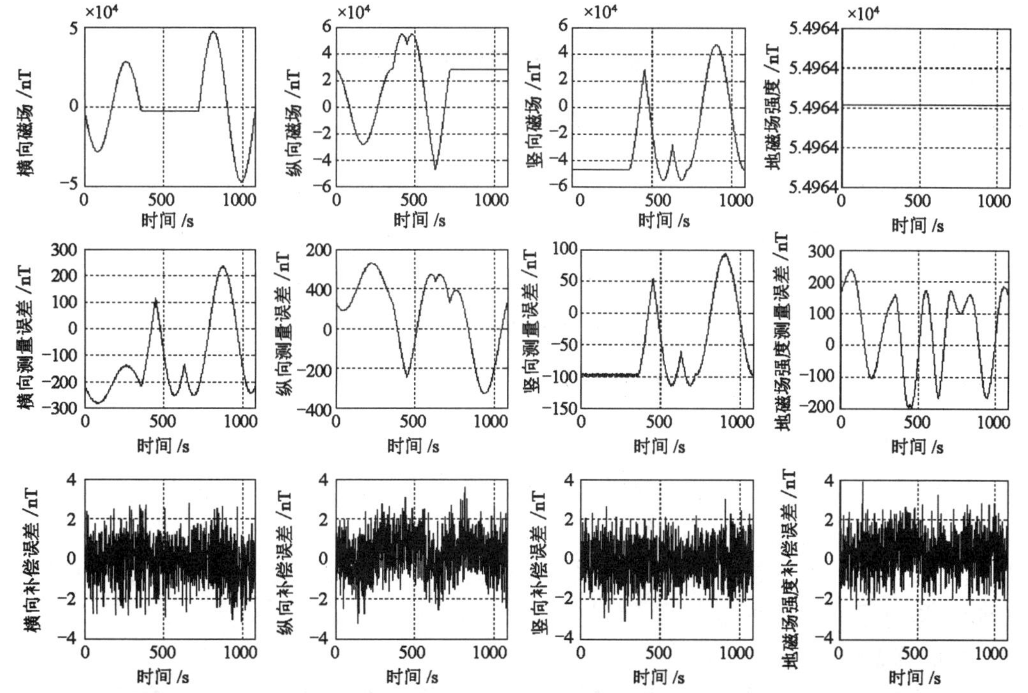

图 5-6　仿真条件 4 下磁场各分量理论曲线、测量误差曲线及补偿误差曲线

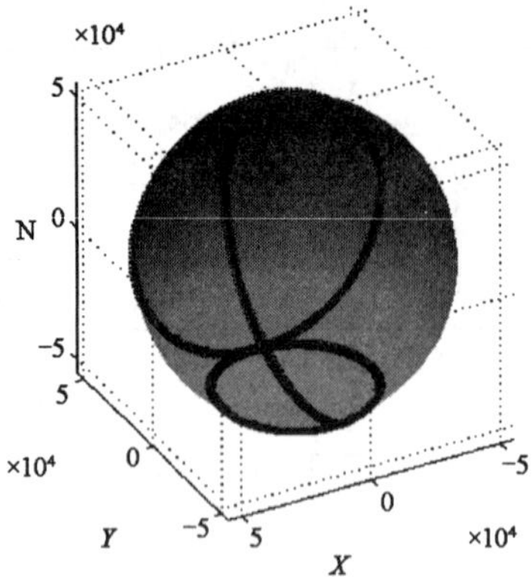

图 5-7　仿真条件 1 下最佳拟合椭球

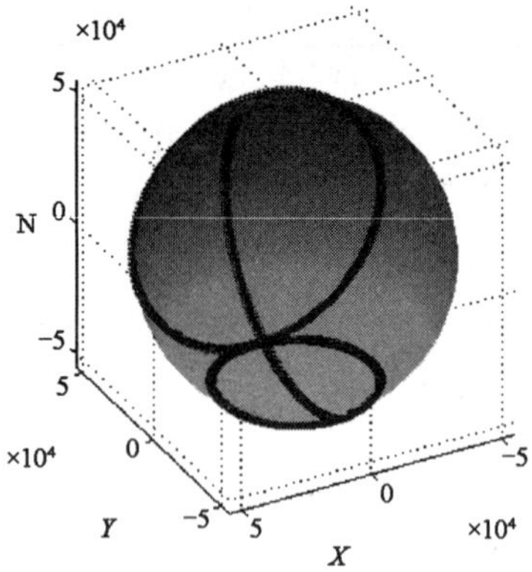

图 5-8　仿真条件 2 下最佳拟合椭球

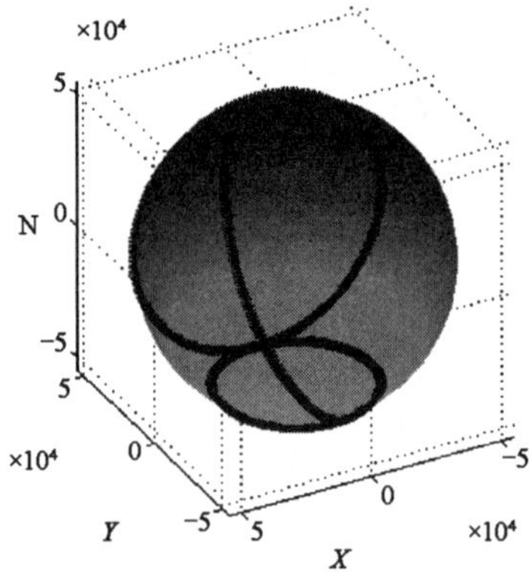

图 5-9　仿真条件 3 下最佳拟合椭球

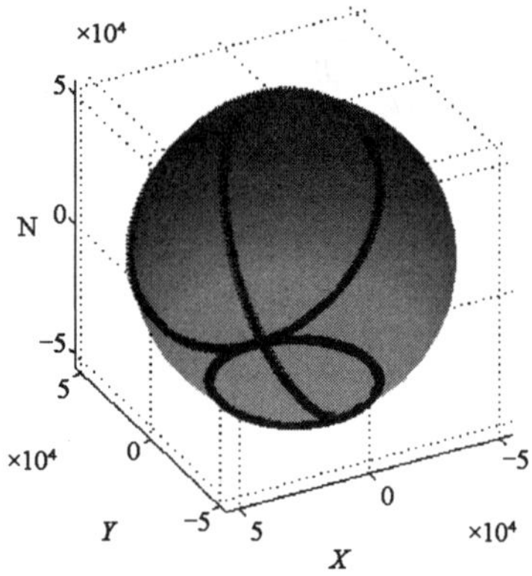

图 5-10　仿真条件 4 下最佳拟合椭球

表 5-5　三轴磁传感器测量数据最佳椭球拟合参数

仿真条件	最佳拟合椭圆归一化参数(g=1)	拟合残差/nT	
	$\xi^{\mathrm{T}} = [a, b, c, d, e, f, p, q, r]$	均值	标准差
1	[1.0050, 0.9950, 1.0040, −0.0000, −0.0000, −0.0000, 0.0000, −0.0000, 0.0000]	−4e−016	2e−015
2	[1.0000, 1.0000, 1.0000, −0.0000, 0.0000, −0.0000, −5.0000, 5.0000, −3.0000]	5e−016	7e−016
3	[1.0000, 1.0000, 1.0000, 0.0034, 0.0044, −0.0044, −0.0000, 0.0000, −0.0000]	6e−018	5e−016
4	[1.0050, 0.9950, 1.0040, 0.0034, 0.0044, −0.0044, −4.8059, 4.8006, −2.8655]	1e−016	4e−005

5.6.2　捷联式三轴磁传感器误差仿真

1. 安装误差

受安装技术和工艺的限制，捷联式三轴磁传感器安装过程中不可能使其测量轴与飞行器的载体坐标系完全重合或平行，总是存在一定的安装误差。一旦捷联式三轴磁传感器安装完成后，三个安装误差角就固定下来了。为了研究安装误差对地磁向量测量精度的影响，进行了以下仿真。

1）仿真条件

飞行器运动轨迹：原地姿态机动轨迹，即飞行器在 0°、90°、180°、270°四个航向飞行中俯仰角和横滚角分别作±20°和±15°的姿态机动变化。

三轴磁传感器为理想传感器，即各轴灵敏度均为 $k_i = 1(i = x, y, z)$；各轴零偏为 $H_{0,i} = 0\text{nT}(i = x, y, z)$；不正交角 α、β、γ 均为 0°；安装误差角：$\varphi_x = 15'$，$\varphi_y = 15'$，$\varphi_z = 15'$。

地磁场模型：IGRF-11 模型。

仿真时间：2015 年 1 月 1 日。

2）仿真结果分析

安装误差角对磁场测量精度影响的计算机仿真结果如图 5-11 所示。从图 5-11 中可以看出±15′的安装角误差引起的地磁场分量的误差范围在−350～+350nT，因此必须在三轴磁传感器安装后进行安装角误差的精确标定才能减小其对地磁测量精度的影响。由于安装角误差的变换矩阵为正交矩阵，因此不会对地磁强度的测量产生误差影响。

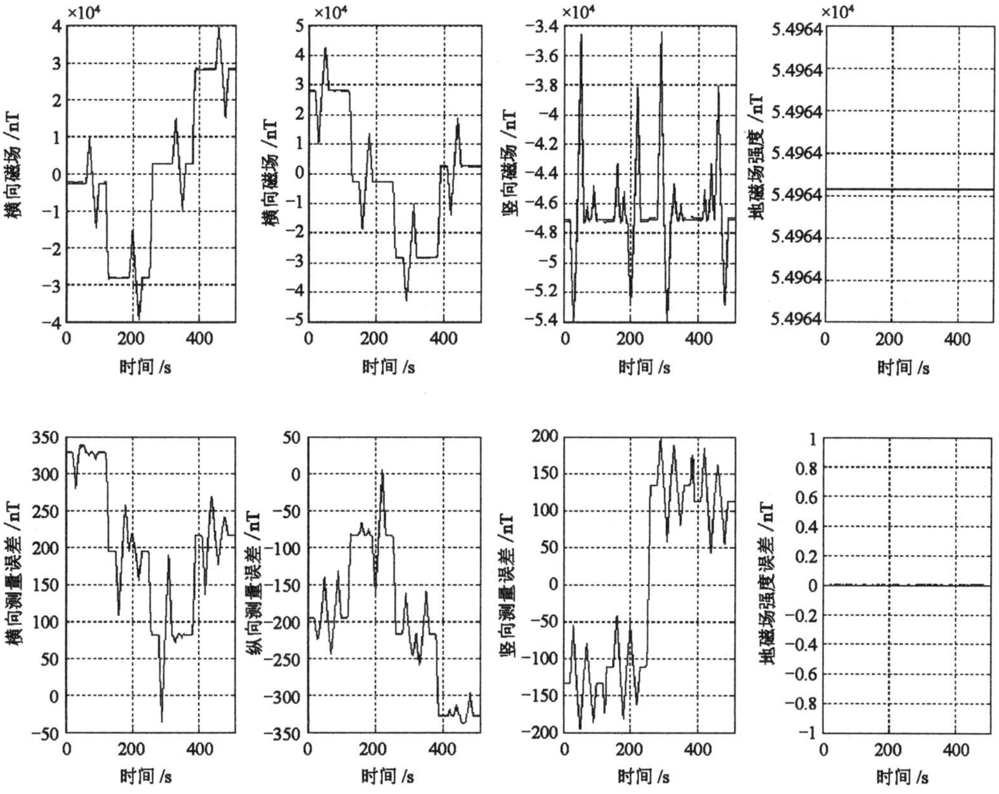

图 5-11　安装误差引起的地磁向量测量误差

通过一系列的仿真试验发现：若要地磁场测量达到纳特级精度，安装角的标定误差必须控制在−30″～+30″之内。

2. 姿态测量误差

利用地磁向量信息进行导航时，一般由 SINS 提供飞行器的实时姿态信息。设由 SINS 计算所得的地理系与真地理系之间存在小角度的姿态误差角 $\boldsymbol{\varphi} = [\varphi_{x0}, \varphi_{y0}, \varphi_{z0}]^{\mathrm{T}}$。为了研究方便并不失一般性，只研究了静基座条件下 SINS 解算的姿态误差对磁场测量精度的影响。在静基座条件下，SINS 的系统误差方程为

$$\begin{cases}\delta\dot{V}_x = 2\omega_{ie}\sin L\cdot\delta V_y - g\phi_y + \nabla_x\\ \delta\dot{V}_y = -2\omega_{ie}\sin L\cdot\delta V_x + g\phi_x + \nabla_y\\ \delta\dot{\lambda} = \delta V_x/(R\cos L)\\ \delta\dot{L} = \delta V_y/R\\ \dot{\phi}_x = -\delta V_y/R + \omega_{ie}\sin L\cdot\phi_y - \omega_{ie}\cos L\cdot\phi_z - \varepsilon_x\\ \dot{\phi}_y = \delta V_x/R - \omega_{ie}\sin L\cdot\delta L - \omega_{ie}\sin L\cdot\phi_x - \left(V_y^g/R\right)\phi_z - \varepsilon_y\\ \dot{\phi}_z = (\tan L_x/R)\delta V + \omega_{ie}\cos L\cdot\delta L + \omega_{ie}\cos L\cdot\phi_x - \varepsilon_z\end{cases} \tag{5.26}$$

根据惯导理论，在静基座条件下 SINS 的姿态角误差是一个常量和一系列正余弦振荡的叠加，其中该常量与相应加速度计零偏有关，而一系列正余弦振荡的幅值与相应陀螺的常值漂移有关，其频率有以下三种：

（1）休拉振荡：频率为 $\omega_s = \sqrt{g/R}$，周期 84.4min。

（2）地球自转振荡：频率为 ω_{ie}=7.292115×10^{-5}rad/s，周期约为 24h；

（3）傅科振荡：频率为 $\omega_{ie}\sin L$，因此振荡周期随纬度而变化。纬度越低周期越长，在赤道上傅科振荡消失，而在两极傅科振荡退化为地球自转振荡；由于傅科周期 T_f=24/sin$L$h，在中低纬度区域（如 L=30°N，T_f=48h），对于工作数小时的惯导，$t\omega_{ie}\sin L\approx 0$，傅科振荡在系统误差中体现不明显，可略去傅科振荡的影响。

为了分析姿态测量误差对捷联式三轴磁传感器测量北东地导航坐标系下地磁场向量精度的影响，仿真了 24h 内飞行在原地静基座条件下利用 SINS 提供的姿态角生成坐标旋转矩阵 $\boldsymbol{C}_b^n$，并将理想捷联式三轴磁传感器测量的地磁场向量变换到北东地导航坐标系中的情况。

1）仿真条件

飞行器位置、速度及姿态：经度 λ_0=116°E，纬度 L_0=40°N，高度 h_0=0m；v_0=0m/s。航向角 ψ_0= 0°，俯仰角 θ_0= 0°，横滚角 γ_0= 0°。

SINS 传感器精度：陀螺常值漂移：0.1°/h；加速度零偏：$1\times10^{-5}\times g$/(m/s^2)。

SINS 初始对准精度：方位失准角 φ_{z0} = 5′；俯仰失准角 φ_{x0} = 2″；横滚失准角 φ_{y0} =2″。

捷联式三轴磁传感器为理想传感器，即各轴灵敏度均为 $k_i = 1(i = x, y, z)$；各轴零偏为 $H_{0,i}$ = 0nT$(i = x, y, z)$；不正交角均为 0°；安装误差角：$\varphi_i = 0°(i = x, y, z)$。

仿真时间：2015 年 1 月 1 日 0～24h。

2）仿真结果分析

根据以上的仿真条件设置相应的参数，进行了计算机仿真，仿真曲线如图 5-12、图 5-13 所示。由 SINS 姿态角引起的地磁向量测量误差的统计如表 5-6 所示。可以看出：

（1）在静基座条件下，由于 SINS 陀螺漂移和加速度计零偏的影响，使得 SINS 所解算的姿态角中存在休拉振荡、地球自转振荡和常值偏差，因此导航坐标系下的地磁场各分量的测量数据中存在有周期为 84.4min 的休拉振荡、周期为 24h 的地球自转振荡和常值偏差。

（2）由于方位失准角的常值误差较大，约为 24.7836′，且地球自转振荡幅值较大，达到 31.2209′，引起地磁场东向分量的测量出现 200nT 左右的常值误差，北向分量的测量出现 20nT 左右的常值误差。

（3）由于姿态失准角在初始对准结束后段时间内精度较高，因此相应的地磁场各分量的测量精度也较高。在前 2h 内失准角在±5′变化，相应的地磁场各分量的测量误差均在±50nT 范围变化。

（4）根据 SINS 方位失准角较大而俯仰、横滚的失准角较小的特点可知，当载体载体水平面内航向角为 0°时地磁场向量测量中东向分量误差最大；北向分量次之；地向分量最小，仅为纳特级，可以忽略。因此，SINS 的精度尤其是陀螺仪的精度是影响地磁场向量测量精度的关键，应该尽量提高 SINS 的精度才能保证较高的地磁向量测量精度。

（5）由于坐标旋转矩阵为正交矩阵，因此 SINS 姿态的变化对地磁场强度的测量没有影响，不会产生地磁场强度的测量误差。

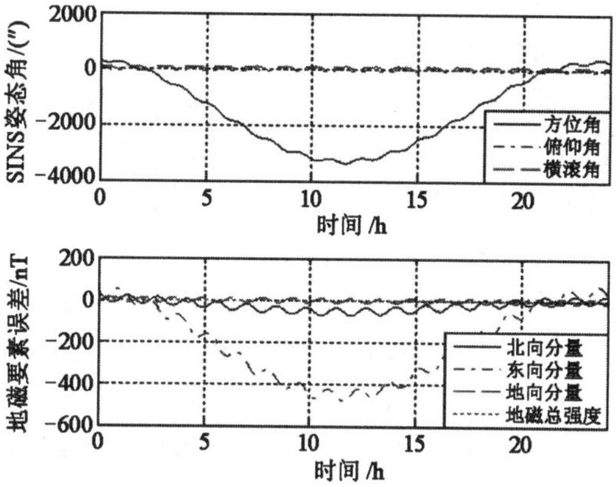

图 5-12　24hSINS 静基座地磁测量误差

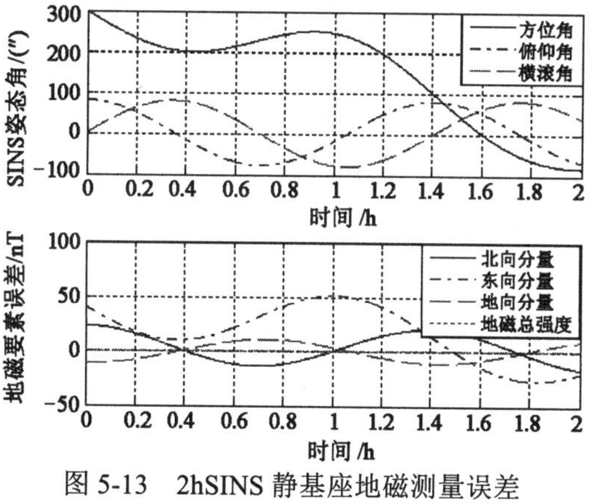

图 5-13　2hSINS 静基座地磁测量误差

表 5-6　SINS 姿态角引起的地磁向量测量误差统计

误差统计值	姿态失准角			地磁要素误差			
	方位/(″)	俯仰/(″)	横滚/(″)	ΔX/ nT	ΔY/nT	ΔZ/nT	ΔF/nT
均值/nT	−1487.013	4.2759	4.0891	−23.4666	−204.4350	−0.6528	1.07×10^{-12}
标准差/nT	1279.785	56.3669	56.9958	24.7460	176.5552	7.7824	4.04×10^{-12}

5.7 本章小结

本章重点针对捷联式三轴磁传感器测量中的系统误差进行全面分析，将其分为三轴磁传感器制造误差、安装误差和姿态测量误差三类，建立了相应的数学模型，并计算机仿真分析了各系统误差对测量精度的影响。针对三轴传感器的制造误差对地磁测量的干扰，提出了一种基于椭球拟合的三轴磁传感器制造误差的标定与补偿方法。该方法本质是将制造误差参数的标定过程转化为两步：三维测量数据的椭球拟合；由拟合椭球参数求取制造误差参数。仿真表明：该方法简便易行，计算量小，在标定过程中对标定条件的要求低，不需要高精度的水平及北向基准，而且该方法具有较高的制造误差标定和补偿精度，补偿后的地磁场测量精度可以达到磁传感器级测量精度，从而减小了磁传感器制造误差对地磁场测量精度的影响。

采用捷联式三轴磁传感器进行地磁场测量时，传感器的制造误差对地磁场强度和地磁场三分量测量都产生影响，而安装误差和姿态测量误差均不对于地磁场强度标量产生影响，仅对地磁场向量测量产生影响。仿真表明：若要地磁场向量测量达到纳特级精度，安装角的标定误差必须控制在-30″～+30″之内；利用 SINS 提供飞行器姿态进行地磁分量测量时，姿态测量误差对地磁场向量测量的影响较大。当载体在水平面内航向角为0°时，静基座条件下姿态误差对磁场向量测量误差为：东向分量误差最大；北向分量次之；地向分量最小，仅为纳特级，可以忽略。因此，SINS 的精度尤其是陀螺仪的精度是影响地磁场向量测量精度的关键，应该尽量提高 SINS 的精度才能保证较高的地磁向量测量精度。

第6章 地磁测量中载体磁场分析与建模

6.1 引言

地磁向量场信息的实时准确获取是实现高精度地磁导航的基础。飞行器在空中航行时，捷联式三轴磁传感器实时测量其周围的磁场信息，该磁场信息不仅包括地磁导航必需的地磁场信息，还包括飞行器本身的铁磁材料磁场和导电线圈产生的电流磁场等干扰信息。磁传感器测得的磁场信息实际上是地磁场与各种干扰源磁场的合成磁场的信息。若在地磁场测量中忽视载体磁场对磁传感器的干扰，则载体上的铁磁材料、线圈电流等干扰源产生的磁场可以达到上千甚至上万纳特，引起很大的地磁测量噪声，大大减小了磁测数据的信噪比。因此必须对地磁场测量中存在的主要干扰源进行分析研究和建模，为减小干扰源对磁测数据的影响和进行计算机仿真分析提供理论依据。

本章重点对地磁测量过程中的主要干扰源——载体磁场进行分析和建模。运用稳定磁场正演理论，详细研究了特殊形状铁磁材料及稳定电流周围的磁场的空间分布。通过仿真分析提出了飞行器设计和制造阶段减小载体磁场对地磁场测量影响的几个基本原则和方法。针对实际飞行器结构复杂的特点，根据载体磁场的性质将分为固定磁场和感应磁场进行研究，并建立了相应的数学模型，为下一步载体磁场的标定和补偿提供理论依据。

6.2 地磁场测量中载体磁场源分析

人类对载体磁干扰场的认识可以追溯到我国明朝末年，在方以智所著的《物理小识》中曾首次写到对磁针的干扰及海船不用铁钉的原因，有“海咸烂铁且防磁也”的论述。载体磁场误差是由于安装在载体上的磁传感器周围存在的各种磁性材料和电流造成的误差。当磁传感器安装在运动载体上后，对磁传感器精度影响最大同时也是最难以控制的是载体磁场干扰产生的误差。此时磁传感器所敏感的不仅仅是地磁场向量，而是地磁场与载体磁场的合成磁场。载体磁场极大地降低了磁传感器的测量精度，减少了地磁测量数据的信噪比。

如何实时有效地消除或减小载体磁场对磁传感器测量精度的影响，是保证磁传感器能够广泛应用的关键所在。载体磁场所引起的测量误差已经成了影响地磁测量精度的一个主要因素。地磁导航中载体磁场的测量和补偿，是充分发挥磁传感器性能，进一步提高地磁导航精度的关键技术和研究方向。由于载体磁场的大小和方向与载体的材料及形状、传感器安装位置、载体电子线路特性、载体所处磁纬度等因素均有关系，并且随着时间推移载体磁场也在发生着缓慢变化，使得在武器系统出厂时对载体磁场的标定并不能准确反映载体工作时载体磁场向量的大小和方向，因此在载体工作时或工作前必须快速对载体磁场进行标定和补偿。高精度地磁导航应用中迫切需要开展对载体磁场的各分量特点、性质分析，并进行建模与补偿方面的研究。

通常情况下，载体中的磁场源主要包括铁磁材料和导电线圈中的电流两类。在外磁场作用下可以被磁化而影响磁场分布的物质称为磁介质。设真空中的磁场为 $\boldsymbol{B}_0$，由于磁介质发生磁化而产生附加磁场为 $\boldsymbol{B}_1$。根据磁场的叠加原理，磁介质周围的总磁场为 $\boldsymbol{B}=\boldsymbol{B}_0+\boldsymbol{B}_1$。不同的磁介质对磁场的影响是不一样的。就磁性而言磁介质材料可分为三类：

（1）顺磁材料：这类物质在外磁场中呈现十分微弱的磁性，磁化后的附加磁场 $\boldsymbol{B}_1$ 与外磁场 $\boldsymbol{B}_0$ 方向相同，有氧、氮、锰、铬、铂等物质。

（2）抗磁材料：与顺磁质同属于弱磁性物质，但它们的附加磁场 $\boldsymbol{B}_1$ 与外磁场 $\boldsymbol{B}_0$ 的方向相反，有氢、铜、金、银等物质。

（3）铁磁材料：这类物质在外磁场中产生很强的与外磁场 $\boldsymbol{B}_0$ 相同的附加磁场 $\boldsymbol{B}_1$，属于强磁性物质，有铁、钴、镍及其合金或它们的某些氧化物。

由于铁磁材料属于强磁性物质，而顺磁材料和抗磁材料属于弱磁性物质，对外界磁场的干扰较小。与铁磁材料相比其产生的磁场影响可以忽略，因此只研究铁磁材料在外磁场磁化后产生的磁场。

铁磁材料具有很大的磁导率，其相对磁导率 $\mu_r>>1$ 且不是常量，而是随着所在处的磁场强度 $\boldsymbol{H}$ 的变化而变化。在外磁场作用下将产生与外磁场同向的非常大的附加磁场；当外磁场撤出后仍然保留部分磁性，这种现象称为剩磁现象。铁磁材料的特点可用磁化曲线、磁滞回线等试验曲线来表示。磁性材料从磁中性状态开始，外加磁场强度由零单调增至 $\boldsymbol{H}_s$，再单调减至 $-\boldsymbol{H}_s$，再单调增至 $\boldsymbol{H}_s$，便可以得到一个稳定对称的磁滞回线，如图 6-1 所示，其中 $\boldsymbol{M}_r$ 为剩余磁化强度，$\boldsymbol{H}_{cM}$ 为矫顽力。铁磁材料按照矫顽力的大小分为软磁材料和硬磁材料两类。矫顽力小的（10^{-2} Oe）磁性材料叫做软磁材料；矫顽力大的（10^2～10^4Oe）磁性材料叫做硬磁材料。若去掉外磁场，软磁材料几乎没有剩磁，而硬磁材料仍有很大的剩磁。飞行器中常用的结构材料主要有铝镁合金类、合金钢类及复合材料，其中用于制造飞行器的大梁、翼、发动机等重要部件的合金钢类材料大多是铁磁性材料。在建造、存放或飞行过程中被地磁场磁化而产生相应的固定磁场和感应磁场，作为干扰磁场，严重影响捷联式磁传感器的地磁场的实时测量。

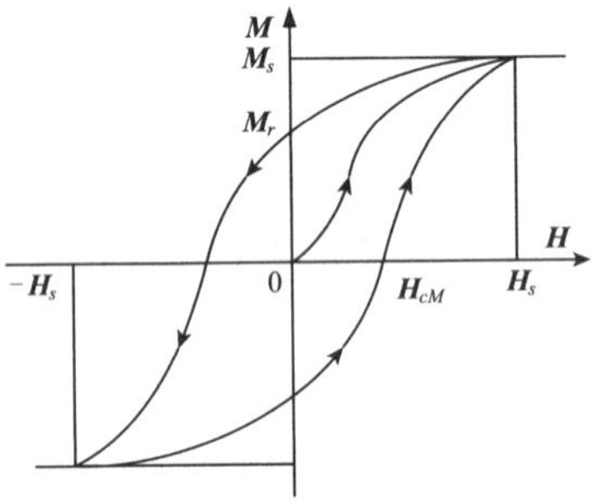

图 6-1　铁磁材料的磁滞回线

磁现象是由电流或运动电荷产生的，一切磁现象的根源是电流。因此飞行器上的电气设备的电源线、信号线等导电线路周围空间必然存在着各种磁场。这些磁场距离磁传感器较近时，会影响地磁场的观测精度。

6.3　载体磁场正演分析

飞行器载体结构各异且安装在其上的设备的形状、材料也各不相同，因而对载体磁场的研究十分复杂。针对这一问题，采用磁场正演的思路进行磁场分析：根据磁场理论，运用数学工具，分析已知几何特征参数、磁材料特性参数的磁介质周围的磁场分布。通过对不同磁性体的磁场解析研究，总结出磁场的空间分布特征与磁材料参数、几何形状参数之间的相互关系。磁场正演是载体磁场建模与仿真的数学基础。当然要完成对载体磁场的准确建模，仅靠数学计算是不够的，还需要对磁物体的不规则形状、磁材料分布及其他磁场的实际资料进行综合分析，才能得出比较符合客观实际的载体磁场模型，为载体磁场的参数标定和补偿提供依据。

飞行器在地磁场中飞行会受到地磁场的磁化而产生载体磁场。由于地磁场是弱磁场，铁磁材料可以视为线性均匀介质，其磁导率 μ 及相对磁导率 μ_r 可以视为常数。

6.3.1　稳定磁场基本理论

磁场是由电流或运动电荷激发产生的。若电流稳定不变，则其周围空间中的磁场也稳定不变，称为稳定磁场或静磁场。永久磁铁因其内部存在分子电流而产生磁场；磁介质受到外界稳定磁场的影响，分子、原子中的电子做轨道运动与自旋运动而形成的元电流做有序排列，它们产生的磁场相互叠加，对外显现出稳定磁场。

在稳定磁场正演分析中一般只研究介质中无传导电流情况下的稳定磁场。稳定磁场满足以下基本方程式：

$$\begin{cases}\nabla\times\boldsymbol{H}=0\\ \nabla\cdot\boldsymbol{B}=0\\ \boldsymbol{B}=\mu\boldsymbol{H}=\mu_0(1+\kappa)\boldsymbol{H}=\mu_0\boldsymbol{H}+\mu_0\boldsymbol{M}\end{cases}\tag{6.1}$$

式中：$\boldsymbol{H}$ 为磁场强度；$\boldsymbol{B}$ 为磁感应强度；μ 为磁介质磁导率；μ_0 为真空磁导率；κ 为介质磁化率；$\boldsymbol{M}$ 为磁化强度。

由于 $\boldsymbol{H}$ 的旋度在讨论区域内处处为零，因此向量场 $\boldsymbol{H}$ 为有势场。设 $U(x,y,z)$为磁势，则 $\boldsymbol{H}=-\nabla U(x,y,z)$， $\nabla\cdot\boldsymbol{B}=\nabla\cdot(-\mu_0\nabla U+\mu_0\boldsymbol{M})=0$ 。整理后得

$$\Delta U=\nabla\cdot\boldsymbol{M}\tag{6.2}$$

式(6.2)即为著名的泊松（Poisson）公式。在地球表面和近地空间内无磁介质存在，此时 $\kappa=0$，$\boldsymbol{M}=0$，则磁势 $U(x,y,z)$满足拉普拉斯方程

$$\Delta U=\left(\frac{\partial^2}{\partial x^2}+\frac{\partial^2}{\partial y^2}+\frac{\partial^2}{\partial z^2}\right)U=0\tag{6.3}$$

两种不同磁介质 m_1、m_2 分界面上的边界条件用磁势可以表示为

$$\begin{cases}U_{m_1}=U_{m_2}\\ \mu_{m_1}\dfrac{\partial U_{m_1}}{\partial\boldsymbol{n}}=\mu_{m_2}\dfrac{\partial U_{m_2}}{\partial\boldsymbol{n}}\end{cases}\tag{6.4}$$

6.3.2 特殊形状的铁磁材料磁场

分离变量法是计算物体磁场的一种基本方法，应用此方法直接求解拉普拉斯方程边界问题的解题步骤通常是：

（1）根据问题所给定的边界情况选择适当的坐标系，并写出该坐标系中拉普拉斯方程的表达式。

（2）用分离变量法得出拉普拉斯方程的含有多个待定系数的通解解析式。

（3）根据具体问题的边界条件（包括给定的边界值、不同介质分界面边界条件、无限远处的边界条件等）确定通解中的待定系数，得到该物体磁势的解析表达式，进而可以得到物体周围空间的磁场分布。

1. 无限长圆柱体磁场

对于捷联式磁传感器而言，飞行器的结构骨架如梁、肋、机身（或弹体）等可以用无限长圆柱体或空心圆柱体来近似，因此有必要对无限长圆柱体在均匀磁场中磁化后的磁场进行分析。所谓“无限长”是指圆柱体的长度远大于其横截面的尺寸。

选择在圆柱坐标系中求解拉普拉斯方程。设圆柱体的轴线与 z 轴重合，其截面半径为 a，外磁场沿 x 方向，磁场强度为 H_e；圆柱体磁材料的相对磁导率为 μ_r；周围空间的介质为空气，磁导率为 μ_0，如图 6-2 所示。对无限长圆柱体受横向磁化后中部区域磁场的分析可以忽略其两端的边缘效应，理想化为二维平行平面场来进行，即其标量磁势与 z 坐标无关。此时拉普拉斯方程可写为

$$\frac{1}{r}\frac{\partial}{\partial r}\left(r\frac{\partial U_m}{\partial r}\right)+\frac{1}{r^2}\frac{\partial^2 U_m}{\partial \theta^2}=0 \tag{6.5}$$

边界条件为

$$\begin{cases} U_{m_1}\Big|_{r=0}=0 \\ U_{m_2}\Big|_{r\to\infty}=-H_c r\cos\theta \\ U_{m_1}\Big|_{r=a}=U_{m_2}\Big|_{r=a} \\ \mu_0\mu_r\dfrac{\partial U_{m_1}}{\partial r}\bigg|_{r=a}=\mu_0\dfrac{\partial U_{m_2}}{\partial r}\bigg|_{r=a} \end{cases} \tag{6.6}$$

根据分离变量法可以解得磁化后的圆柱体在其周围空间所产生的磁场

$$\boldsymbol{H}_{\text{out}}=\begin{bmatrix} H_{\text{out},x} \\ H_{\text{out},y} \end{bmatrix}=\frac{\mu_r-1}{\mu_r+1}\frac{a^2 H_e}{(x^2+y^2)^2}\begin{bmatrix} x^2-y^2 \\ 2xy \end{bmatrix} \tag{6.7}$$

对于无限长空心圆柱体，设其截面外半径为 a，内半径为 b。其他参数与无限长圆柱体相同，如图 6-3 所示。根据分离变量法可以解得磁化后的空心圆柱体空腔内的磁场 $\boldsymbol{H}_{\text{in}}$ 和其外部空间所产生的磁场 $\boldsymbol{H}_{\text{out}}$：

$$\begin{cases} \boldsymbol{H}_{\text{in}}=\begin{bmatrix} H_{\text{in},x} \\ H_{\text{in},y} \end{bmatrix}=\dfrac{H_e}{1+\dfrac{1}{4}\left(1-\dfrac{b^2}{a^2}\right)\left(\mu_r+\dfrac{1}{\mu_r}-2\right)}\begin{bmatrix} 1 \\ 0 \end{bmatrix} \\ \boldsymbol{H}_{\text{out}}=\begin{bmatrix} H_{\text{out},x} \\ H_{\text{out},y} \end{bmatrix}=\dfrac{(a^2-b^2)(\mu_r^2-1)}{a^2(\mu_r^2+1)^2-b^2(\mu_r^2-1)^2}\dfrac{a^2H_e}{(x^2+y^2)^2}\begin{bmatrix} x^2-y^2 \\ 2xy \end{bmatrix} \end{cases} \tag{6.8}$$

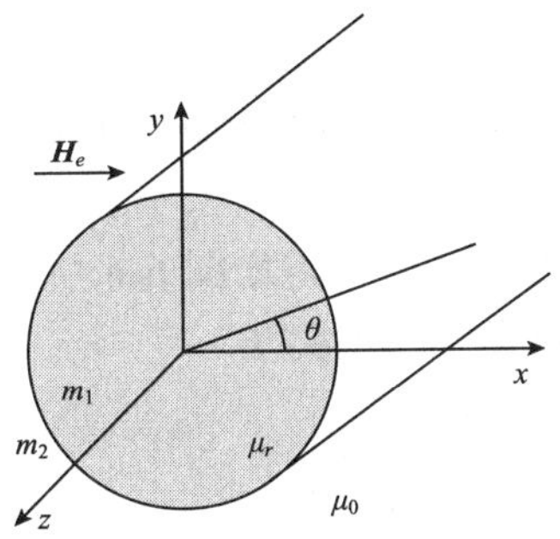

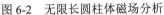

图 6-2　无限长圆柱体磁场分析

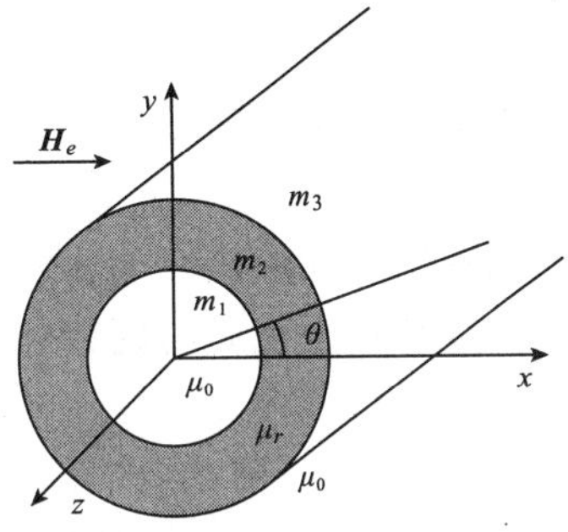

图 6-3　无限长空心圆柱体磁场分析

2. 球体磁场

飞行器中发动机、某些球形或类球形设备可用圆球体或空心圆球来近似，在均匀磁场中磁化后的磁场也可采用分离变量法进行分析。选择球坐标系，设球的半径为 a，相对磁导率为 μ_r。外磁化场沿 z 轴方向，磁场强度为 $\boldsymbol{H}_e$，如图 6-4 所示。根据分离变量法可以解得磁化后的圆球体在其周围空间所产生的磁场

$$\boldsymbol{H}_{\text{out}}=\begin{bmatrix} H_{\text{out},x} \\ H_{\text{out},y} \\ H_{\text{out},z} \end{bmatrix}=\frac{\mu_r-1}{\mu_r+2}\frac{a^3H_e}{(x^2+y^2+z^2)^{5/2}}\begin{bmatrix} 3xz \\ 3yz \\ 2z^2-(x^2+y^2) \end{bmatrix} \tag{6.9}$$

设空心球体的外半径为 a，内半径为 b。其他参数与无限长圆柱体相同，如图 6-5 所示。根据分离变量法可以解得磁化后的空心圆球体空腔内的磁场 $\boldsymbol{H}_{\text{in}}$ 和其外部空间所产生的磁场 $\boldsymbol{H}_{\text{out}}$：

$$\begin{cases} \boldsymbol{H}_{\text{in}}=\begin{bmatrix} H_{\text{in},x} \\ H_{\text{in},y} \\ H_{\text{in},z} \end{bmatrix}=\dfrac{H_e}{1+\dfrac{2}{9}\left(1-\dfrac{b^3}{a^3}\right)\left(\mu_r+\dfrac{1}{\mu_r}-2\right)}\begin{bmatrix} 0 \\ 0 \\ 1 \end{bmatrix} \\ \boldsymbol{H}_{\text{out}}=\begin{bmatrix} H_{\text{out},x} \\ H_{\text{out},y} \\ H_{\text{out},z} \end{bmatrix}=\dfrac{(a^3-b^3)\left(2\mu_r-\dfrac{1}{\mu_r}-1\right)H_e}{9\left[1+\dfrac{2}{9}\left(1-\dfrac{b^3}{a^3}\right)\left(\mu_r+\dfrac{1}{\mu_r}-2\right)\right](x^2+y^2+z^2)^{5/2}}\begin{bmatrix} 3xz \\ 3yz \\ 2z^2-(x^2+y^2) \end{bmatrix} \end{cases} \tag{6.10}$$

3. 旋转椭球体磁场

对于旋转椭球体和空心旋转椭球体的磁场分析选择在旋转椭球坐标系下进行。设旋转椭球体的长半轴为 a，短半轴 b 和 c 相等，相对磁导率为 μ_r。由于外磁场磁化方向的不同，可分为沿长轴磁化和沿短轴磁化两种情况。

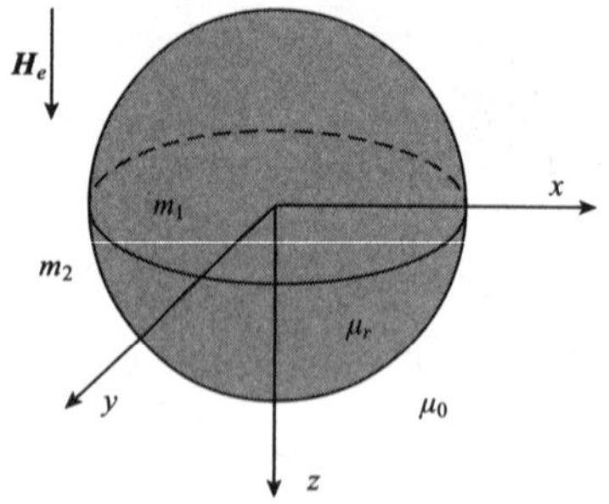

图 6-4　圆球体磁场分析

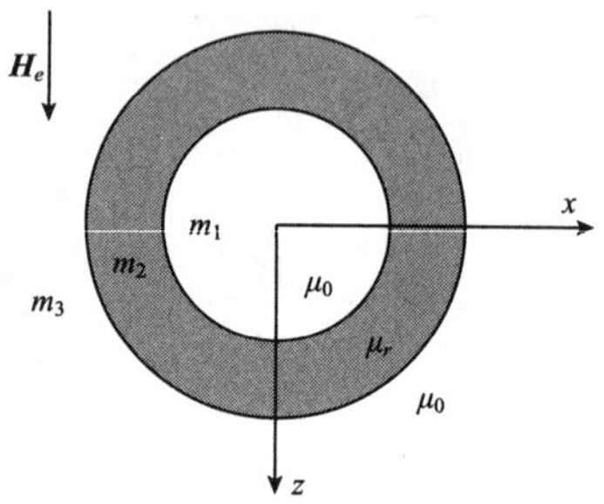

图 6-5　空心圆球体磁场分析

当外磁场磁化方向沿旋转椭球体的长轴磁化，即沿 x 轴方向，如图 6-6 所示。根据分离变量法可以解得磁化后的旋转椭球体在其周围空间所产生的磁场

$$\boldsymbol{H}_{\text{out}}=\begin{bmatrix} H_{\text{out},x} \\ H_{\text{out},y} \\ H_{\text{out},z} \end{bmatrix}=\frac{3}{4\pi}M_x V\begin{bmatrix} -\dfrac{1}{2g^3}\ln\dfrac{a_n+g}{a_n-g}+\dfrac{a_n}{g^2 t} \\ \dfrac{xy}{a_n b_n^2 t} \\ \dfrac{xz}{a_n b_n^2 t} \end{bmatrix} \tag{6.11}$$

式中：M_x 为椭球体内的磁化强度；$V=3\pi ab^2/4$ 为椭球体的体积；而其他参数如下：

$$\begin{cases} M_x=\dfrac{(\mu_r-1)H_e}{1+(\mu_r-1)\dfrac{1-e^2}{e^2}\left(\dfrac{1}{2e}\ln\dfrac{1+e}{1-e}-1\right)} \\ g=\sqrt{a^2-b^2} \\ e=g/a \\ t=\sqrt{(x^2+y^2+z^2+g^2)^2-4g^2x^2} \\ a_n=\sqrt{(x^2+y^2+z^2+g^2+t)/2} \\ b_n=\sqrt{(x^2+y^2+z^2-g^2+t)/2} \end{cases} \tag{6.12}$$

当外磁场磁化方向沿旋转椭球体的短轴磁化，设沿 z 轴方向磁化，其他参数不变，则磁化后的旋转椭球体在其周围空间所产生的磁场为

$$\boldsymbol{H}_{\text{out}}=\begin{bmatrix} H_{\text{out},x} \\ H_{\text{out},y} \\ H_{\text{out},z} \end{bmatrix}=\frac{3}{4\pi}M_z V\begin{bmatrix} \dfrac{xz}{a_n b_n^2 t} \\ \dfrac{yz}{a_n b_n^2 t} \\ -\dfrac{1}{2}\left(\dfrac{a_n}{b_n^2 g}-\dfrac{1}{2g^3}\ln\dfrac{a_n+g}{a_n-g}-\dfrac{2a_n z^2}{b_n^4 t}\right) \end{bmatrix} \tag{6.13}$$

其中椭球体内的磁化强度 M_x 为

$$M_x = \frac{(\mu_r - 1)H_e}{1 + \dfrac{(\mu_r - 1)}{2e^2}\left(1 - \dfrac{b^2}{2a^2 e}\ln\dfrac{1+e}{1-e}\right)} \tag{6.14}$$

对于空心旋转椭球体，设外椭球面的长半轴、短半轴分别为 a_e、b_e；内椭球面的长半轴、短半轴分别为 a_i、b_i；以长短半轴为 a_e、b_e 的实心旋转椭球体长轴方向的退磁系数为 N_{el}，附加磁场为 $\boldsymbol{H}_{\text{solid},l}$；以长短半轴为 a_e、b_e 的实心旋转椭球体短轴方向的退磁系数为 N_{es}，附加磁场为 $\boldsymbol{H}_{\text{solid},s}$；以长短半轴为 a_i、b_i 的实心旋转椭球体长轴方向的退磁系数为 N_{il}；以长短半轴为 a_i、b_i 的实心旋转椭球体短轴方向的退磁系数为 N_{is}。

当外磁场磁化方向沿旋转椭球体的长轴磁化，即沿 x 轴方向，如图 6-7 所示。根据分离变量法可以解得磁化后的空心旋转椭球体在其周围空间所产生的磁场为

$$\begin{cases} \boldsymbol{H}_{\text{in}} = L_l H_e \begin{bmatrix} 1 \\ 0 \\ 0 \end{bmatrix} \\ \boldsymbol{H}_{\text{out}} = \left[1 + (\mu_r - 1)N_{el}\right] L_l \left[1 - K - (1 - 1/\mu_r)(N_{il} - KN_{el})\right] \boldsymbol{H}_{\text{solid},l} \end{cases} \tag{6.15}$$

其中屏蔽系数 L_l 为

$$L_l = \frac{1}{1 + (1 - 1/\mu_r)\{\mu_r N_{el}(1-K) - (N_{il} - KN_{el})[1 + (\mu_r - 1)N_{el}]\}} \tag{6.16}$$

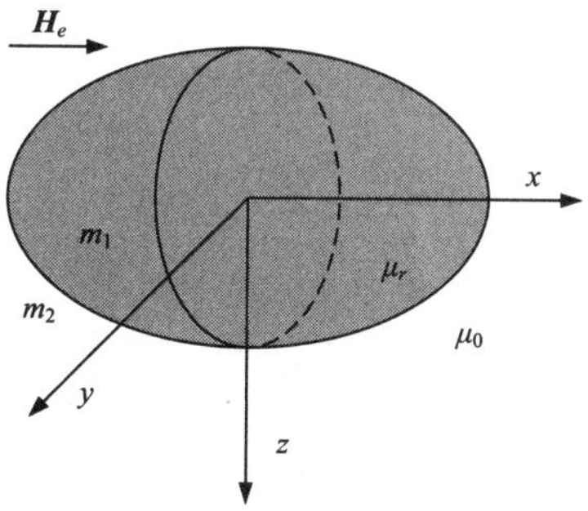

图 6-6　旋转椭球体磁场分析

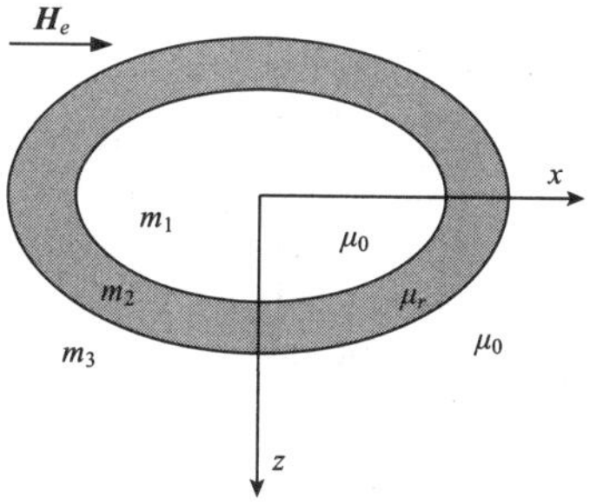

图 6-7　空心旋转椭球体磁场分析

当外磁场磁化方向沿旋转椭球体的短轴磁化，即沿 z 轴方向。根据分离变量法可以解得磁化后的空心旋转椭球体在其周围空间所产生的磁场为

$$\begin{cases} \boldsymbol{H}_{\text{in}} = L_s H_e \begin{bmatrix} 0 \\ 0 \\ 1 \end{bmatrix} \\ \boldsymbol{H}_{\text{out}} = \left[1 + (\mu_r - 1)N_{es}\right] L_s \left[1 - K - (1 - 1/\mu_r)(N_{is} - KN_{es})\right] \boldsymbol{H}_{\text{solid},s} \end{cases} \tag{6.17}$$

其中，屏蔽系数 L_s 为

$$L_s = \frac{1}{1 + (1 - 1/\mu_r)\{\mu_r N_{es}(1-K) - (N_{is} - KN_{es})[1 + (\mu_r - 1)N_{es}]\}} \tag{6.18}$$

6.3.3 磁偶极子模型磁场

当飞行器上的铁磁材料或载流导线等磁场源距离捷联式磁传感器较远时，可以将该磁场源视为一个磁偶极子。根据磁荷假设，设磁荷为 q_m，则其在 $P(x, y, z)$点处的磁场强度为

$$\boldsymbol{H} = \frac{q_m}{4\pi\mu_0}\frac{\boldsymbol{r}}{r^3} \tag{6.19}$$

式中：$\boldsymbol{r}$ 为磁荷到 P 点的向量。设磁偶极子中磁荷的磁量分别为$-q_m$、$+q_m$；正负磁荷间的距离为 r_0；中心点的坐标为 $O(x_0, y_0, z_0)$，则该磁偶极子的磁矩定义为 $\boldsymbol{m} = q_m\boldsymbol{r}_0$，其中向量 $\boldsymbol{r}_0$ 的方向由负磁荷指向正磁荷，大小为 r_0（图 6-8）。由于 $\boldsymbol{r}_+ = \boldsymbol{r} - \boldsymbol{r}_0/2$；$\boldsymbol{r}_- = \boldsymbol{r} + \boldsymbol{r}_0/2$，且$|\boldsymbol{r}_0| \ll |\boldsymbol{r}|$，磁偶极子在空间点 P 处产生的磁场强度为

$$\begin{aligned}\boldsymbol{H}_{\text{dipole}} &= \frac{q_m}{4\pi\mu_0}\left[\frac{\boldsymbol{r}_+}{r_+^3} - \frac{\boldsymbol{r}_-}{r_-^3}\right] \\ &= \frac{q_m}{4\pi\mu_0}\left[\frac{\left(|\boldsymbol{r}+\boldsymbol{r}_0/2|^3 - |\boldsymbol{r}-\boldsymbol{r}_0/2|^3\right)\boldsymbol{r} - \left(|\boldsymbol{r}+\boldsymbol{r}_0/2|^3 + |\boldsymbol{r}-\boldsymbol{r}_0/2|^3\right)\boldsymbol{r}_0/2}{|\boldsymbol{r}-\boldsymbol{r}_0/2|^3|\boldsymbol{r}+\boldsymbol{r}_0/2|^3}\right] \\ &\approx \frac{q_m}{4\pi\mu_0}\left[\frac{3|\boldsymbol{r}|(\boldsymbol{r}\cdot\boldsymbol{r}_0)\boldsymbol{r} - |\boldsymbol{r}|^3\boldsymbol{r}_0}{|\boldsymbol{r}|^6}\right] = \frac{1}{4\pi\mu_0}\left[\frac{3(\boldsymbol{r}\cdot\boldsymbol{m})\boldsymbol{r}}{r^5} - \frac{\boldsymbol{m}}{r^3}\right]\end{aligned} \tag{6.20}$$

将式(6.20)写为分量形式

$$\begin{bmatrix} H_{\text{diploe},x} \\ H_{\text{diploe},y} \\ H_{\text{diploe},z} \end{bmatrix} = \frac{1}{4\pi\mu_0}\begin{bmatrix} \frac{3(x-x_0)^2}{r^5} - \frac{1}{r^3} & \frac{3(x-x_0)(y-y_0)}{r^5} & \frac{3(x-x_0)(z-z_0)}{r^5} \\ \frac{3(x-x_0)(y-y_0)}{r^5} & \frac{3(y-y_0)^2}{r^5} - \frac{1}{r^3} & \frac{3(y-y_0)(z-z_0)}{r^5} \\ \frac{3(x-x_0)(z-z_0)}{r^5} & \frac{3(y-y_0)(z-z_0)}{r^5} & \frac{3(z-z_0)^2}{r^5} - \frac{1}{r^3} \end{bmatrix}\begin{bmatrix} m_x \\ m_y \\ m_z \end{bmatrix} \tag{6.21}$$

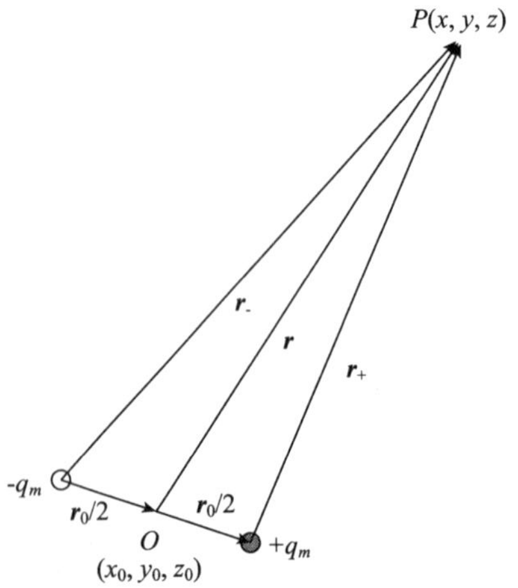

图 6-8 磁偶极子模型

6.3.4　载流导线磁场

载体中电流或运动电荷载体周围空间产生磁场，用磁感应强度 $\boldsymbol{B}$ 来描述磁场性质。电流磁场遵循毕奥—萨伐尔定律，即：载流导线上任一电流元 $I\mathrm{d}\boldsymbol{l}$ 在真空中给定点 P 所产生的磁感应强度 $\mathrm{d}\boldsymbol{B}$ 的大小与电流元的大小（$I\mathrm{d}\boldsymbol{l}$）成正比，与电流元到 P 点的向量 $\boldsymbol{r}$ 之间的夹角正弦成正比，而与电流元到 P 点的距离的平方（r^2）成反比；$\mathrm{d}\boldsymbol{B}$ 的方向垂直于 $\mathrm{d}\boldsymbol{l}$ 和 $\boldsymbol{r}$ 所组成的平面，其指向由右手螺旋定则确定。其数学表达式为

$$\mathrm{d}\boldsymbol{B}=\frac{\mu_0}{4\pi}\frac{I\mathrm{d}\boldsymbol{l}\times\boldsymbol{r}^0}{r^2} \tag{6.22}$$

式中：$\boldsymbol{r}^0=\boldsymbol{r}/r$ 为电流元指向 P 点方向的单位向量；$\mu_0=4\pi\times10^{-7}$ 称为真空磁导率。根据磁场叠加原理，将式(6.22)对载流导线 L 积分便得到整个载流导线在 P 点的磁感应强度 $\boldsymbol{B}$：

$$\boldsymbol{B}=\int_L\mathrm{d}\boldsymbol{B}=\int_L\frac{\mu_0}{4\pi}\frac{I\mathrm{d}\boldsymbol{l}\times\boldsymbol{r}^0}{r^2} \tag{6.23}$$

1. 无限长载流直导线的磁场

在直角坐标系中，设一无限长载流直导线通过一点 $L_0(x_0, y_0, z_0)$和 $L_1(x_1, y_1, z_1)$，且电流由 L_0 点流向 L_1 点，电流强度为 I。而 P 点坐标为(x_P, y_P, z_P)。

载流直导线 L 可以表示为

$$\frac{x-x_0}{x_1-x_0}=\frac{y-y_0}{y_1-y_0}=\frac{z-z_0}{z_1-z_0} \tag{6.24}$$

L 上的正向电流元向量 $I\mathrm{d}\boldsymbol{l}=I\,[\mathrm{d}x\ \ \mathrm{d}y\ \ \mathrm{d}z]^{\mathrm{T}}$。$L$ 上点(x, y, z)到 $P(x_P, y_P, z_P)$点的向量为 $\boldsymbol{r}=[x_P-x, y_P-y, z_P-z]^{\mathrm{T}}$。因此

$$I\mathrm{d}\boldsymbol{l}\times\boldsymbol{r}^0=\frac{I}{r}\begin{vmatrix} i & j & k\\ \mathrm{d}x & \mathrm{d}y & \mathrm{d}z\\ x_P-x & y_P-y & z_P-z\end{vmatrix}=\frac{I}{r}\left\{\begin{bmatrix}0\\-(z_P-z)\\(y_P-y)\end{bmatrix}\mathrm{d}x+\begin{bmatrix}(z_P-z)\\0\\-(x_P-x)\end{bmatrix}\mathrm{d}y+\begin{bmatrix}-(y_P-y)\\(x_P-x)\\0\end{bmatrix}dz\right\} \tag{6.25}$$

根据式(6.23)，有

$$\boldsymbol{B}=\int_L\frac{\mu_0}{4\pi}\frac{I\mathrm{d}\boldsymbol{l}\times\boldsymbol{r}^0}{r^2}=\frac{\mu_0 I}{4\pi}\int_L\frac{1}{r^3}\left\{\begin{bmatrix}0\\-(z_P-z)\\(y_P-y)\end{bmatrix}\mathrm{d}x+\begin{bmatrix}(z_P-z)\\0\\-(x_P-x)\end{bmatrix}\mathrm{d}y+\begin{bmatrix}-(y_P-y)\\(x_P-x)\\0\end{bmatrix}\mathrm{d}z\right\} \tag{6.26}$$

$$=\boldsymbol{B}^x+\boldsymbol{B}^y+\boldsymbol{B}^z$$

令 $\boldsymbol{n}=\begin{bmatrix}n_x\\n_y\\n_z\end{bmatrix}=\begin{bmatrix}x_1-x_0\\y_1-y_0\\z_1-z_0\end{bmatrix}$，$\boldsymbol{r}^{0P}=\begin{bmatrix}r_x^{0P}\\r_y^{0P}\\r_z^{0P}\end{bmatrix}=\begin{bmatrix}x_P-x_0\\y_P-y_0\\z_P-z_0\end{bmatrix}$，对式(6.26)进行积分运算，整理得无限长载流直导线产生的磁场为

$$\boldsymbol{B}=\boldsymbol{B}^x+\boldsymbol{B}^y+\boldsymbol{B}^z=\frac{\mu_0 I}{2\pi}\frac{|\boldsymbol{n}|}{\left[|\boldsymbol{n}|^2\left|\boldsymbol{r}^{0P}\right|^2-(\boldsymbol{n}\cdot\boldsymbol{r}^{0P})^2\right]}\left(\boldsymbol{n}\times\boldsymbol{r}^{0P}\right) \tag{6.27}$$

2. 有限长载流直导线段的磁场

与无限长载流直导线的磁场分析类似，设一有限长载流直导线段从一点 $L_0(x_0, y_0, z_0)$

到 $L_1(x_1, y_1, z_1)$，且电流由 L_0 点流向 L_1 点，电流强度为 I。而 P 点坐标为(x_P, y_P, z_P)。

有限长载流直导线 L 可以表示为

$$\frac{x-x_0}{x_1-x_0}=\frac{y-y_0}{y_1-y_0}=\frac{z-z_0}{z_1-z_0},(x_0\leqslant x\leqslant x_1;y_0\leqslant y\leqslant y_1;z_0\leqslant z\leqslant z_1) \tag{6.28}$$

由式**错误！未找到引用源。**，有限长载流直导线 L 上积分可得 P 点产生的磁场为

$$\begin{aligned}\boldsymbol{B}&=\boldsymbol{B}^x+\boldsymbol{B}^y+\boldsymbol{B}^z\\&=\frac{\mu_0 I}{4\pi}\frac{1}{|\boldsymbol{n}|^2\left|\boldsymbol{r}^{0P}\right|^2-(\boldsymbol{n}\cdot\boldsymbol{r}^{0P})^2}\left[\frac{|\boldsymbol{n}|^2-(\boldsymbol{n}\cdot\boldsymbol{r}^{0P})}{\sqrt{|\boldsymbol{n}|^2+\left|\boldsymbol{r}^{0P}\right|^2-2(\boldsymbol{n}\cdot\boldsymbol{r}^{0P})}}+\frac{(\boldsymbol{n}\cdot\boldsymbol{r}^{0P})}{\left|\boldsymbol{r}^{0P}\right|}\right]\left(\boldsymbol{n}\times\boldsymbol{r}^{0P}\right)\end{aligned} \tag{6.29}$$

对于飞行器中任意形状的载流线圈，在满足一定的精度要求下可以近似为多个有限长载流直导线段的组合。因此根据磁场向量叠加原理，可以首先在载体坐标系中测定各个有限长载流直导线段的端点坐标，然后根据式(6.29)分别求取各导线段在周围空间的磁场，最后将各个导线段所产生的磁场相加，即可得到任意形状的载流线圈的磁场。

6.4 载体磁场数学建模

由于飞行器的结构复杂且磁性体的分布、材料及磁化强度等存在很大的差异，若按磁场正演分析方法对飞行器的各个组成部分进行磁场分析必然要耗费大量的人力物力。这就要求在对磁场精度影响不大的情况下适当简化载体磁场模型。为了便于分析，只针对纵向面对称的飞行器进行研究。按照地磁场对飞行器不同方向所进行的磁化，可将飞行器中的磁场分解为三部分：横向磁场、纵向磁场和垂向磁场，它们分别是地磁场向量在飞行器横轴 OX^b、纵轴 OY^b 和竖轴 OZ^b 的投影分量作用于飞行器而形成的磁场。按磁场源的特性不同，上述的三种磁场又都可分解为固定磁场、感应磁场，如图 6-9 所示。另外，当飞行器在地磁场中快速飞行时，由于切割磁力线其上的金属体内产生感应电流，从而引起涡流磁场；飞行器上的各种电流或其他干扰因素也会产生各种随机干扰磁场。

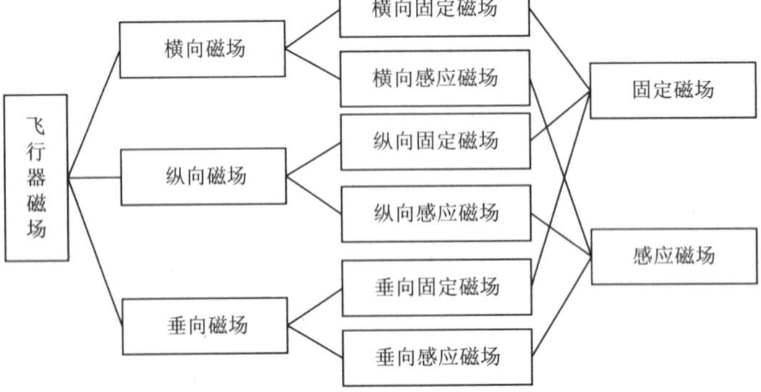

图 6-9　飞行器磁场分解

6.4.1 固定磁场

固定磁场是由飞行器上硬磁材料所产生的。硬磁材料需由较强的外磁场磁化，一经磁化后，其剩磁可保留较长时间不易消失，即硬磁材料具有高矫顽力与剩磁值。飞机、轮船

和导弹等载体主要由大量的铁磁材料和许多机电设备组成。在建造或存放期间，较长时间地停放在某一固定地点固定方位上，持续受到地磁场在同一方向上的磁化，致使载体上的硬磁材料具有较强的磁性，或者这些硬磁材料本身具有一定的固定剩余磁场。硬磁材料的磁场向量在载体固连坐标系中的大小和方向均固定不变，不随载体的航向和地磁纬度变化而变化。

飞行器上电气设备中的固定线圈通过恒定电流，在导线周围空间产生的磁场也是固定磁场，该磁场向量在载体固连坐标系中的大小和方向均固定不变，不随载体的航向和地磁纬度变化而变化。

设固定磁场向量为 $\boldsymbol{H}_p^b$，投影到载体固连坐标系中横轴 x、纵轴 y、竖轴 z 三个坐标轴上得到三个硬磁材料磁场分量：$H_{p,x}^b$、$H_{p,y}^b$、$H_{p,z}^b$。一般而言，硬磁材料产生的固定磁场强度远大于软磁材料所感应的磁场强度。

6.4.2　感应磁场

感应磁场主要是由于飞行器中软磁材料在地磁场中磁化而产生的。软磁材料可在较弱磁场中被磁化，一旦外磁场消失，其感应磁性几乎也随之消失，即软磁不保留磁性。软磁材料的特点是具有较低的矫顽力和较窄的磁滞回线。载体的软磁形状和分布是比较复杂的。软磁材料本身不具有磁性，受地磁场磁化后产生感应磁性，其大小及方向随载体姿态和载体在地磁场中的位置变化而变化。为了简化分析，将载体上的软磁材料等效分解为无数根横向、纵向和竖向的软磁杆，横向、纵向和竖向软磁杆分别被地磁场在载体坐标系的投影 $H_{e,x}^b$、$H_{e,y}^b$、$H_{e,z}^b$ 磁化。以横向软磁杆为例讨论软磁杆被地磁场磁化后的感应磁场 $\boldsymbol{H}_i^b$。磁传感器在载体上安装后，它与载体软磁杆之间的相对位置也固定了，横向软磁杆被地磁场在载体坐标系的 Ox^b 轴分量 $H_{e,x}^b$ 磁化，感应磁场的大小与 $H_{e,x}^b$ 成正比。设载体上所有横向软磁杆被 $H_{e,x}^b$ 磁化后的感应磁场的大小为 $lH_{e,x}^b$，指向与磁传感器在载体中的安装位置有关，其中 l 为比例系数，它与纵向软磁的数量、软磁的磁化率及与磁传感器的相对位置有关。横向软磁杆的感应磁场的如图 6-10 所示，将其在 Ox^b、Oy^b、Oz^b 三个坐标轴进行分解得 $c_{11}H_{e,x}^b$、$c_{21}H_{e,x}^b$、$c_{31}H_{e,x}^b$。

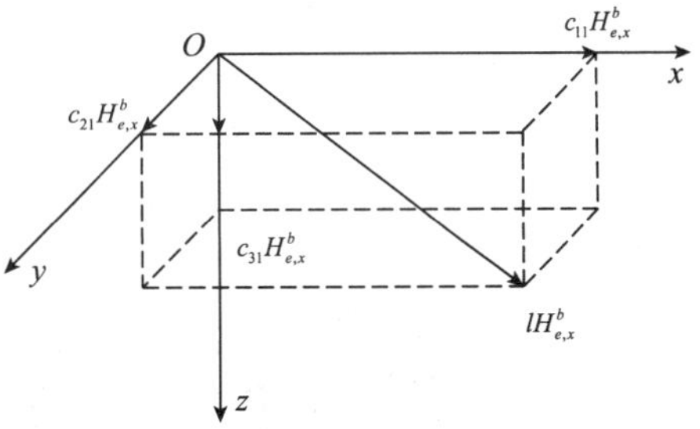

图 6-10　纵向软磁杆的感应磁场

类似地，载体上纵向软磁杆和竖向软磁杆分别被地磁场分量 $H_{e,y}^b$、$H_{e,z}^b$ 磁化，载体上所有的横向软磁和垂直软磁被磁化后的感应磁场大小为 $mH_{e,y}^b$、$nH_{e,z}^b$，指向与磁传感器在载体中的安装位置有关，其中 m 和 n 为比例系数。将 $mH_{e,y}^b$ 和 $nH_{e,z}^b$ 分别投影到 Ox^b、Oy^b、Oz^b 三个坐标轴上，得：$c_{12}H_{e,y}^b$、$c_{22}H_{e,y}^b$、$c_{32}H_{e,y}^b$ 和 $c_{13}H_{e,z}^b$、$c_{23}H_{e,z}^b$、$c_{33}H_{e,z}^b$。若仅考虑载体的固定磁场和感应磁场，则捷联式三轴磁传感器的测量值可以写为

$$\begin{bmatrix} H_{m,x}^b \\ H_{m,y}^b \\ H_{m,z}^b \end{bmatrix} = \left(I_{3\times3} + \begin{bmatrix} c_{11} & c_{12} & c_{13} \\ c_{21} & c_{22} & c_{23} \\ c_{31} & c_{32} & c_{33} \end{bmatrix} \right) \left(\begin{bmatrix} H_{e,x}^b \\ H_{e,y}^b \\ H_{e,z}^b \end{bmatrix} + \begin{bmatrix} H_{p,x}^b \\ H_{p,y}^b \\ H_{p,z}^b \end{bmatrix} \right) = \left(I_{3\times3} + C_i \right)\left(\boldsymbol{H}_e^b + \boldsymbol{H}_p^b \right) \tag{6.30}$$

6.4.3 涡流磁场及其他干扰磁场

涡流磁场主要是由于载体在高速运动或大机动时，载体上面积较大的金属片或金属壳切割地磁场磁力线而产生随时间变化的电流。涡流磁场是一个动态场，其幅值和方向与磁场梯度以及载体运动的线加速度的大小、机动时姿态随时间的变化率有关，关系比较复杂。飞机内操纵系统的位移、飞机发动机与电瓶之间的充电与供电、飞机下滑上升时两发动机所供电流的不平衡升降、飞机上无线电台的发射、测区内有较强的雷达台站等都将产生一定的干扰磁场作用于磁传感器上，这种无规则变化的磁场均可视为随机磁场。由于涡流磁场及其磁场干扰磁场的量比较小，因此在后面的分析中只考虑载体磁场中占主要部分的固定磁场和感应磁场的影响。

6.5 载体磁场的仿真研究

为了对载体磁场进行进一步的仿真分析，分别根据磁场正演理论和载体磁场的数学模型进行了载体磁场的特性研究，得出了一些减小载体磁场影响的基本思路和原则。另外通过对飞行器上铁磁物体的近似仿真，一方面可为飞行器设计制造阶段减小载体磁场的影响提供数据参考，另一方面有助于在飞行器中选择受载体磁场影响相对较小的“磁洁净区”来安装磁传感器。

6.5.1 磁场正演分析

由于飞行器中的铁磁材料的相对磁导率通常为150～250之间，因此在磁场正演的研究中，将铁磁材料的相对磁导率设为200。

1. 磁偶极子磁场

1）仿真条件

磁偶极子位于坐标原点，磁矩向量为$[0,0,1]^{T}$ A· m^2；范围：X、Y、Z均在[−10,10]m之内。

2）仿真结果分析

当距磁化物的距离远大于磁化物的尺寸时，该磁化物在此处的磁场可以用一个磁偶极子来近似。磁偶极子的磁场分布如图6-11所示，在XY平面的磁场强度如图6-12所示。可以看出，磁场强度与离磁偶极子的距离的立方成反比。为了减少飞行器上强磁体磁场的干扰，磁传感器的安装位置应尽量远离强磁体，以最大限度地减小其影响。

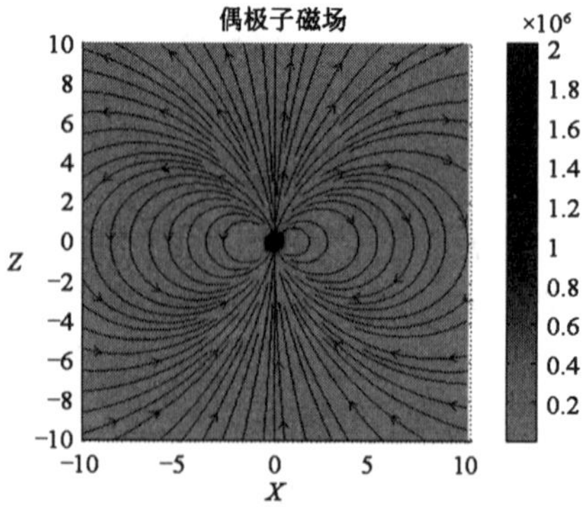

图6-11 磁偶极子磁场周围磁场分布

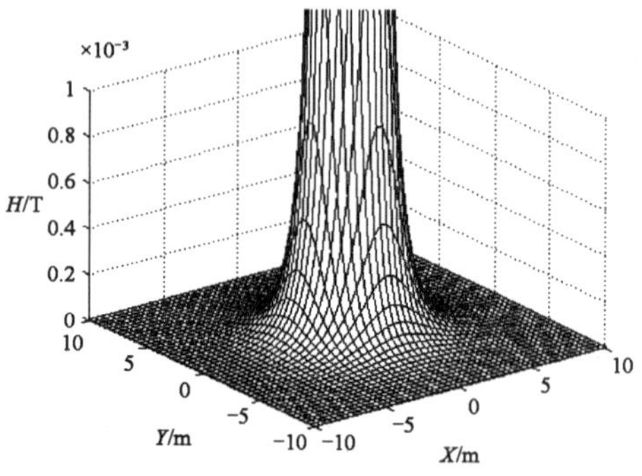

图6-12 磁偶极子磁场XY平面的磁场强度

2. 无限长圆柱体磁场

1）仿真条件如表 6-1 所示。

表 6-1　无限长圆柱体磁场仿真条件

参数＼仿真条件	仿真条件 1	仿真条件 2
几何形状	实心圆柱体	空心圆柱体
几何参数	半径：6cm	外半径 6cm；内半径 4cm
相对磁导率	200.00	200.00
外加磁场向量	$[10000，0，0]^T$nT	$[10000，0，0]^T$nT
XY 范围	[−10，10]cm	[−10，10]cm
网格数	100×100	100×100

2）仿真结果分析

由仿真条件 1 的参数进行仿真，得到实心圆柱体在均匀外磁场横向磁化后的周围磁场，如图 6-13 所示。可以看出实心圆柱体内的磁场与外加磁场的方向一致，且大小处处相等，即圆柱体内的磁场是均匀的，但磁场为外磁场的 $1/(1+\mu_r)$倍，远小于外磁场。圆柱体外的磁场为外加磁场与磁化后圆柱体在其周围空间所产生的磁场的合成，而且实心圆柱体使其周围的磁力线发生弯曲，磁导率越大，弯曲程度越严重。

由仿真条件 2 的参数进行仿真，得到空心圆柱体在均匀外磁场横向磁化后的周围磁场，如图 6-14 所示。空腔内的磁场为一均匀磁场，其方向与外磁场方向一致，但其数值减小了，这种现象称作磁屏蔽。材料的磁导率越大，屏蔽层越厚，空腔内的磁场越小，外磁场被屏蔽的程度越高。空心圆柱体使其周围磁力线发生弯曲，磁导率越大，弯曲程度越严重。

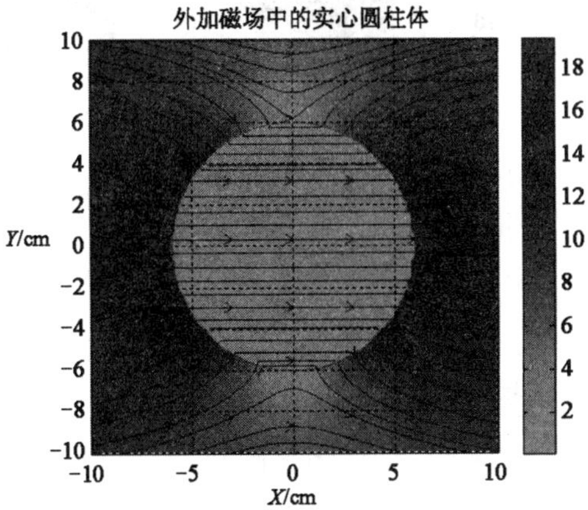

图 6-13　实心圆柱体均匀磁化后的磁场分布

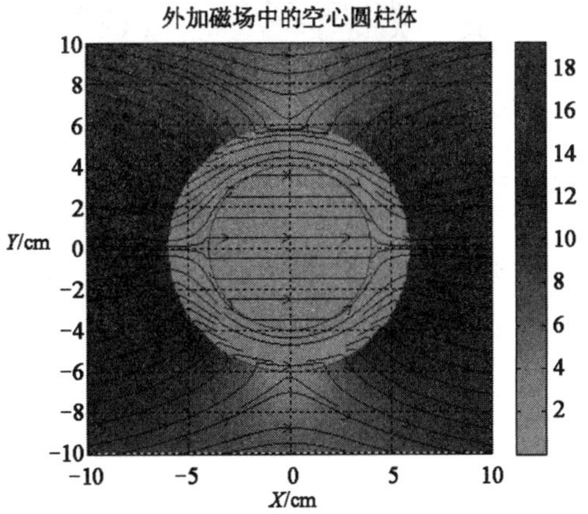

图 6-14　空心圆柱体均匀磁化后的磁场分布

3. 圆球体磁场

1）仿真条件如表 6-2 所示。

表 6-2　圆球体磁场仿真条件

参数＼仿真条件	仿真条件 1	仿真条件 2
几何形状	实心圆球体	空心圆球体
几何参数	半径：6dm	外半径 6dm；内半径 4dm
相对磁导率	200.00	200.00
外加磁场向量	[10000，0，0]^{T}nT	[10000，0，0]^{T}nT
XYZ 范围	[-10，10]dm	[-10，10]dm
网格数	100×100×100	100×100×100

2）仿真结果分析

由仿真条件 1 的参数进行仿真，得到实心圆球体在均匀外磁场磁化后的周围磁场，如图 6-15 所示。圆球内磁场是均匀的，且与磁化场方向一致，只是数值减小了。被磁化后的球体在其周围空间产生的附加磁场与位于球心且方向与外磁场一致的磁偶极子在球外空间产生的磁场具有相同的形式，因此可以将磁化后的球体等效为一个磁偶极子。

由仿真条件 2 的参数进行仿真，得到空心圆球体在均匀外磁场磁化后的周围磁场，如图 6-16 所示。与空心圆柱体类似，圆球空腔内磁场是与磁化场方向一致，只是数值减小了，即空心圆球可以屏蔽外磁场的影响。材料的磁导率越大，屏蔽层越厚，空腔内的磁场越小，外磁场被屏蔽的程度越高。

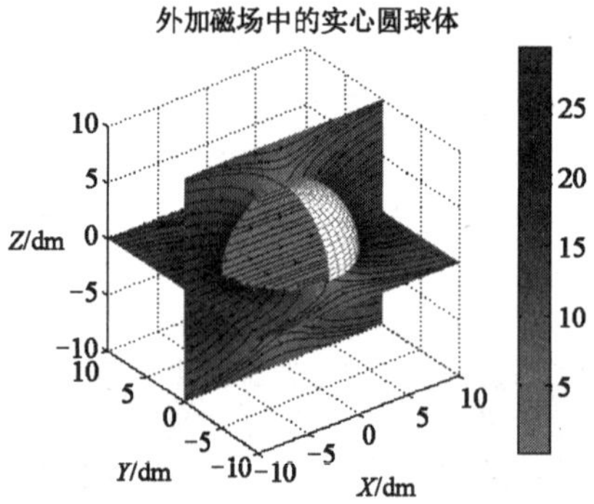

图 6-15　实心圆球体均匀磁化后的磁场分布

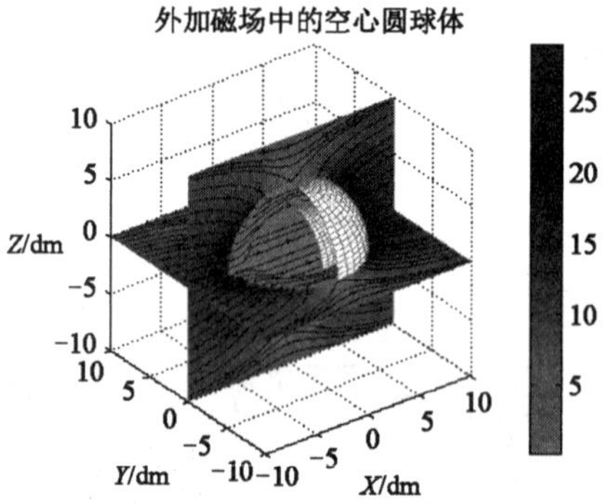

图 6-16　空心圆柱体均匀磁化后的磁场分布

4. 旋转椭球体磁场

1）仿真条件如表 6-3 所示。

表 6-3　旋转椭球体磁场仿真条件

参数＼仿真条件	仿真条件 1	仿真条件 2
几何形状	实心旋转椭球体	空心旋转椭球体
几何参数	长短半轴：[6，4，4]dm	外椭球长短半轴：[6，4，4]dm；壁厚：5cm
相对磁导率	200.00	200.00
外加磁场向量	[10000，0，0]^{T}nT	[10000，0，0]^{T}nT
XYZ 范围	[-10，10]dm	[-10，10]dm
网格数	100×100×100	100×100×100

2）仿真结果分析

由仿真条件 1 的参数进行仿真，得到实心圆球体在均匀外磁场磁化后的周围磁场，如图 6-17 所示。由仿真条件 2 的参数进行仿真，得到实心圆球体在均匀外磁场磁化后的周围磁场，如图 6-18 所示。这两种磁场与实心圆球体和空心圆球体的磁场分析类似，因此不再详述。

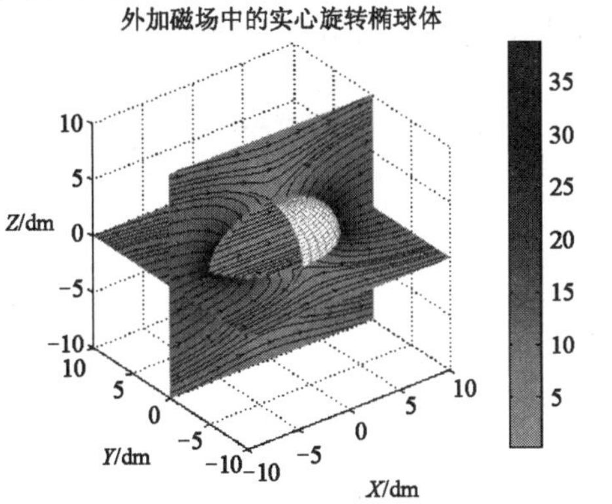

图 6-17　实心旋转椭球体均匀磁化后的磁场分布

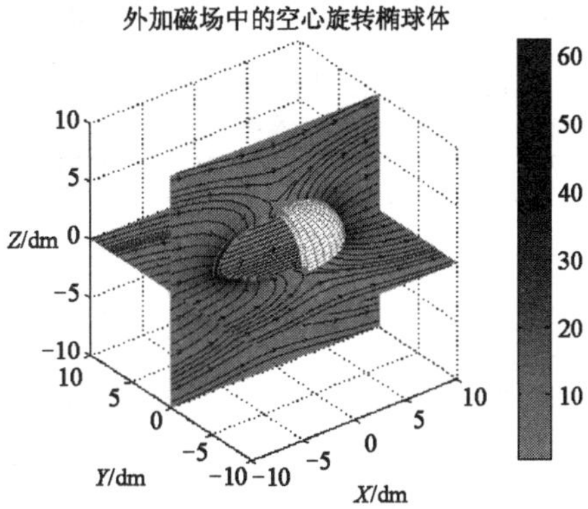

图 6-18　空心旋转椭球体均匀磁化后的磁场分布

5. 磁屏蔽性能分析与利用

从以上外磁场中均匀磁化的空心体的磁场仿真结果可以看出，当采用软磁性材料将某一区域包围起来时，就可以减少外部磁场在该区域内的影响，即实现了对该区域的磁屏蔽。

定义磁屏蔽系数为空腔内磁场强度与外加磁场强度之比。根据式(6.8)、式(6.10)、式(6.16)和式(6.17)，可以得到相应无限长空心圆柱体、空心圆球体、长轴磁化和短轴磁化的空心旋转椭球体的磁屏蔽系数 L_c、L_s、L_{el}、L_{es} 为

$$L_c = \frac{1}{1+\dfrac{1}{4}\left(1-\dfrac{b^2}{a^2}\right)\left(\mu_r+\dfrac{1}{\mu_r}-2\right)} \tag{6.31}$$

$$L_s = \frac{1}{1+\dfrac{2}{9}\left(1-\dfrac{b^3}{a^3}\right)\left(\mu_r+\dfrac{1}{\mu_r}-2\right)} \tag{6.32}$$

$$\begin{cases} L_{el} = \dfrac{1}{1+\left(1-1/\mu_r\right)\left\{\mu_r N_{el}\left(1-K\right)-\left(N_{il}-KN_{el}\right)\left[1+(\mu_r-1)N_{el}\right]\right\}} \\ L_{es} = \dfrac{1}{1+\left(1-1/\mu_r\right)\left\{\mu_r N_{es}\left(1-K\right)-\left(N_{is}-KN_{es}\right)\left[1+(\mu_r-1)N_{es}\right]\right\}} \end{cases} \tag{6.33}$$

空心旋转椭球体与空心圆球类似，下面只研究空心圆柱体和空心圆球的磁屏蔽系数与壁厚、磁导率的关系。由图 6-19、图 6-20 可以看出，软磁材料的磁导率 μ 越大，b/a 越小（即壁厚越厚），内部磁场也就越小，磁屏蔽效果也就越好。但当 $b/a<0.95$ 以后，磁屏蔽系数减小速度变慢，此时再增加厚度，磁屏蔽效果也没有太大的改进，而且质量加重，不利于飞行器对设备轻质的要求。在这种情况下，可以将两个或三个空心屏蔽体

嵌套在一起，中间用非磁性物质隔离，以获得更好的磁屏蔽效果。当采用 b/a=0.85 的单一空心圆柱体进行磁屏蔽时，屏蔽系数 L_c=0.068；而采用两个 b/a=0.95 嵌套空心圆柱体（中间间隔 0.05a 厚的轻质非磁性物质，如空气等介质）进行磁屏蔽时，屏蔽系数 L_c 可达 0.029，且重量大大减轻。

用相对磁导率大的铁磁物质包围可以减少外部磁场对内部磁场的影响，同样也可以理解为内部磁场很难外漏。因此对于飞行器上的强磁体，可采用空心体磁屏蔽的方法减小其对磁传感器的影响。

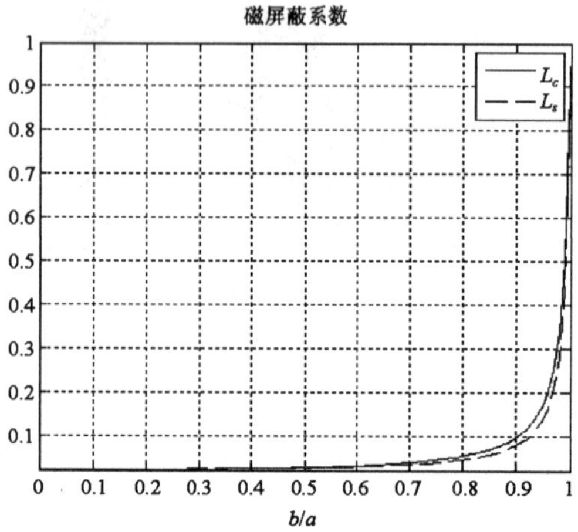

图 6-19　磁屏蔽系数与 b/a 的关系曲线

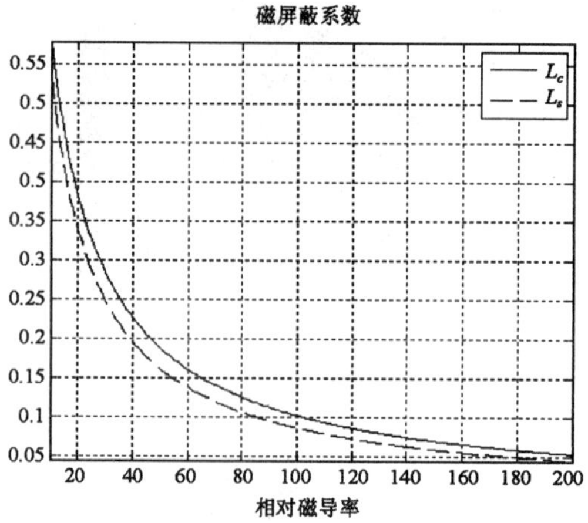

图 6-20　磁屏蔽系数与 μ_r 的关系曲线

6. 无限长载流直导线的磁场

1）仿真条件：设导线为平行于 z 轴的平行直导线，其参数如表 6-4 所示。

表 6-4　无限长载流直导线磁场仿真条件

参数 \ 仿真条件	仿真条件 1	仿真条件 2
导线水平面位置	[-1.00, 0.00]m、[1.00, 0.00]m	[-1.00, 0.00]m、[1.00, 0.00]m
电流强度	[1, 1]A	[1, -1]A
XY 范围	[-10, 10]m	[-10, 10]m
网格数	100×100	100×100

2）仿真结果分析

由仿真条件 1 的参数进行仿真，得到平行直导线同向电流在其周围产生的磁场，如图 6-21、图 6-22 所示。由仿真条件 2 的参数进行仿真，得到平行直导线反向电流在其周围产生的磁场，如图 6-23、图 6-24 所示。可以看出反向电流周围磁场的强度远小于同向电流产生的磁场强度，因此在飞行器中电源线的走线应尽量平行反向走线，以减小其对地磁场的干扰。

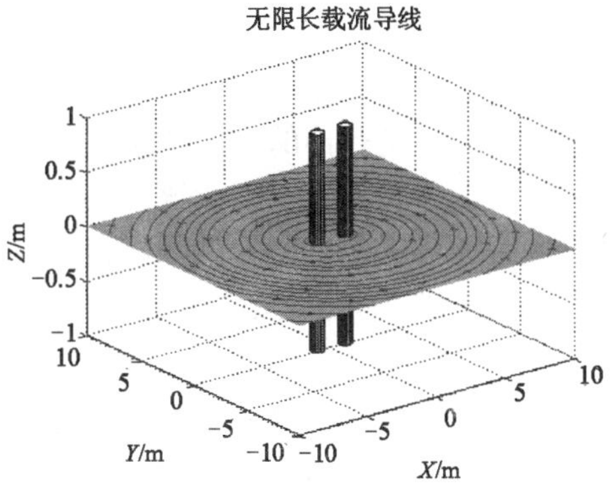

图 6-21　平行直导线同向电流产生的磁场

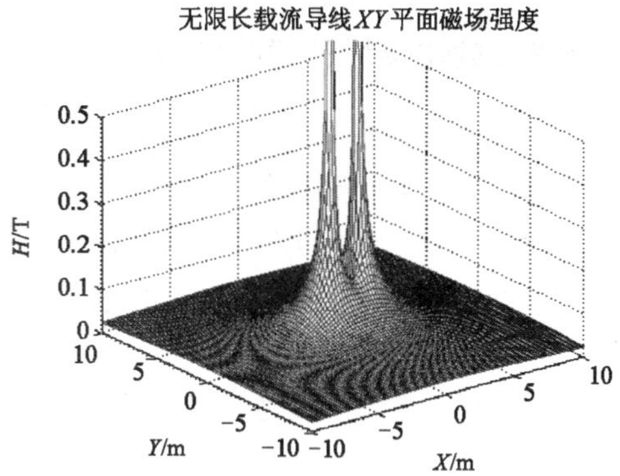

图 6-22　平行直导线同向电流在 XY 平面磁场强度

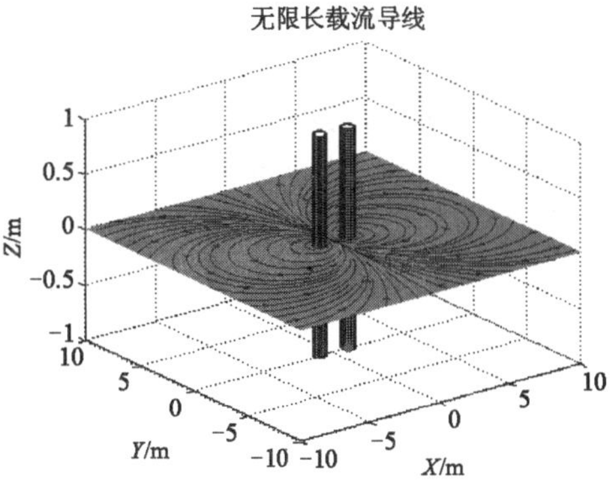

图 6-23　平行直导线反向电流产生的磁场

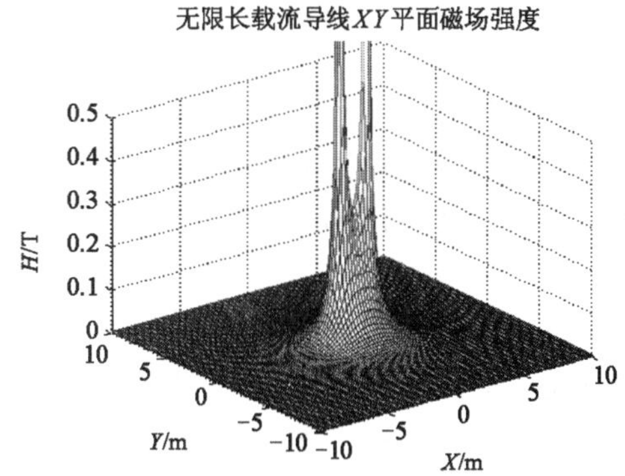

图 6-24　平行直导线反向电流在 XY 平面磁场强度

7. 有限长载流直导线的磁场

1）仿真条件

设导线为一组由有限长载流直导线组成的线圈，形状如图 6-25 所示；电流强度为 1A。

2）仿真结果分析

经过计算机仿真，得到该组有限长直导线所组成线圈在其周围产生的磁场，如图 6-26 所示。对于飞行器上不规则导电线圈，可以将其近似为一组由有限长载流直导线组成的线圈，从而通过该计算机仿真方法可以求得其周围空间任一点的磁场向量。

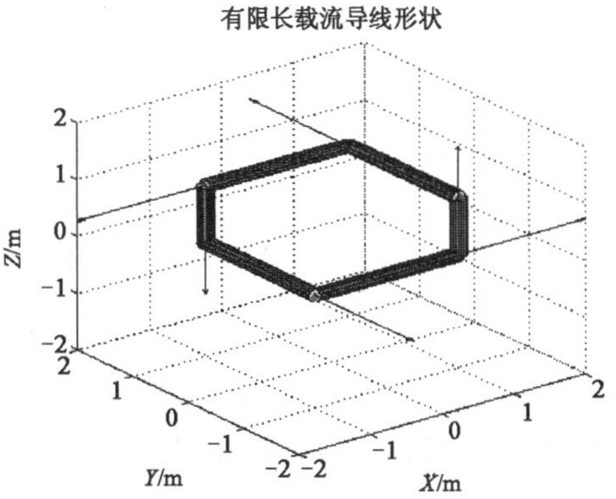

图 6-25　有限长导线段组成的线圈形状

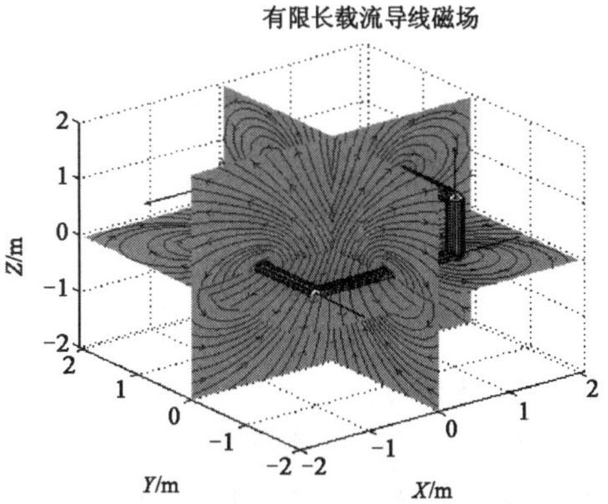

图 6-26　有限长导线段组成的线圈磁场

6.5.2 载体磁场计算机仿真

将飞行器上的每个部件均做磁场正演分析，然后再建立飞行器的合成磁场。但在实际工作中，由于飞行器部件形状各异、材料特性不同，且分布各样，因此该思路不具有实际操作性。为了研究实际飞行器在飞行过程中载体磁场对磁传感器的影响，根据对载体磁场的建模结果对主要的干扰磁场——固定磁场和感应磁场进行仿真分析。

1. 仿真条件

根据载体的形状和铁磁材料的分布，可以将载体概略分为以下几类：导弹类圆柱形载体、飞机类扁平形载体及舰船、汽车等一般载体。导弹类圆柱形载体纵向硬磁、软磁磁场系数均为最大，其他方向的系数均比较小；飞机类扁平形载体纵向硬磁、软磁磁场系数最大，横向硬磁、软磁磁场系数次之，其他方向的系数均比较小；舰船、汽车等一般载体硬磁、软磁磁场系数没有确定的规律。因此设定各类载体磁场仿真参数如表 6-5 所示。

由于载体磁场中的固定磁场与飞行器固连，对捷联式磁传感器的影响不随姿态变化而变化，而感应磁场则随着外加磁场的的变化而变化，因此当飞行器姿态改变时，感应磁场对捷联磁传感器的影响相应发生改变。为了分析方便，下面重点研究飞行器原地做姿态机动时各类不同载体的载体磁场对理想的捷联式三轴磁传感器的影响。仿真条件如表 6-6 所示，其中原地航向旋转位置为经度 λ_0=116°E、纬度 L_0=40°N，高度 h_0=0m，航向角变化：0°～360°；原地姿态机动轨迹为飞行器在 0°、90°、180°、270°四个航向俯仰角和横滚角分别做±20°和±15°的姿态机动变化。

表 6-5 各类载体的磁场仿真参数

磁场参数 \ 载体类型	圆柱形载体	扁平形载体	一般载体
固定磁场(nT)	$[100, 5000, 100]^T$	$[3000, 5000, 100]^T$	$[3000, 5000, 1000]^T$
感应磁场矩阵	$\begin{bmatrix} 0.01 & 0.01 & 0.01 \\ 0.01 & 0.50 & 0.01 \\ 0.01 & 0.01 & 0.01 \end{bmatrix}$	$\begin{bmatrix} 0.30 & 0.10 & 0.01 \\ 0.10 & 0.50 & 0.01 \\ 0.01 & 0.01 & 0.01 \end{bmatrix}$	$\begin{bmatrix} 0.30 & 0.20 & 0.10 \\ 0.20 & 0.50 & 0.05 \\ 0.10 & 0.05 & 0.10 \end{bmatrix}$

表 6-6 载体磁场分析的仿真条件

参数 \ 仿真条件	仿真条件 1	仿真条件 2
飞行轨迹	原地航向旋转轨迹	原地姿态机动轨迹
仿真时间	2015 年 1 月 1 日	2015 年 1 月 1 日
地磁模型	IGRF-11	IGRF-11
磁传感器	理想的捷联式三轴磁传感器	理想的捷联式三轴磁传感器

2. 仿真结果分析

通过对导弹类圆柱形载体、飞机类扁平形载体和一般载体进行计算机仿真研究，可以分析出固定磁场、感应磁场对磁传感器的影响特性。

对于圆柱形载体，分别根据仿真条件 1、仿真条件 2 进行计算机仿真，仿真结果如

图 6-27 所示。第 1 行曲线为飞行器在原地航向旋转轨迹中理想的捷联式三轴磁传感器 x、y、z 轴测量的磁场强度及水平磁场强度随时间变化曲线，其中实线为无载体磁场干扰的仿真数据曲线，虚线为含有载体磁场的仿真数据曲线；第 2 行曲线为原地航向旋转轨迹由载体磁场引起的各磁场强度测量误差；第 3、4 行曲线为原地姿态机动下磁传感器 x、y、z 轴测量的磁场强度及磁场总强度和相应的磁场测量误差随时间变化曲线。从仿真结果可以看出：由于圆柱形载体形状的限制，使得其纵向硬磁、软磁磁场系数最大，其他方向的系数均比较小，因此磁传感器测量的磁场数据在纵轴方向上误差最大，达到 2.12×10^4nT；而在横轴、竖轴方向上误差相对较小，最大误差为 700nT。

对于扁平形载体，分别根据仿真条件 1、仿真条件 2 进行仿真，仿真结果如图 6-27 所示。从仿真结果可以看出：由于飞机类扁平形载体形状的限制，使得其纵向硬磁、软磁磁场系数最大，横向硬磁、软磁磁场系数次之，其他方向的系数均比较小，因此磁传感器测量的磁场数据在纵轴方向上误差最大，达到 2.12×10^4nT；在横轴方向上误差次之，达到 1.71×10^4nT；而在竖轴方向上误差相对较小，最大误差为 700nT。

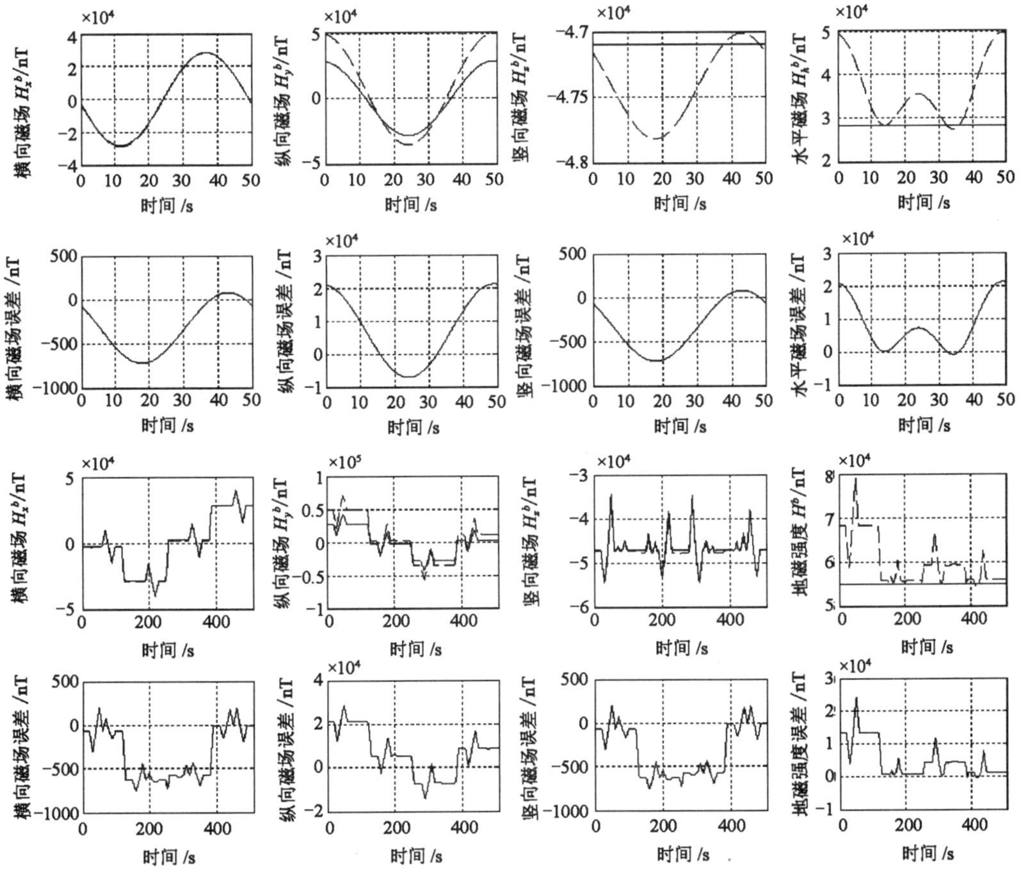

图 6-27　圆柱形载体的载体磁场仿真

对于汽车、舰船等一般载体，分别根据仿真条件 1、仿真条件 2 进行仿真，仿真结果如图 6-29 所示。从仿真结果可以看出：由于一般载体的形状各异，其硬磁材料、软磁材料产生的磁场没有确定性规律，因此磁传感器测量所得磁场数据的误差变化规律也因载体不同而各有不同。

通过一系列的仿真可以看出，载体磁场带来的测量误差远远大于磁传感器的测量精度，因此单纯提高磁传感器的精度并不能明显提高地磁场测量精度，必须对载体磁场进行标定和补偿才能适应高精度地磁导航的需求。从仿真结果图 6-27～图 6-29 和式(6.30)中可以看出，载体磁场中的固定磁场使得地磁场的数据产生固定的偏移；感应磁场则与地磁场、固定磁场呈线性关系，相应比例关系与感应磁场系数有关。

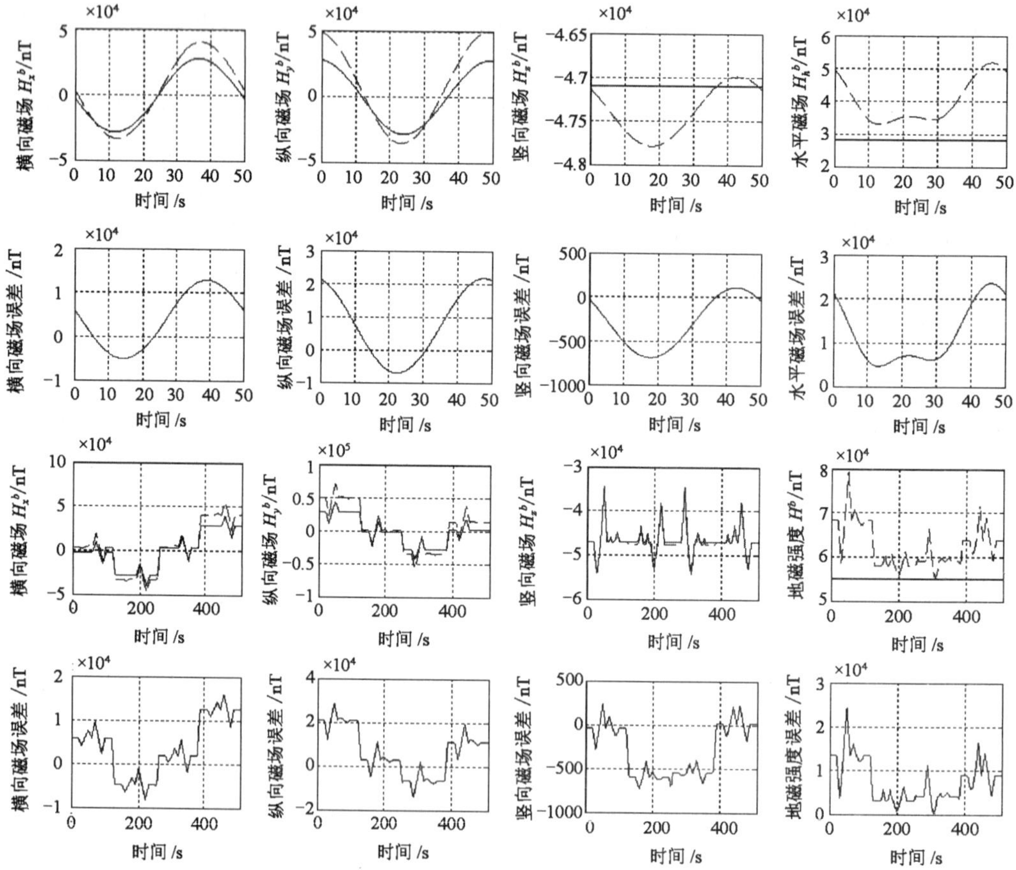

图 6-28　扁平形载体的载体磁场仿真

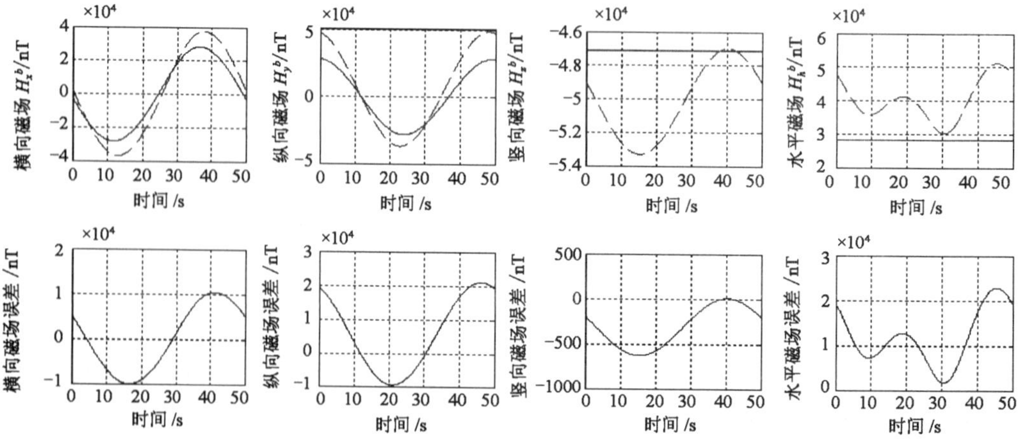

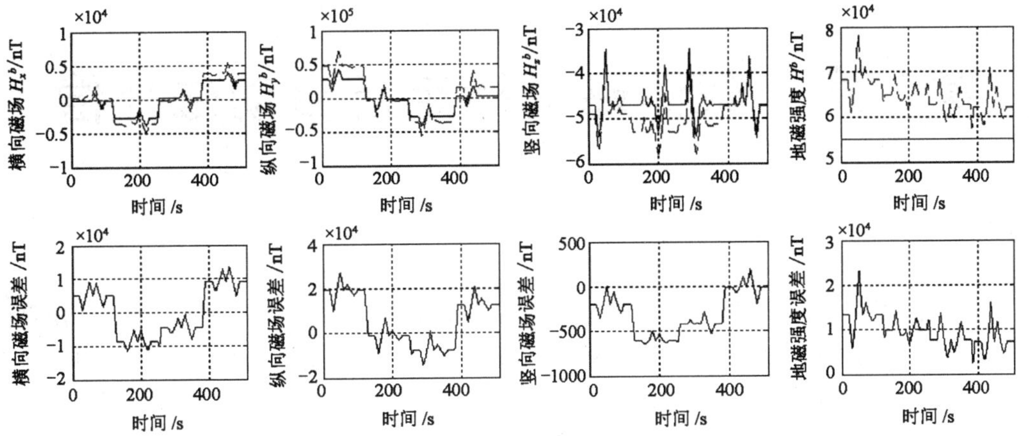

图 6-29　一般载体的载体磁场仿真

6.6　本章小结

地磁场信息的准确获取是高精度地磁导航的关键。本章通过磁场正演分析理论研究了特殊形状铁磁材料和直流电流周围空间的磁场分布特点，总结了在飞行器设计和制造阶段减小载体磁场对磁传感器影响所应遵循的原则和可采用的措施：①磁传感器安装位置的确定：磁传感器必须安装在飞行器中相对远离强磁物体和强电流导线的“磁洁净区”，即受载体磁场影响较小的区域。②磁洁净区的确定：根据飞行器主要结构、设备及导线布线的特点，采用不同特殊形状的磁材料和有限长或无限长载流直导线进行近似分析，各磁场叠加可获得确定飞行器三维空间的磁场分布，粗略确定磁洁净区位置及范围，然后结合实际情况在磁洁净区内合理选择适合安装磁传感器的位置。③减小强磁体干扰的措施：磁传感器尽量远离强磁体，对于安装空间受限的飞行器如导弹，应采用磁屏蔽措施减小其对磁传感器的影响。④导电线路的布线原则：尽量远离磁传感器，采用双向平行布线减小导电线路对磁传感器的干扰。

针对实际飞行器结构复杂的特点，根据载体磁场的性质分为固定磁场和感应磁场进行研究，建立了相应的数学模型，并对圆柱形载体、扁平形载体和一般载体进行了一系列的仿真分析。仿真结果表明载体磁场带来的测量误差远远大于磁传感器的测量精度，因此单纯提高磁传感器的精度并不能明显提高地磁场测量精度，必须对载体磁场进行标定和补偿才能适应高精度地磁导航的需求。

第 7 章　载体磁场标定及自动磁补偿

7.1　引言

飞行器利用捷联式三轴磁传感器敏感地磁场信息进行地磁导航的过程中，作用在磁传感器上的磁场不仅有地磁场信息、载体磁场和干扰磁场信息，同时磁传感器自身还存在制造误差和安装误差等，这些因素都严重影响了地磁传感器的测量精度，因此进行磁测误差的标定和补偿是实现高精度地磁测量的关键技术。目前一般的地磁传感器自身的测量精度已经达到纳特级水平，而且磁传感器自身误差和安装误差基本不随时间变化，可采用基于椭球拟合的制造误差标定方法、安装误差静态标定方法确定其误差系数，然后在实时测量中进行补偿，因此磁传感器自身误差和安装误差对磁测精度的影响可以忽略不计，而影响磁测量的其他误差极大地降低了其测量精度，其中载体磁场是主要的干扰源。尽管在飞行器设计制造阶段可以通过一些措施和技术来减小载体磁场的干扰，但载体磁场影响仍可以达到数百到数千纳特，严重地限制了地磁测量精度的提高，因此单纯靠提高传感器的精度已经不能改善地磁场的测量精度，必须对磁测量中存在的各种误差和干扰磁场进行实时高精度补偿。另外，捷联式三轴磁传感器由于在飞行器上的安装位置不同，感受到的载体磁场的大小和方向也会有很大差异，而且飞行器上的铁磁材料受存放地磁场磁化作用而产生的磁场随时间和磁纬度发生变化。在飞行器飞行前都应对其自身的载体磁场进行参数的快速标定。因此迫切需要研究快速准确的载体磁场标定和补偿方法，以减轻载体磁场的标定工作量、提高地磁场的实时测量精度。

本章在详细分析捷联式三轴磁传感器量测数据几何特征的基础上，首先针对水平面内二维磁传感器受载体磁场干扰的情况，提出了基于椭圆拟合的二维载体磁场标定和补偿方法，并进行了详细的理论推导分析，然后将该方法推广到三维载体磁场的标定和补偿中，进一步提出了基于椭球拟合的三维载体磁场标定和补偿方法。最后通过一系列的计算机仿真试验和半物理仿真试验对二维和三维载体磁场标定和补偿方法进行了有效性验证。

7.2　捷联式三轴磁传感器量测数据分析

通过前面章节对捷联式三轴磁传感器的建模分析及载体磁场的建模分析，可以得到完整的捷联式三轴磁传感器数学模型：

$$\boldsymbol{H}_{\text{obs}}^{m} = \boldsymbol{K}_s \boldsymbol{K}_n \boldsymbol{K}_m (\boldsymbol{I} + \boldsymbol{C}_i)(\boldsymbol{H}_e^b + \boldsymbol{H}_p^b + \boldsymbol{H}_d^b) + \boldsymbol{H}_0 + \boldsymbol{H}_n \tag{7.1}$$

式中：$\boldsymbol{H}_{\text{obs}}^{m}$ 为磁场向量在捷联式三轴磁传感器坐标系中的投影向量；$\boldsymbol{K}_s$ 为三轴灵敏度矩阵；$\boldsymbol{K}_n$ 为三轴不正交角带来的变换矩阵；$\boldsymbol{K}_m$ 为安装误差角引起的旋转矩阵；$\boldsymbol{C}_i$ 为载体磁场中的感应磁场矩阵；$\boldsymbol{H}_e^b$ 为地磁场向量在集体坐标系中的投影向量；$\boldsymbol{H}_p^b$ 为载体磁场

中的固定磁场向量；$\boldsymbol{H}_d^b$ 为其干扰磁场向量；$\boldsymbol{H}_0$ 为三轴磁传感器各轴的零偏；$\boldsymbol{H}_n$ 为三轴磁传感器的测量噪声。

7.2.1　理想捷联式三轴磁传感器的量测数据分析

当捷联式三轴磁传感器的制造误差和安装误差相对于其他因素所引起的测量误差而言很小时，可以将其视为理想的捷联式三轴磁传感器，即满足条件

$$\boldsymbol{K}_s = \boldsymbol{K}_n = \boldsymbol{K}_m = \boldsymbol{I}_{3\times3}, \boldsymbol{H}_0 = \boldsymbol{H}_n = \boldsymbol{0}_{3\times1} \tag{7.2}$$

因此捷联式三轴磁传感器的量测方程可以简化为

$$\boldsymbol{H}_{\text{obs}}^m = (\boldsymbol{I} + \boldsymbol{C}_i)(\boldsymbol{H}_e^b + \boldsymbol{H}_p^b + \boldsymbol{H}_d^b) \tag{7.3}$$

当量测环境处于磁洁净区，即磁传感器周围不存在载体磁场干扰、地磁短期干扰或载体磁场干扰，地磁短期干扰可以忽略时，有

$$\boldsymbol{C}_i = \boldsymbol{0}_{3\times3}, \boldsymbol{H}_p^b = \boldsymbol{0}_{3\times1}, \boldsymbol{H}_d^b = \boldsymbol{0}_{3\times1} \tag{7.4}$$

当载体在某一固定位置或地磁场变化较小的地区作各种姿态的机动时，由于地磁场向量为一常向量，因此捷联式三轴磁传感器的测量向量满足

$$\left(\boldsymbol{H}_{\text{obs}}^m\right)^{\mathrm{T}} \boldsymbol{H}_{\text{obs}}^m = \left(\boldsymbol{H}_e^b\right)^{\mathrm{T}} \boldsymbol{H}_e^b = \left\|\boldsymbol{H}_e^b\right\|^2 \tag{7.5}$$

式(7.5)的三分量形式为

$$\left(H_{\text{obs},x}^m\right)^2 + \left(H_{\text{obs},y}^m\right)^2 + \left(H_{\text{obs},z}^m\right)^2 = \left\|\boldsymbol{H}_e^b\right\|^2 \tag{7.6}$$

从式(7.6)可以看出，捷联式三轴磁传感器在三个轴向的量测数据满足圆球方程，其几何意义为以三轴测量数据为坐标的点在量测坐标系中均位于一个中心位于原点、半径为当地地磁场强度 F 的圆球上。

7.2.2　载体磁场对量测数据的影响

利用理想的捷联式三轴磁传感器安装在载体上进行地磁测量时，不可避免地会受到载体本身磁场的干扰，尤其是对于飞机、舰船、导弹等铁磁材料较多的载体，载体磁场的影响更是不可忽略。不考虑地磁短期扰动时，捷联式三轴磁传感器的量测方程为

$$\boldsymbol{H}_{\text{obs}}^m = (\boldsymbol{I} + \boldsymbol{C}_i)(\boldsymbol{H}_e^b + \boldsymbol{H}_p^b) \tag{7.7}$$

由式(7.7)，地磁场在载体坐标系的向量 $\boldsymbol{H}_e^b$ 为

$$\boldsymbol{H}_e^b = (\boldsymbol{I} + \boldsymbol{C}_i)^{-1} \boldsymbol{H}_{\text{obs}}^m - \boldsymbol{H}_p^b \tag{7.8}$$

当载体在某一固定位置或地磁场变化较小的地区作各种姿态的机动时，可以将地磁场向量视为一常向量，其磁场强度为一常数，因此有

$$\begin{aligned}
\left(\boldsymbol{H}_e^b\right)^{\mathrm{T}}\left(\boldsymbol{H}_e^b\right) &= \left[(\boldsymbol{I} + \boldsymbol{C}_i)^{-1} \boldsymbol{H}_{\text{obs}}^m - \boldsymbol{H}_p^b\right]^{\mathrm{T}} \left[(\boldsymbol{I} + \boldsymbol{C}_i)^{-1} \boldsymbol{H}_{\text{obs}}^m - \boldsymbol{H}_p^b\right] \\
&= \left(\boldsymbol{H}_{\text{obs}}^m\right)^{\mathrm{T}} \left[(\boldsymbol{I} + \boldsymbol{C}_i)^{-1}\right]^{\mathrm{T}} (\boldsymbol{I} + \boldsymbol{C}_i)^{-1} \boldsymbol{H}_{\text{obs}}^m - 2\left(\boldsymbol{H}_p^b\right)^{\mathrm{T}} (\boldsymbol{I} + \boldsymbol{C}_i)^{-1} \boldsymbol{H}_{\text{obs}}^m + \left(\boldsymbol{H}_p^b\right)^{\mathrm{T}} \boldsymbol{H}_p^b \\
&= \left\|\boldsymbol{H}_e^b\right\|^2
\end{aligned} \tag{7.9}$$

经整理后可得，捷联式三轴磁传感器的测量向量满足以下的二次型方程：

$$\left(\boldsymbol{H}_{\text{obs}}^m\right)^{\mathrm{T}} \left[(\boldsymbol{I} + \boldsymbol{C}_i)^{-1}\right]^{\mathrm{T}} (\boldsymbol{I} + \boldsymbol{C}_i)^{-1} \boldsymbol{H}_{\text{obs}}^m - 2\left(\boldsymbol{H}_p^b\right)^{\mathrm{T}} (\boldsymbol{I} + \boldsymbol{C}_i)^{-1} \boldsymbol{H}_{\text{obs}}^m + \left(\boldsymbol{H}_p^b\right)^{\mathrm{T}} \boldsymbol{H}_p^b = \left\|\boldsymbol{H}_e^b\right\|^2 \tag{7.10}$$

其标准型为

$$\left(\boldsymbol{H}_{\text{obs}}^{m}\right)^{\text{T}}\frac{\left[(\boldsymbol{I}+\boldsymbol{C}_{i})^{-1}\right]^{\text{T}}(\boldsymbol{I}+\boldsymbol{C}_{i})^{-1}}{\left\|\boldsymbol{H}_{e}^{b}\right\|^{2}}\boldsymbol{H}_{\text{obs}}^{m}-2\frac{\left(\boldsymbol{H}_{p}^{b}\right)^{\text{T}}(\boldsymbol{I}+\boldsymbol{C}_{i})^{-1}}{\left\|\boldsymbol{H}_{e}^{b}\right\|^{2}}\boldsymbol{H}_{\text{obs}}^{m}+\frac{\left(\boldsymbol{H}_{p}^{b}\right)^{\text{T}}\boldsymbol{H}_{p}^{b}}{\left\|\boldsymbol{H}_{e}^{b}\right\|^{2}}=1 \tag{7.11}$$

根据式(7.10)，当固定磁场向量 $\boldsymbol{H}_{p}^{b}$ 为零时，对于任一不为零的磁场向量 $\boldsymbol{H}_{\text{obs}}^{m}$，地磁场向量的模值恒大于零，即

$$\left(\boldsymbol{H}_{\text{obs}}^{m}\right)^{\text{T}}\left[(\boldsymbol{I}+\boldsymbol{C}_{i})^{-1}\right]^{\text{T}}(\boldsymbol{I}+\boldsymbol{C}_{i})^{-1}\boldsymbol{H}_{\text{obs}}^{m}=\left\|\boldsymbol{H}_{e}^{b}\right\|^{2}>0 \tag{7.12}$$

因此 $\left[(\boldsymbol{I}+\boldsymbol{C}_{i})^{-1}\right]^{\text{T}}(\boldsymbol{I}+\boldsymbol{C}_{i})^{-1}$ 矩阵为正定实矩阵。根据解析几何理论可知，捷联式三轴磁传感器在三个轴向的量测数据满足一个二次型椭球曲面方程，其几何意义为以三轴测量数据为坐标的点在量测坐标系中均位于一个由式(7.11)所确定的椭球曲面上。

7.2.3 捷联式三轴磁传感器的量测数据分析

根据完整的捷联式三轴磁传感器数学模型式(7.1)，可得

$$\boldsymbol{H}_{e}^{b}=\left[\boldsymbol{K}_{s}\boldsymbol{K}_{n}\boldsymbol{K}_{m}(\boldsymbol{I}+\boldsymbol{C}_{i})\right]^{-1}(\boldsymbol{H}_{\text{obs}}^{m}-\boldsymbol{H}_{0}-\boldsymbol{H}_{n})-\boldsymbol{H}_{p}^{b}-\boldsymbol{H}_{d}^{b} \tag{7.13}$$

当在磁静日时进行测量，且不考虑测量噪声时，式(7.13)可以简化为

$$\boldsymbol{H}_{e}^{b}=\boldsymbol{M}(\boldsymbol{H}_{\text{obs}}^{m}-\boldsymbol{H}_{0})-\boldsymbol{H}_{p}^{b} \tag{7.14}$$

式中：$\boldsymbol{M}=\left[\boldsymbol{K}_{s}\boldsymbol{K}_{n}\boldsymbol{K}_{m}(\boldsymbol{I}_{3\times 3}+\boldsymbol{C}_{i})\right]^{-1}$。

当载体在某一固定位置或地磁场变化较小的地区作各种姿态的机动时，将地磁场向量视为一常向量，因此有

$$\begin{aligned}\left\|\boldsymbol{H}_{\text{earth}}^{b}\right\|^{2}&=\left(\boldsymbol{H}_{e}^{b}\right)^{\text{T}}\left(\boldsymbol{H}_{e}^{b}\right)=\left[\boldsymbol{M}(\boldsymbol{H}_{\text{obs}}^{m}-\boldsymbol{H}_{0})-\boldsymbol{H}_{p}^{b}\right]^{\text{T}}\left[\boldsymbol{M}(\boldsymbol{H}_{\text{obs}}^{m}-\boldsymbol{H}_{0})-\boldsymbol{H}_{p}^{b}\right]\\&=(\boldsymbol{H}_{\text{obs}}^{m})^{\text{T}}\boldsymbol{M}^{\text{T}}\boldsymbol{M}\left(\boldsymbol{H}_{\text{obs}}^{m}\right)-2\left[\boldsymbol{H}_{0}^{\text{T}}\boldsymbol{M}^{\text{T}}\boldsymbol{M}+\left(\boldsymbol{H}_{p}^{b}\right)^{\text{T}}\boldsymbol{M}\right]\boldsymbol{H}_{\text{obs}}^{m}\\&\quad+\left[\boldsymbol{H}_{0}^{\text{T}}\boldsymbol{M}^{\text{T}}\boldsymbol{M}\boldsymbol{H}_{0}+2\left(\boldsymbol{H}_{p}^{b}\right)^{\text{T}}\boldsymbol{M}\boldsymbol{H}_{0}+\left(\boldsymbol{H}_{p}^{b}\right)^{\text{T}}\left(\boldsymbol{H}_{p}^{b}\right)\right]\end{aligned} \tag{7.15}$$

将式(7.15)整理为曲面的二次型形式，得

$$\begin{aligned}&(\boldsymbol{H}_{\text{obs}}^{m})^{\text{T}}\frac{\boldsymbol{M}^{\text{T}}\boldsymbol{M}}{\left\|\boldsymbol{H}_{e}^{b}\right\|^{2}}\left(\boldsymbol{H}_{\text{obs}}^{m}\right)-2\frac{\boldsymbol{H}_{0}^{\text{T}}\boldsymbol{M}^{\text{T}}\boldsymbol{M}+\left(\boldsymbol{H}_{p}^{b}\right)^{\text{T}}\boldsymbol{M}}{\left\|\boldsymbol{H}_{e}^{b}\right\|^{2}}\boldsymbol{H}_{\text{obs}}^{m}\\&+\frac{\boldsymbol{H}_{0}^{\text{T}}\boldsymbol{M}^{\text{T}}\boldsymbol{M}\boldsymbol{H}_{0}+2\left(\boldsymbol{H}_{p}^{b}\right)^{\text{T}}\boldsymbol{M}\boldsymbol{H}_{0}+\left(\boldsymbol{H}_{p}^{b}\right)^{\text{T}}\left(\boldsymbol{H}_{p}^{b}\right)}{\left\|\boldsymbol{H}_{e}^{b}\right\|^{2}}=1\end{aligned} \tag{7.16}$$

根据捷联式三轴磁传感器的模型和载体磁场模型的分析，可知

$$\begin{aligned}\boldsymbol{M}^{\text{T}}\boldsymbol{M}&=\left\{\left[\boldsymbol{K}_{s}\boldsymbol{K}_{n}\boldsymbol{K}_{m}(\boldsymbol{I}+\boldsymbol{C}_{i})\right]^{-1}\right\}^{\text{T}}\left[\boldsymbol{K}_{s}\boldsymbol{K}_{n}\boldsymbol{K}_{m}(\boldsymbol{I}+\boldsymbol{C}_{i})\right]^{-1}\\&=\left(\boldsymbol{K}_{s}^{-1}\right)^{\text{T}}\left(\boldsymbol{K}_{n}^{-1}\right)^{\text{T}}\left(\boldsymbol{K}_{m}^{-1}\right)^{\text{T}}\left[(\boldsymbol{I}+\boldsymbol{C}_{i})^{-1}\right]^{\text{T}}(\boldsymbol{I}+\boldsymbol{C}_{i})^{-1}\boldsymbol{K}_{m}^{-1}\boldsymbol{K}_{n}^{-1}\boldsymbol{K}_{s}^{-1}\end{aligned} \tag{7.17}$$

根据矩阵理论，$\boldsymbol{M}^{\text{T}}\boldsymbol{M}$ 与 $\left[(\boldsymbol{I}+\boldsymbol{C}_{i})^{-1}\right]^{\text{T}}(\boldsymbol{I}+\boldsymbol{C}_{i})^{-1}$ 互为合同矩阵，$\boldsymbol{M}^{\text{T}}\boldsymbol{M}$ 也为正定的实对称矩阵，因此捷联式三轴磁传感器在三个轴向的量测数据 $\boldsymbol{H}_{\text{obs}}^{m}$ 的三分量 $\left(\boldsymbol{H}_{\text{obs},x}^{m},\boldsymbol{H}_{\text{obs},y}^{m},\boldsymbol{H}_{\text{obs},z}^{m}\right)$

满足一个二次型椭球曲面方程，其几何意义为：以三轴测量数据为坐标的点在量测坐标系中均位于由式(7.16)所确定的椭球曲面上。

综上所述，当载体在某一固定位置或地磁场变化较小地域作各种姿态机动时，捷联式三轴磁传感器的量测数据向量 $\boldsymbol{H}_{\text{obs}}^m$ 的三分量 $\left(\boldsymbol{H}_{\text{obs},x}^m, \boldsymbol{H}_{\text{obs},y}^m, \boldsymbol{H}_{\text{obs},z}^m\right)$ 必满足一个二次型椭球曲面方程。该椭球方程的参数由磁传感器的自身误差、安装误差和载体磁场等因素共同决定。因此可以将磁测误差的标定分为两步：①由捷联式三轴磁传感器的量测数据 $\left(\boldsymbol{H}_{\text{obs},x}^m, \boldsymbol{H}_{\text{obs},y}^m, \boldsymbol{H}_{\text{obs},z}^m\right)$ 拟合椭球方程参数；②由拟合的椭球方程参数估计各种误差的综合作用系数矩阵 $\hat{\boldsymbol{M}}$ 和固定磁场向量 $\hat{\boldsymbol{H}}_p^b$。磁测误差的补偿则是将标定的系数矩阵 $\hat{\boldsymbol{M}}$ 和固定磁场向量 $\hat{\boldsymbol{H}}_p^b$ 代入式(7.14)中，即可求得补偿后的地磁场向量在载体坐标系的投影 $\hat{\boldsymbol{H}}_e^b$。

7.3　基于椭圆拟合的二维载体磁场标定及自补偿技术研究

当载体在水平面内做航向机动时，式(7.16)简化为二次曲线方程。若在没有载体干扰磁场和测量误差的情况下，理想的捷联式三轴磁传感器的 Ox^m、Oy^m 轴测得的地磁分量 $H_{\text{obs},x}^m$、$H_{\text{obs},y}^m$ 在载体坐标系中的轨迹为一个中心位于磁传感器测量坐标系原点、半径为当地地磁场水平分量模值的圆。而实际磁传感器测量时存在各种误差和干扰磁场。这些误差和和干扰磁场使得该圆的中心产生偏移，且形状发生畸变。当只考虑载体中的固定磁场、感应磁场时，磁场测量轨迹为一个椭圆轨迹，如图 7-1 所示。此时式(7.14)和式(7.16)可分别简化为式(7.18)和式(7.19)：

$$\begin{cases} \boldsymbol{H}_{e,xy}^b = \boldsymbol{M}_{xy}(\boldsymbol{H}_{\text{obs},xy}^m - \boldsymbol{H}_{0,xy}) - \boldsymbol{H}_{p,xy}^b \\ \boldsymbol{M}_{xy} = \left[K_{se,xy}K_{n,xy}K_{m,,xy}(\boldsymbol{I}_{2\times2} + \boldsymbol{C}_{i,xy})\right]^{-1} \end{cases} \tag{7.18}$$

$$\begin{aligned} &(\boldsymbol{H}_{\text{obs},xy}^m)^{\mathrm{T}} \frac{\boldsymbol{M}_{xy}^{\mathrm{T}}\boldsymbol{M}_{xy}}{\left\|\boldsymbol{H}_{e,xy}^b\right\|^2}\left(\boldsymbol{H}_{\text{obs},xy}^m\right) - 2\frac{\boldsymbol{H}_{0,xy}^{\mathrm{T}}\boldsymbol{M}_{xy}^{\mathrm{T}}\boldsymbol{M}_{xy} + \left(\boldsymbol{H}_{p,xy}^b\right)^{\mathrm{T}}\boldsymbol{M}_{xy}}{\left\|\boldsymbol{H}_{e,xy}^b\right\|^2}\boldsymbol{H}_{\text{obs},xy}^m \\ &+\frac{\boldsymbol{H}_{0,xy}^{\mathrm{T}}\boldsymbol{M}_{xy}^{\mathrm{T}}\boldsymbol{M}_{xy}\boldsymbol{H}_{0,xy} + 2\left(\boldsymbol{H}_{p,xy}^b\right)^{\mathrm{T}}\boldsymbol{M}_{xy}\boldsymbol{H}_{0,xy} + \left(\boldsymbol{H}_{p,xy}^b\right)^{\mathrm{T}}\left(\boldsymbol{H}_{p,xy}^b\right)}{\left\|\boldsymbol{H}_{e,xy}^b\right\|^2} = 1 \end{aligned} \tag{7.19}$$

式中：$\boldsymbol{H}_{e,xy}^b$ 为地磁场水平分量在载体坐标系 xy 轴上的投影向量；$\boldsymbol{H}_{\text{obs},xy}^b$ 为捷联式三轴磁传感器 xy 轴的测量向量；$\boldsymbol{M}_{xy}=(m_{ij})(i,j=1,2)$为 $\boldsymbol{M}$ 矩阵的前两行和前两列的元素组成的矩阵；$\boldsymbol{H}_{0,xy}$ 为磁传感器 xy 轴的零偏向量；$\boldsymbol{H}_{p,xy}^b$ 为载体的 xy 方向的固定磁场向量；$\left\|\boldsymbol{H}_{e,xy}^b\right\|$ 为地磁场水平分量模值。

载体磁场的标定就转化为利用三轴磁传感器的 $\boldsymbol{H}_{\text{obs},x}^m$、$\boldsymbol{H}_{\text{obs},y}^m$ 测量数据拟合椭圆轨迹方程，获得最佳拟合椭圆参数，然后由该椭圆参数估计各种误差参数的过程；而磁补偿过程就是根据标定的各误差参数，将实时测量磁传感器数据补偿为以原点为中心、地磁场水平强度为半径的圆上点的过程。

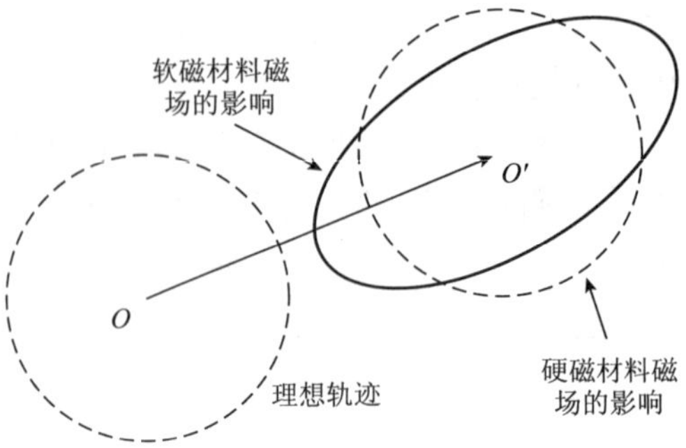

图 7-1　二维捷联磁传感器的磁场测量轨迹示意图

7.3.1　基于椭圆约束的最小二乘法理论

椭圆拟合方法可以分为表决/聚类法和最优化方法两类。表决/聚类法包括 Hough 变换、RANSAC 方法、Kalman 滤波方法、模糊聚类等，该类方法对野点具有较强的鲁棒性，可以一次探测识别多个椭圆目标，但其计算速度慢，要求大量的数据存储空间，而且拟合精度较低。另外，对于强噪声干扰数据，Hough 变换中累加器存在目标探测问题。第二类是基于某一表达椭圆特征的目标函数最优化的方法，如带椭圆约束条件的圆锥曲线拟合法、最小二乘法。该类方法具有较高的运算速度和拟合精度，且一次只能拟合一个椭圆目标。与表决/聚类方法相比，该类方法对于野点灵敏度较大。

椭圆是一种特殊的圆锥曲线，尽管圆锥曲线可以直接拟合，但满足椭圆约束的解通常需要采用迭代运算求取。Fitzgibbon 提出了直接最小二乘椭圆拟合方法，该方法是一种基于椭圆约束的圆锥曲线拟合方法。采用最小二乘法进行椭圆拟合的本质就是寻找一组椭圆参数，使得测量数据与拟合椭圆间的距离在某种意义下达到最小。设圆锥曲线的方程为

$$F(\boldsymbol{\xi},\boldsymbol{z})=\boldsymbol{\xi}^{\mathrm{T}}\boldsymbol{z}=ax^2+by^2+cxy+dx+ey+f=0 \tag{7.20}$$

式中：$\boldsymbol{\xi}=[a, b, c, d, e, f]^{\mathrm{T}}$为待求的圆锥曲线参数向量；$\boldsymbol{z}=[x^2, y^2, xy, x, y, 1]^{\mathrm{T}}$为测量数据的运算组合向量，$F(\xi, z)$为测量数据$(x, y)$到圆锥曲线 $F(\xi, z)=0$ 的代数距离。圆锥曲线拟合时，一般选择测量数据到圆锥曲线代数距离的平方和最小为判断准则。当圆锥曲线满足条件(7.21)时，该圆锥曲线为椭圆曲线。

$$\varDelta=\begin{vmatrix} a & c/2 & d/2 \\ c/2 & b & e/2 \\ d/2 & e/2 & f \end{vmatrix}\neq 0,\delta=\begin{vmatrix} a & c/2 \\ c/2 & b \end{vmatrix}=ab-\frac{c^2}{4}>0 \tag{7.21}$$

经化简，判断二次曲线为椭圆条件为：$\varDelta\neq 0$ 且 $4ab-c^2>0$。由于当 $k\neq 0$ 时 $k\xi$ 和 ξ 表示同一圆锥曲线，对于 ξ 总可以寻找到一个特殊的 k 使得 $k^2(4ab-c^2)=1$。不失一般性，设 $4ab-c^2=1$。因此椭圆拟合问题就转化求解约束条件下的极值求解问题，即

$$\begin{cases} \min\limits_{\xi\in R^6}\left\|F(\boldsymbol{\xi},z_i)\right\|^2=\min\limits_{\xi\in R^6}\boldsymbol{\xi}^{\mathrm{T}}\boldsymbol{D}^{\mathrm{T}}\boldsymbol{D}\boldsymbol{\xi} \\ \text{s.t. } \boldsymbol{\xi}^{\mathrm{T}}\boldsymbol{C}\boldsymbol{\xi}=1 \end{cases} \tag{7.22}$$

其中：

$$\boldsymbol{D}=\begin{bmatrix} x_1^2 & x_1y_1 & y_1^2 & x_1 & y_1 & 1 \\ x_2^2 & x_2y_2 & y_2^2 & x_2 & y_2 & 1 \\ \vdots & \vdots & \vdots & \vdots & \vdots & \vdots \\ x_N^2 & x_Ny_N & y_N^2 & x_N & y_N & 1 \end{bmatrix}, \boldsymbol{C}=\left[\begin{array}{ccc|c} 0 & 2 & 0 & \\ 2 & 0 & 0 & \boldsymbol{0}_{3\times3} \\ 0 & 0 & -1 & \\ \hline & \boldsymbol{0}_{3\times3} & & \boldsymbol{0}_{3\times3} \end{array}\right]$$

根据求解条件极值的拉格朗日乘数法引入待定参数 λ，则满足式(7.23)时，可以取得约束条件下的极值。

$$\begin{cases} D^{\mathrm{T}}D\boldsymbol{\xi}=\lambda C\boldsymbol{\xi} \\ \boldsymbol{\xi}^{\mathrm{T}}C\boldsymbol{\xi}=1 \end{cases} \tag{7.23}$$

求解$(D^{\mathrm{T}}D, C)$的广义特征向量，获得 6 个实数解(λ_i, ξ_i)满足 $D^{\mathrm{T}}D\xi=\lambda C\xi$。由于$\|D\xi\|^2=\xi^{\mathrm{T}}D^{\mathrm{T}}D\xi=\lambda\xi^{\mathrm{T}}C\xi\geqslant0$，则满足 $\xi^{\mathrm{T}}C\xi=1$ 的特征值必然大于或等于零，即 $\lambda\geqslant0$。下面需要证明满足方程(7.23)的解的存在性，即在 6 个实数解(λ_i, ξ_i)中是否存在一个特征值 $\lambda\geqslant0$。

引理：当 $\boldsymbol{S}$ 是 n 维正定方阵，$\boldsymbol{C}$ 是 n 维对称方阵时，满足 $\boldsymbol{S\xi}=\lambda\boldsymbol{C\xi}$ 的广义特征值的符号与约束矩阵 $\boldsymbol{C}$ 的特征值的符号相同。

证明：设矩阵 $\boldsymbol{C}$ 的矩阵谱 $\sigma(\boldsymbol{C})$为其特征值集合，矩阵谱 $\sigma(\boldsymbol{S}, \boldsymbol{C})$为 $\boldsymbol{S\xi}=\lambda\boldsymbol{C\xi}$ 的广义特征值集合。定义矩阵惯量 $I(\boldsymbol{C})$为矩阵谱 $\sigma(\boldsymbol{C})$的符号集合，矩阵惯量 $I(\boldsymbol{S}, \boldsymbol{C})$为矩阵谱 $\sigma(\boldsymbol{S}, \boldsymbol{C})$的符号集合。因此引理等价为：$I(\boldsymbol{S}, \boldsymbol{C})=I(\boldsymbol{C})$。

$\boldsymbol{S}$ 矩阵为正定矩阵，可以分解为对称矩阵 $\boldsymbol{Q}$ 的乘积，即 $\boldsymbol{S}=\boldsymbol{Q}^{\mathrm{T}}\boldsymbol{Q}=\boldsymbol{Q}^2$。

令 $\boldsymbol{\eta}=Q\xi$，则

$$S\boldsymbol{\xi}=\lambda C\boldsymbol{\xi}\Rightarrow Q^2\boldsymbol{\xi}=\lambda C\boldsymbol{\xi}\Rightarrow Q\boldsymbol{\eta}=\lambda CQ^{-1}\boldsymbol{\eta}\Rightarrow\boldsymbol{\eta}=\lambda Q^{-1}CQ^{-1}\boldsymbol{\eta}\Rightarrow\left(Q^{-1}CQ^{-1}\right)^{-1}\boldsymbol{\eta}=\lambda\boldsymbol{\eta}$$

$$\sigma(S,C)=\sigma\left[\left(Q^{-1}CQ^{-1}\right)^{-1}\right]$$

$$I(S,C)=I\left(Q^{-1}CQ^{-1}\right)$$

根据 Sylvester 的惯量定理：对于任一对称的非奇异矩阵 $\boldsymbol{A}$，有 $I(\boldsymbol{B})=I(\boldsymbol{ABA})$。

因此，$I(S,C)=I(Q^{-1}CQ^{-1})=I(C)$。（证毕）

定理：带有椭圆约束条件 $4ab-c^2>0$ 的圆锥曲线拟合问题的解，就是 $S\xi=\lambda C\xi$ 广义特征值中唯一的正特征值所对应的特征向量。

证明：因为

$$\boldsymbol{C}=\left[\begin{array}{ccc|c} 0 & 2 & 0 & \\ 2 & 0 & 0 & \boldsymbol{0}_{3\times3} \\ 0 & 0 & -1 & \\ \hline & \boldsymbol{0}_{3\times3} & & \boldsymbol{0}_{3\times3} \end{array}\right] \tag{7.24}$$

其特征值为{-1，-2，2，0，0，0}。

对于任一非零向量 ξ，有$\|\boldsymbol{D}\xi\|^2=\xi^{\mathrm{T}}\boldsymbol{D}^{\mathrm{T}}\boldsymbol{D}\xi>0$，所以 $\boldsymbol{S}=\boldsymbol{D}^{\mathrm{T}}\boldsymbol{D}$ 为正定实矩阵。由引理可得，在 $\boldsymbol{S}\xi=\lambda\boldsymbol{C}\xi$ 的广义特征值中存在且仅有一个正特征值 $\lambda_i>0$，对应的特征向量为 ξ_i。因此总存在一个常数 k，使得 $\boldsymbol{\eta}=k\xi_i$，满足 $\boldsymbol{\eta}^{\mathrm{T}}C\boldsymbol{\eta}=1$。

含约束条件的问题具有最小值，该最小值应满足式(7.23)。因此 $\boldsymbol{\eta}=k\xi$ 即为测量数据到圆锥曲线代数距离的平方和最小意义下的最佳拟合椭圆的系数。（证毕）

综上所述，基于椭圆约束的最小二乘法拟合椭圆的方法为：首先根据地磁传感器的

观测数据 $H^{m}_{\mathrm{obs},x}$、$H^{m}_{\mathrm{obs},y}$ 构建 $\boldsymbol{D}$ 矩阵，然后求得$(\boldsymbol{D}^{\mathrm{T}}\boldsymbol{D}, \boldsymbol{C})$的 6 个广义特征值和广义特征向量 $(\lambda_i, \xi_i)(i=1, 2, \cdots, 6)$，这 6 个广义特征值中有且仅有一个正特征值 $\lambda_i>0$，相应的特征向量 ξ_i 为测量数据到圆锥曲线代数距离的平方和最小意义下的最佳拟合椭圆的系数。

7.3.2 数值稳定的带椭圆约束的最小二乘算法

在理论上可以证明采用基于椭圆约束的最小二乘法拟合所得椭圆为测量数据到圆锥曲线代数距离的平方和最小意义下的最佳拟合椭圆，避免的迭代运算极大地减少了拟合运算量和算法的复杂度，但是实际算法实现时存在计算误差，造成了该算法在以下方面的不足：

（1）矩阵 $\boldsymbol{C}$ 是奇异矩阵，且矩阵 $\boldsymbol{D}^{\mathrm{T}}\boldsymbol{D}$ 也是接近奇异的（当所有数据点均位于椭圆上时，$\boldsymbol{D}^{\mathrm{T}}\boldsymbol{D}$ 是奇异的）。因此，广义特征向量计算是数值不稳定的，可能产生错误结果（无限大或复数）。

（2）该算法可能获得一个局部最优解，而不能保证获得全局最优解。Fitzgibbon 的文章证明了方程(7.23)有一个精确的正特征值，相应的特征向量就是问题的最优解。在理想情况下，当所有数据点均位于椭圆上时特征值为 0，然而考虑数值计算精度，最优解甚至可能是一个很小的复数。在这种情况下，取最小的正特征值获得的是非最优解或复数解。因此，需要寻找一个数值稳定的带椭圆约束的最小二乘方法。下面通过分析矩阵 $\boldsymbol{C}$ 和 $\boldsymbol{D}$ 的特点来进一步优化算法。

将矩阵 $\boldsymbol{D}$ 分解为二次系数和线性系数两部分：

$$\boldsymbol{D}=\left[\boldsymbol{D}_1 \mid \boldsymbol{D}_2\right], \boldsymbol{D}_1=\begin{bmatrix} x_1^2 & x_1y_1 & y_1^2 \\ x_2^2 & x_2y_2 & y_2^2 \\ \vdots & \vdots & \vdots \\ x_N^2 & x_Ny_N & y_N^2 \end{bmatrix}, \boldsymbol{D}_2=\begin{bmatrix} x_1 & y_1 & 1 \\ x_2 & y_2 & 1 \\ \vdots & \vdots & \vdots \\ x_N & y_N & 1 \end{bmatrix} \tag{7.25}$$

因此散布矩阵 S 为

$$\boldsymbol{S}=\boldsymbol{D}^{\mathrm{T}}\boldsymbol{D}=\left[\begin{array}{c|c} \boldsymbol{S}_1 & \boldsymbol{S}_2 \\ \hline \boldsymbol{S}_2^{\mathrm{T}} & \boldsymbol{S}_3 \end{array}\right]=\left[\begin{array}{c|c} \boldsymbol{D}_1^{\mathrm{T}}\boldsymbol{D}_1 & \boldsymbol{D}_1^{\mathrm{T}}\boldsymbol{D}_2 \\ \hline \boldsymbol{D}_2^{\mathrm{T}}\boldsymbol{D}_1 & \boldsymbol{D}_2^{\mathrm{T}}\boldsymbol{D}_2 \end{array}\right]=\left[\begin{array}{ccc|ccc} S_{x^4} & S_{x^3y} & S_{x^2y^2} & S_{x^3} & S_{x^2y} & S_{x^2} \\ S_{x^3y} & S_{x^2y^2} & S_{xy^3} & S_{x^2y} & S_{xy^2} & S_{xy} \\ S_{x^2y^2} & S_{xy^3} & S_{y^4} & S_{xy^2} & S_{y^3} & S_{y^2} \\ \hline S_{x^3} & S_{x^2y} & S_{xy^2} & S_{x^2} & S_{xy} & S_{x} \\ S_{x^2y} & S_{xy^2} & S_{y^3} & S_{xy} & S_{y^2} & S_{y} \\ S_{x^2} & S_{xy} & S_{y^2} & S_{x} & S_{y} & S_{1} \end{array}\right] \tag{7.26}$$

类似的，约束矩阵 $\boldsymbol{C}$ 和圆锥曲线参数向量 $\boldsymbol{\xi}=[a, b, c, d, e, f]^{\mathrm{T}}$ 做相同的分解：

$$\begin{cases} \boldsymbol{C}=\left[\begin{array}{c|c} \boldsymbol{C}_1 & \boldsymbol{0}_{3\times3} \\ \hline \boldsymbol{0}_{3\times3} & \boldsymbol{0}_{3\times3} \end{array}\right]=\left[\begin{array}{ccc|c} 0 & 0 & 2 & \\ 0 & -1 & 0 & \boldsymbol{0}_{3\times3} \\ 2 & 0 & 0 & \\ \hline & \boldsymbol{0}_{3\times3} & & \boldsymbol{0}_{3\times3} \end{array}\right] \\ \boldsymbol{\xi}=\begin{bmatrix} \boldsymbol{\xi}_1 \\ \boldsymbol{\xi}_2 \end{bmatrix}, \boldsymbol{\xi}_1=\begin{bmatrix} a & b & c \end{bmatrix}^{\mathrm{T}}, \boldsymbol{\xi}_2=\begin{bmatrix} d & e & f \end{bmatrix}^{\mathrm{T}} \end{cases} \tag{7.27}$$

因此式(7.23)可写为

$$\begin{cases}\left[\begin{array}{c|c}S_1 & S_2\\ \hline S_2^{\mathrm{T}} & S_3\end{array}\right]\left[\begin{array}{c}\boldsymbol{\xi}_1\\ \hline \boldsymbol{\xi}_2\end{array}\right]=\lambda\left[\begin{array}{c|c}C_1 & \mathbf{0}_{3\times3}\\ \hline \mathbf{0}_{3\times3} & \mathbf{0}_{3\times3}\end{array}\right]\left[\begin{array}{c}\boldsymbol{\xi}_1\\ \hline \boldsymbol{\xi}_2\end{array}\right]\\ \left[\begin{array}{c|c}\boldsymbol{\xi}_1^{\mathrm{T}} & \boldsymbol{\xi}_2^{\mathrm{T}}\end{array}\right]\left[\begin{array}{c|c}C_1 & \mathbf{0}_{3\times3}\\ \hline \mathbf{0}_{3\times3} & \mathbf{0}_{3\times3}\end{array}\right]\left[\begin{array}{c}\boldsymbol{\xi}_1\\ \hline \boldsymbol{\xi}_2\end{array}\right]=\boldsymbol{\xi}_1^{\mathrm{T}}C_1\boldsymbol{\xi}_1=1\end{cases}\tag{7.28}$$

式(7.28)可以分解为

$$\begin{cases}S_1\boldsymbol{\xi}_1+S_2\boldsymbol{\xi}_2=\lambda C_1\boldsymbol{\xi}_1\\ S_2^T\boldsymbol{\xi}_1+S_3\boldsymbol{\xi}_2=0\end{cases}\tag{7.29}$$

由于 S_3 是直线拟合的散布矩阵，当且仅当所有数据点均位于直线上时，该散布矩阵 S_3 为奇异矩阵。在这种情况下椭圆拟合没有真正的解。其他情况下 S_3 为非奇异矩阵，因此有

$$\xi_2=-\boldsymbol{S}_3^{-1}\boldsymbol{S}_2^{\mathrm{T}}\xi_1\tag{7.30}$$

因此式(7.29)中的第一式可写为

$$\begin{aligned}(\boldsymbol{S}_1-\boldsymbol{S}_2\boldsymbol{S}_3^{-1}\boldsymbol{S}_2^{\mathrm{T}})\xi_1&=\lambda\boldsymbol{C}_1\xi_1\\ \boldsymbol{C}_1^{-1}(\boldsymbol{S}_1-\boldsymbol{S}_2\boldsymbol{S}_3^{-1}\boldsymbol{S}_2^{\mathrm{T}})\xi_1&=\lambda\boldsymbol{\xi}_1\end{aligned}\tag{7.31}$$

综上所述，改进的直接最小二乘椭圆拟合方法可以表述为

$$\begin{cases}\boldsymbol{M}=\boldsymbol{C}_1^{-1}(\boldsymbol{S}_1-\boldsymbol{S}_2\boldsymbol{S}_3^{-1}\boldsymbol{S}_2^{\mathrm{T}})\\ \boldsymbol{M}\xi_1=\lambda\boldsymbol{\xi}_1\\ k=\sqrt{1/(\xi_1^{\mathrm{T}}\boldsymbol{C}_1\xi_1)}\\ \boldsymbol{\eta}_1=k\boldsymbol{\xi}_1\\ \boldsymbol{\eta}_2=-\boldsymbol{S}_3^{-1}\boldsymbol{S}_2^{\mathrm{T}}\boldsymbol{\eta}_1\\ \boldsymbol{\eta}=\begin{bmatrix}\boldsymbol{\eta}_1\\ \boldsymbol{\eta}_2\end{bmatrix}\end{cases}\tag{7.32}$$

求解特征向量，获得 3 个实数解(λ_i, ξ_i)，选择最小非负的特征值 λ 对应的特征向量为 ξ。该向量即为测量数据到圆锥曲线代数距离的平方和最小意义下最佳拟合椭圆的系数。

7.3.3　水平状态下二维误差标定及自动磁补偿

带椭圆约束的最小二乘法获得的最佳拟合椭圆曲线可整理为向量表示形式 $(\boldsymbol{X}-\boldsymbol{X}_0)^{\mathrm{T}}\boldsymbol{A}(\boldsymbol{X}-\boldsymbol{X}_0)=1$，展开可得

$$\boldsymbol{X}^{\mathrm{T}}\boldsymbol{A}\boldsymbol{X}-2\boldsymbol{X}_0^{\mathrm{T}}\boldsymbol{A}\boldsymbol{X}+\boldsymbol{X}_0^{\mathrm{T}}\boldsymbol{X}_0=1\tag{7.33}$$

式中：$\boldsymbol{A}=\begin{bmatrix}a & b/2\\ b/2 & c\end{bmatrix}$为与椭圆长短半轴及椭圆旋转角度有关的矩阵；$\boldsymbol{X}_0=-\dfrac{1}{2}\boldsymbol{A}^{-1}\begin{bmatrix}d\\ e\end{bmatrix}$为椭圆的中心点坐标。

与式(7.19)比对可以得出

$$\begin{cases}\dfrac{\boldsymbol{M}_{xy}^{\mathrm{T}}\boldsymbol{M}_{xy}}{\left\|\boldsymbol{H}_{e,xy}^{b}\right\|^{2}}=\boldsymbol{A}\\ \dfrac{\boldsymbol{M}_{xy}^{\mathrm{T}}\boldsymbol{M}_{xy}\boldsymbol{H}_{0,xy}+\boldsymbol{M}_{xy}^{\mathrm{T}}\boldsymbol{H}_{p,xy}^{b}}{\left\|\boldsymbol{H}_{e,xy}^{b}\right\|^{2}}=\boldsymbol{A}\boldsymbol{X}_{0}\end{cases} \tag{7.34}$$

在载体上安装磁传感器时，尽量选择使软磁材料对称分布的位置。此时感应磁场系数矩阵 $\boldsymbol{C}_i$ 为实对称矩阵，因此 $\boldsymbol{M}_{xy}$ 也为实对称矩阵。将对称矩阵 $\boldsymbol{A}$ 进行 SVD 分解，可得 $\boldsymbol{A}=\boldsymbol{U}\boldsymbol{A}_1\boldsymbol{U}^{\mathrm{T}}$，其中 $\boldsymbol{U}$ 为正交矩阵，$\boldsymbol{A}_1$ 为 $\boldsymbol{A}$ 的特征值组成的对角阵。由于 $\boldsymbol{A}$ 为正定矩阵，其特征值均大于零，$\boldsymbol{A}_1$ 的对角线元素均大于零。因此矩阵 $\boldsymbol{M}_{xy}$ 相应奇异值所组成对角阵为

$$\boldsymbol{\varDelta}=\left\|\boldsymbol{H}_{e,xy}^{b}\right\|\sqrt{\boldsymbol{A}_1} \tag{7.35}$$

根据矩阵奇异值分解理论，矩阵 $\boldsymbol{M}_{xy}$ 可写为

$$\boldsymbol{M}_{xy}=\boldsymbol{U}\Delta\boldsymbol{U}^{\mathrm{T}}=\left\|\boldsymbol{H}_{e,xy}^{b}\right\|U\sqrt{\boldsymbol{A}_1}\boldsymbol{U}^{\mathrm{T}} \tag{7.36}$$

进而可以标定出载体磁场中的感应磁场系数和固定磁场系数：

$$\begin{cases}\hat{\boldsymbol{C}}_{i,xy}=\left[\boldsymbol{K}_{s,xy}\boldsymbol{K}_{n,xy}\boldsymbol{K}_{m,xy}\right]^{-1}\boldsymbol{M}_{xy}^{-1}-\boldsymbol{I}_{2\times 2}\\ \hat{\boldsymbol{H}}_{p,xy}^{b}=\left\|\boldsymbol{H}_{e,xy}^{b}\right\|^{2}\boldsymbol{M}_{xy}^{-1}\boldsymbol{A}\boldsymbol{X}_{0}-\boldsymbol{M}_{xy}\boldsymbol{H}_{0,xy}\end{cases} \tag{7.37}$$

在标定了载体磁场参数后，将估计的固定磁场向量 $\hat{\boldsymbol{H}}_{p,xy}^{b}$ 和感应磁场系数 $\hat{\boldsymbol{C}}_{i,xy}$ 代入式(7.18)，求得地磁场在载体坐标系 xy 轴上的投影向量 $\boldsymbol{H}_{e,xy}^{b}$ 即可实现载体磁场的实时补偿。

7.4 基于椭球拟合的三维载体磁场标定及自补偿技术研究

基于椭圆拟合的载体磁场标定及自补偿方法适用于飞行器水平航行时对捷联式三轴磁传感器的 xy 轴磁测数据进行标定和补偿，但还存在以下不足：

（1）该标定及自补偿方法只是针对于捷联式三轴磁传感器的 x、y 轴磁测数据进行了标定和补偿，确保了地磁场北向分量 X、东向分量 Y、水平磁场强度 H 和磁航向角的测量精度，而没有对 z 测量轴的数据进行标定和补偿，得不到较为精确的地向分量 Z、地磁场总强度 F 的测量数据，因而限制了该方法的应用。

（2）该标定及自补偿方法要求在标定和补偿过程中，飞行器都要保持水平航向。但在实际飞行中，飞行器受到气流等各种干扰因素的影响不能确保飞行器的俯仰角和横滚角恒为零，从而影响了磁测误差标定及补偿的精度。

因此，需要将基于椭圆拟合的二维载体磁场标定及自补偿方法推广到三维空间中，研究当飞行器在空间中各种姿态机动（航向角、俯仰角和横滚角均发生变化）时的载体磁场标定和自补偿技术，以实现三轴磁传感器的 x、y、z 轴磁测数据的全补偿。

7.4.1 基于椭球约束的最小二乘法

根据 7.2.3 节的分析，当载体在某一固定位置或地磁场变化较小的地域作各种姿态

机动时，捷联式三轴磁传感器的量测数据 $\boldsymbol{H}_{\text{obs}}^{m}$ 的三分量 $\left(H_{\text{obs},x}^{m}, H_{\text{obs},y}^{m}, H_{\text{obs},z}^{m}\right)$ 必满足一个二次型椭球曲面方程。因此要实现载体磁场的三维标定，首先需要对三维磁测数据进行椭球拟合。

与基于椭圆约束的最小二乘法类似，采用最小二乘法进行椭球拟合的本质就是寻找一组椭球参数，使得测量数据与拟合椭球间的距离在某种意义下达到最小。椭球是一种特殊的二次曲面，设该二次曲面的方程为

$$F(\boldsymbol{\xi}, \boldsymbol{z}) = \boldsymbol{\xi}^{\mathrm{T}} \boldsymbol{z} = ax^2 + by^2 + cz^2 + 2dxy + 2exz + 2fyz + 2px + 2qy + 2rz + g = 0 \tag{7.38}$$

式中：$\boldsymbol{\xi} = [a, b, c, d, e, f, p, q, r, g]^{\mathrm{T}}$ 为待求的二次曲面参数向量；$\boldsymbol{z} = [x^2, y^2, z^2, 2xy, 2xz, 2yz, 2x, 2y, 2z, 1]^{\mathrm{T}}$ 为测量数据的运算组合向量，$F(\xi, z)$为测量数据(x, y, z)到二次曲面 $F(\xi, z)=0$ 的代数距离。二次曲面拟合时，一般选择测量数据到二次曲面代数距离的平方和最小为判断准则，即

$$\min_{\xi \in R^6} \left\| F(\boldsymbol{\xi}, z_i) \right\|^2 = \min_{\xi \in R^6} \boldsymbol{\xi}^{\mathrm{T}} \boldsymbol{D}^{\mathrm{T}} \boldsymbol{D} \boldsymbol{\xi} \tag{7.39}$$

式中：$\boldsymbol{D} = \begin{bmatrix} x_1^2 & y_1^2 & z_1^2 & 2x_1y_1 & 2x_1z_1 & 2y_1z_1 & 2x_1 & 2y_1 & 2z_1 & 1 \\ x_2^2 & y_2^2 & z_2^2 & 2x_2y_2 & 2x_2z_2 & 2y_2z_2 & 2x_2 & 2y_2 & 2z_2 & 1 \\ \vdots & \vdots & \vdots & \vdots & \vdots & \vdots & \vdots & \vdots & \vdots & \vdots \\ x_N^2 & y_N^2 & z_N^2 & 2x_Ny_N & 2x_Nz_N & 2y_Nz_N & 2x_N & 2y_N & 2z_N & 1 \end{bmatrix}$。

由判定准则(7.39)所得到的二次曲面参数并不能保证该二次曲面为一椭球体，因此下面分析二次曲面为椭球体的条件，以此作为判定准则(7.39)的椭球约束条件，再进行曲面拟合，便可获得测量数据到二次椭球面代数距离平方和最小意义下的最佳椭球拟合参数。

根据解析几何理论，三元二次方程方程(7.38)关于旋转和平移坐标变化的不变量有

$$\begin{cases} I = a + b + c \\ J = ab + bc + ac - d^2 - e^2 - f^2 \\ K = \begin{vmatrix} a & d & e \\ d & b & f \\ e & f & c \end{vmatrix} \\ L = \begin{vmatrix} a & d & e & p \\ d & b & f & q \\ e & f & c & r \\ p & q & r & g \end{vmatrix} \end{cases} \tag{7.40}$$

定理 1：当满足式(7.41)时，三元二次方程(7.38)表示的二次曲面为一个实椭球曲面。

$$\begin{cases} I \neq 0 \\ J > 0 \\ I \times K > 0 \\ L < 0 \end{cases} \tag{7.41}$$

椭球约束条件比较复杂，需要寻找一个类似于椭圆约束的较为的简单约束等式，以便于将椭圆约束的最小二乘方法推广到三维的椭球约束的最小二乘方法。

定理 2：当满足 $4J - I^2 > 0$ 时，三元二次方程(7.38)所表示的二次曲面必为一个椭球。

而当椭球的短半轴大于或等于长半轴的二分之一时，$4J-I^2>0$ 成立。

定理 3：对于任意椭球体有 $J>0$，总存在一个正数 α_0，使得对于任给的正数 $k>\alpha_0$ 都满足 $kJ-I^2>0$。

推论：对于任意椭球体有 $J>0$，总存在一个正数 $k>\alpha_0$ 满足 $kJ-I^2=1$。

定理 4：对于三元二次方程(7.38)，必有 $3J-I^2\leqslant 0$；当且仅当三元二次方程(7.38)表示的二次曲面为球体时，等式成立。

可以看出：定理 1 给定了二次曲线为椭球的判定条件，但比较复杂，不便于推导带椭球约束的最小二乘方法；定理 2 给出了二次曲面为一个椭球的充分条件：$4J-I^2>0$；而定理 3 给出了二次曲面为一个椭球的必要条件：总存在一个正数 α_0，使得对于任给的正数 $k_0>\alpha$ 都满足 $kJ-I^2>0$；推论则将二次曲面为一个椭球的必要条件转化为一个等式：总存在一个正数 $k>\alpha_0$ 满足 $kJ-I^2=1$；定理 4 指出了二次曲线为椭球的 k 值下界，即 $k\geqslant 3$。

由于 $4J-I^2>0$ 只是二次曲面为一个椭球的充分条件而不是必要条件，由该约束条件进行椭球拟合获得的椭球参数仅是在一个椭球子集（短半轴大于或等于长半轴的 1/2 的椭球）中达到距离平方和最小，而不是在所有椭球中达到最佳。当三维散点数据位于近似圆球的椭球上时，由约束条件 $4J-I^2>0$ 进行椭球拟合获得的椭球参数可以获得理想的拟合结果，而当三维散点数据位于长条状或扁平状椭球体上时，采用该约束条件进行拟合只能获得 $4J-I^2>0$ 限定的椭球子集中的最佳拟合，从而导致较大的拟合误差。因此应该考虑放大 $4J-I^2>0$ 所限定的椭球子集，在更大椭球子集中寻求最佳拟合。

令约束条件为 $kJ-I^2>0$，其中 $k\geqslant 4$。而椭球的必要条件之一为 $J>0$，因此约束条件 $kJ-I^2>0(k\geqslant 4)$所限定的二次曲面子集必然包括 $4J-I^2>0$ 限定的椭球子集。但当 $k>4$ 时，不能保证所限定的二次曲面子集中均为椭球体，因此在该约束条件下的最佳二次拟合曲面也不能保证为椭球体。注意到：当 $k_1>k_2$ 时，满足 $k_2J-I^2>0$ 约束的二次曲面必然满足 $k_1J-I^2>0$ 约束，约束条件 $k_1J-I^2>0$ 所限定的二次曲面子集必包含约束条件 $k_2J-I^2>0$ 所限定的二次曲面子集。即 k 越大，$kJ-I^2>0$ 所限定的二次曲面子集越大。因此总存在一个大于 4 的正数 k_{max}，对于任给的 $3\leqslant k\leqslant k_{max}$，满足约束条件 $kJ-I^2>0$ 下的拟合均可保证最佳拟合曲面为椭球。由此需要寻找 k_{max}，使得在约束条件 $k_{max}J-I^2>0$ 下的二次曲面拟合既确保了拟合二次曲面为椭球面，又保证了该椭球面是最大的椭球限定子集中的最佳拟合。

1. 椭球搜索策略

根据以上分析，三维散点数据椭球拟合时需要寻找 k_{max}，以确保在最大的椭球限定子集进行最佳椭球面的拟合。可采用多种搜索策略求得 k_{max}，较为简单的有以下两种：

（1）k 从 4 开始逐步向上搜索：以 Δk 为步长逐步增大 k 值，进行约束条件 $kJ-I^2>0$ 下的椭球拟合，直到拟合曲面不再是椭球为止，从而可以得到 k_{max}。

（2）k 从一个较大的正数开始向下搜索：以 Δk 为步长逐步减小 k 值，进行约束条件 $kJ-I^2>0$ 下的二次曲面拟合，直到拟合曲面是椭球为止，从而可以得到 k_{max}。

若步长 Δk 较小时，搜索速度较慢，需要进行多次曲面拟合计算，从而增加了椭球拟合的运算量；若步长 Δk 较大时，虽然减少了计算量，但搜索到的 k_{max} 误差较大。因此可以采用二分法进行 k_{max} 的搜索。按照二分查找法制定搜索策略如下：

①设置 k 值的初值 k_1 为一个较大的正数。

② 设定搜索区间为$[a, b]$，其中 $a=4$，$b=k_1$；搜索区间长度的最小阈值 δ。

③ 以 $k_1J-I^2>0$ 为约束条件进行二次曲面拟合。

④ 判断该二次曲面拟合参数是否为椭球，若该拟合参数表示的二次曲面为椭球，则表明在设定的最大椭球子集中拟合得到最佳椭球，拟合成功；否则，开始搜索 $k_{\max}$，搜索次数 n=1。进入⑤ 。

⑤ 令 $k_{n+1}=(a+b)/2$，以 $k_{n+1}J-I^2>0$ 为约束条件进行二次曲面拟合。

⑥ 判断该二次曲面拟合参数是否为椭球，若该拟合参数表示的二次曲面为椭球，则 $a=k_{n+1}$，b 不变；否则该拟合参数表示的二次曲面不是椭球，则 a 不变，$b=k_{n+1}$。$n=n+1$。

⑦ 若搜索区间长度 $b-a$ 大于最小阈值 δ，转入⑤ 继续搜索，否则转入⑧ 。

⑧ 搜索得到 $k_{\max}=a$，精度为 δ。

⑨ 以 $k_1J-I^2>0$ 为约束条件进行二次曲面拟合即可获得最大椭圆约束子集中的最佳拟合椭圆。

2. 带约束条件 $kJ-I^2$ 的二次曲面拟合

在二分查找法搜索 $k_{\max}$ 的过程中，需要以 $kJ-I^2>0$ 为约束条件进行二次曲面拟合。与带椭圆约束的最小二乘法类似，由于当 $\beta\neq0$ 时 $\beta\boldsymbol{\xi}$ 和 $\boldsymbol{\xi}$ 表示同一椭球曲线，对于 $\boldsymbol{\xi}$ 总可以寻找到一个特殊的 β 使得 $\beta^2(kJ-I^2)=1$。不失一般性，设 $kJ-I^2=1$。因此椭球拟合问题就转化求解约束条件下的极值求解问题，即

$$\begin{cases}\min\limits_{\xi\in R^6}\left\|F(\boldsymbol{\xi},\boldsymbol{z}_i)\right\|^2=\min\limits_{\xi\in R^6}\boldsymbol{\xi}^{\mathrm{T}}\boldsymbol{D}^{\mathrm{T}}\boldsymbol{D}\boldsymbol{\xi}\\ \text{s.t. } k\boldsymbol{J}-\boldsymbol{I}^2=1\end{cases}\tag{7.42}$$

将约束条件 $k\boldsymbol{J}-\boldsymbol{I}^2=1$ 写为矩阵形式：

$$\begin{cases}\boldsymbol{\xi}^{\mathrm{T}}\boldsymbol{C}\boldsymbol{\xi}=1\\ \boldsymbol{C}=\left[\begin{array}{c|c}\boldsymbol{C}_1 & \boldsymbol{0}_{6\times4}\\ \hline \boldsymbol{0}_{4\times6} & \boldsymbol{0}_{4\times4}\end{array}\right],\boldsymbol{C}_1=\left[\begin{array}{ccc|c}-1 & k/2-1 & k/2-1 & \\ k/2-1 & -1 & k/2-1 & \boldsymbol{0}_{3\times3}\\ k/2-1 & k/2-1 & -1 & \\ \hline & \boldsymbol{0}_{3\times3} & & -k\boldsymbol{I}_{3\times3}\end{array}\right]\end{cases}\tag{7.43}$$

根据求解条件极值的拉格朗日乘数法引入待定参数 λ，则满足式(7.42)时，可以取得约束条件下的极值。

$$\begin{cases}\boldsymbol{D}^{\mathrm{T}}\boldsymbol{D}\boldsymbol{\xi}=\lambda\boldsymbol{C}\boldsymbol{\xi}\\ \boldsymbol{\xi}^{\mathrm{T}}\boldsymbol{C}\boldsymbol{\xi}=1\end{cases}\tag{7.44}$$

由于$\|D\xi\|^2=\boldsymbol{\xi}^{\mathrm{T}}D^{\mathrm{T}}D\boldsymbol{\xi}=\lambda\boldsymbol{\xi}^{\mathrm{T}}C\boldsymbol{\xi}\geqslant0$，则满足 $\boldsymbol{\xi}^{\mathrm{T}}C\boldsymbol{\xi}=1$ 的特征值必然大于或等于零，即 $\lambda\geqslant0$。因为矩阵 $\boldsymbol{C}$ 的 10 个特征值为$\{k-3, -k/2, -k/2, -k, -k, -k, 0, 0, 0, 0\}$，因此当 $k\geqslant3$ 时，$D^{\mathrm{T}}D\boldsymbol{\xi}=\lambda C\boldsymbol{\xi}$ 的广义特征值中有且仅有一个特征根大于或等于 0，相应的特征向量即为最佳拟合二次曲面的参数。

与数值稳定的带椭圆约束的最小二乘法相类似，将矩阵 $\boldsymbol{D}$ 分解为二次项系数和线性系数两部分

$$\begin{cases} \boldsymbol{D}=\left[\boldsymbol{D}_1 \mid \boldsymbol{D}_2\right] \\ \boldsymbol{D}_1=\begin{bmatrix} x_1^2 & y_1^2 & z_1^2 & 2x_1y_1 & 2x_1z_1 & 2y_1z_1 \\ x_2^2 & y_2^2 & z_2^2 & 2x_2y_2 & 2x_2z_2 & 2y_2z_2 \\ \vdots & \vdots & \vdots & \vdots & \vdots & \vdots \\ x_N^2 & y_N^2 & z_N^2 & 2x_Ny_N & 2x_Nz_N & 2y_Nz_N \end{bmatrix}, \boldsymbol{D}_2=\begin{bmatrix} 2x_1 & 2y_1 & 2z_1 & 1 \\ 2x_2 & 2y_2 & 2z_2 & 1 \\ \vdots & \vdots & \vdots & \vdots \\ 2x_N & 2y_N & 2z_N & 1 \end{bmatrix} \end{cases} \tag{7.45}$$

相应的将散布矩阵 S 和参数向量 ξ 同样的分解，得

$$\begin{cases} \boldsymbol{S}=\boldsymbol{D}^{\mathrm{T}}\boldsymbol{D}=\left[\begin{array}{c|c} \boldsymbol{S}_{11} & \boldsymbol{S}_{12} \\ \hline \boldsymbol{S}_{12}^{T} & \boldsymbol{S}_{22} \end{array}\right] \\ \boldsymbol{S}_{11}=\boldsymbol{D}_1^{\mathrm{T}}\boldsymbol{D}_1, \boldsymbol{S}_{12}=\boldsymbol{D}_1^{\mathrm{T}}\boldsymbol{D}_2, \boldsymbol{S}_{22}=\boldsymbol{D}_2^{\mathrm{T}}\boldsymbol{D}_2 \end{cases} \tag{7.46}$$

$$\boldsymbol{\xi}=\left[\begin{array}{c} \boldsymbol{\xi}_1 \\ \hline \boldsymbol{\xi}_2 \end{array}\right], \boldsymbol{\xi}_1=\begin{bmatrix} a & b & c & d & e & f \end{bmatrix}^{\mathrm{T}}, \boldsymbol{\xi}_2=\begin{bmatrix} p & q & r & g \end{bmatrix}^{\mathrm{T}} \tag{7.47}$$

将 $\boldsymbol{D}^{\mathrm{T}}\boldsymbol{D}\boldsymbol{\xi}=\lambda\boldsymbol{C}\boldsymbol{\xi}$ 展开可得

$$\begin{cases} \boldsymbol{S}_{11}\boldsymbol{\xi}_1+\boldsymbol{S}_{12}\boldsymbol{\xi}_2=\lambda\boldsymbol{C}_1\boldsymbol{\xi}_1 \\ \boldsymbol{S}_{12}^{\mathrm{T}}\boldsymbol{\xi}_1+\boldsymbol{S}_{22}\boldsymbol{\xi}_2=0 \end{cases} \tag{7.48}$$

由于 $\boldsymbol{S}_{22}$ 是平面拟合的散布矩阵，当且仅当所有数据点均位于平面上时，该散布矩阵 $\boldsymbol{S}_{22}$ 为奇异矩阵。在这种情况下椭圆拟合没有真正的解。其他情况下 $\boldsymbol{S}_{22}$ 为非奇异正定矩阵，因此有

$$\boldsymbol{\xi}_2=-\boldsymbol{S}_{22}^{-1}\boldsymbol{S}_{12}^{\mathrm{T}}\boldsymbol{\xi}_1 \tag{7.49}$$

因此式(7.48)中的第一式可写为

$$(\boldsymbol{S}_{11}-\boldsymbol{S}_{12}\boldsymbol{S}_{22}^{-1}\boldsymbol{S}_{12}^{\mathrm{T}})\boldsymbol{\xi}_1=\lambda\boldsymbol{C}_1\boldsymbol{\xi}_1 \tag{7.50}$$

由于 $\boldsymbol{C}_1$ 为非奇异矩阵，则可整理得

$$\boldsymbol{C}_1^{-1}(\boldsymbol{S}_{11}-\boldsymbol{S}_{12}\boldsymbol{S}_{22}^{-1}\boldsymbol{S}_{12}^{\mathrm{T}})\boldsymbol{\xi}_1=\lambda\boldsymbol{\xi}_1 \tag{7.51}$$

求矩阵 $\boldsymbol{C}_1^{-1}(\boldsymbol{S}_{11}-\boldsymbol{S}_{12}\boldsymbol{S}_{22}^{-1}\boldsymbol{S}_{12}^{\mathrm{T}})$ 的特征值和特征向量$(\lambda_{1,i}, \xi_{1,i})$$(i$=1，2，…，6)，根据 6.3.1 节的定理可知，特征值中有且仅有一个特征值大于 0，由该特征值根据式(7.49)、式(7.47)可求出相应的特征向量 ξ，ξ 即为以 $kJ-I^2>0$ 为约束条件的最佳二次曲面参数。

7.4.2 姿态机动下三维误差标定及自动磁补偿

带椭球约束的最小二乘法获得的椭球曲线可整理为向量形式：$(\boldsymbol{X}-\boldsymbol{X}_0)^{\mathrm{T}}\boldsymbol{A}(\boldsymbol{X}-\boldsymbol{X}_0)=1$，展开可得

$$\boldsymbol{X}^{\mathrm{T}}\boldsymbol{A}\boldsymbol{X}-2\boldsymbol{X}_0^{\mathrm{T}}\boldsymbol{A}\boldsymbol{X}+\boldsymbol{X}_0^{\mathrm{T}}\boldsymbol{X}_0=1 \tag{7.52}$$

式中：$\boldsymbol{A}=\begin{bmatrix} a & d & e \\ d & b & f \\ e & f & c \end{bmatrix}$是与椭球三个半轴及椭球旋转角度有关的矩阵；$X_0=-A^{-1}\begin{bmatrix} p \\ q \\ r \end{bmatrix}$为椭圆的中心点坐标。

与式(7.16)比对可以得出

$$\begin{cases}\dfrac{\boldsymbol{M}^{\mathrm{T}}\boldsymbol{M}}{\left\|\boldsymbol{H}_e^b\right\|^2}=\boldsymbol{A}\\ \dfrac{\boldsymbol{M}^{\mathrm{T}}\boldsymbol{M}\boldsymbol{H}_0+\boldsymbol{M}^{\mathrm{T}}\boldsymbol{H}_p^b}{\left\|\boldsymbol{H}_e^b\right\|^2}=\boldsymbol{A}\boldsymbol{X}_0\end{cases} \tag{7.53}$$

在载体上安装磁传感器时，尽量选择使软磁材料对称分布的位置。此时感应磁场系数矩阵 $\boldsymbol{C}_i$ 为实对称矩阵，因此 $\boldsymbol{M}$ 也为实对称矩阵。将对称矩阵 $\boldsymbol{A}$ 进行 SVD 分解，可得 $\boldsymbol{A}=\boldsymbol{U}\boldsymbol{A}_1\boldsymbol{U}^{\mathrm{T}}$，其中 $\boldsymbol{U}$ 为正交矩阵，$\boldsymbol{A}_1$ 为 $\boldsymbol{A}$ 的特征值组成的对角阵。由于 $\boldsymbol{A}$ 为正定矩阵，其特征值均大于零，$\boldsymbol{A}_1$ 的对角线元素均大于零。因此矩阵 $\boldsymbol{M}$ 的相应奇异值所组成对角阵为

$$\Delta=\left\|\boldsymbol{H}_e^b\right\|\sqrt{\boldsymbol{A}_1} \tag{7.54}$$

根据矩阵奇异值分解理论，矩阵 M 可写为

$$\boldsymbol{M}=U\Delta\boldsymbol{U}^{\mathrm{T}}=\left\|\boldsymbol{H}_e^b\right\|U\sqrt{\boldsymbol{A}_1}U^{\mathrm{T}} \tag{7.55}$$

进而可以标定出载体磁场中的感应磁场矩阵和固定磁场向量：

$$\begin{cases}\hat{\boldsymbol{C}}_i=\left[\boldsymbol{K}_s\boldsymbol{K}_n\boldsymbol{K}_m\right]^{-1}\boldsymbol{M}^{-1}-\boldsymbol{I}_{3\times3}\\ \hat{\boldsymbol{H}}_p^b=\left\|\boldsymbol{H}_e^b\right\|^2\boldsymbol{M}^{-1}\boldsymbol{A}\boldsymbol{X}_0-\boldsymbol{M}\boldsymbol{H}_0\end{cases} \tag{7.56}$$

在标定了载体磁场参数后，将估计的固定磁场向量 $\hat{\boldsymbol{H}}_p^b$ 和感应磁场系数矩阵 $\hat{\boldsymbol{C}}_i$ 代入式(7.14)，求得地磁场在载体坐标系上的投影向量 $\boldsymbol{H}_e^b$ 即可实现载体磁场的实时补偿。

7.5　载体磁场标定及自动磁补偿方法仿真研究

对磁传感器测量数据进行磁补偿后如何对磁测补偿结果进行评价是一个重要的问题，它关系到对各种磁补偿技术进行全面性能评价的量化标准。目前国际上还没有一个统一的评价标准，因此，有必要建立一套全面的磁补偿结果评价标准，一方面可以准确评价不同磁补偿方法的性能，另一方面为在实际中选择适当的磁补偿技术提供一个可靠参考。

根据我国地质矿产行业标准《航空磁测技术规范 DZ/T 0142-94》中的规定：磁补偿精度采用补偿后最大剩余值和品质因数 FOM（Figure Of Merit）的大小共同衡量。水平场最大剩余值是飞机通过某一选定点上空按(0°，45°，90°，180°，225°，270°，315°)八个方向平飞时，获得的偏向差曲线峰—峰值(最小值与最大值之差)。其值越小，表示水平场补偿精度越高。FOM 是在 0°、90°、180°、270° 四个方向上飞机各做±15° 横滚、±5° 的俯仰机动飞行，共 16 个动作时，出现的偏差绝对值的累积总和。垂直场最大剩余值为计算 FOM 的 16 个值中出现的最大值。以 FOM 值为主衡量和评价，其值越小，表示垂直补偿精度越高。该磁补偿精度评价方法计算简单，只需要进行偏向差曲线峰—峰值的运算，但不能反映补偿偏向差的总体统计性能。

国外从事航空磁测的研究机构或公司都沿用改善率 IR (Improving Rate)指标来定义和评价补偿结果。改善率的定义是：在四个特定航向上（0°，90°，180°，270°）各做

±10° 俯仰、±15° 横滚、±30° 航向等姿态机动，未经补偿的干扰磁场标准均方误差与在上述方向补偿后的标准均方误差之比。其基本思路与《航空磁测技术规范 DZ/T 0142-94》一致，只是评价指标为补偿前后的标准均方误差之比，较为全面地反映了补偿前后误差的总体统计性能。因此下面的仿真研究均采用标准均方误差作为评价补偿结果的指标。

7.5.1 计算机仿真研究

根据 7.3 节、7.4 节所述的理论可知，载体磁场标定的过程中应该保证地磁场的磁场强度维持不变，为一恒定的常向量，因此在实际实施载体磁场标定时，应该选择合适的时段和标定地域，使得在时间和空间上磁场变化都很小。对于标定时间的选择，可以在磁平静日内通过磁日变站观测数据对载体磁场的测量数据进行日变改正，减小标定过程中磁场变化的影响，或者选择在地磁场变化平缓的夜间进行，并尽量缩短标定时间。根据标定过程中载体的运动状态，可以分为原地标定和运动中实时标定两种模式。在原地标定模式中地磁场不发生空间变化，符合磁场强度不变的要求；而在运动中实时标定模式中由于载体发生空间的运动，从而产生地磁场强度的变化，应该选择地磁场总强度变化较小的地域。

1. 水平面内载体磁场的标定与补偿

为了评价基于椭圆拟合的水平面内二维载体磁场标定和磁补偿方法的各种性能，分别对导弹类圆柱形载体、飞机类扁平形载体及汽车、舰船等一般载体的载体磁场的标定和补偿进行了一系列的计算机仿真研究。

1）仿真条件

针对原地标定和运动中实时标定两种模式，分别采用水平面内原地旋转轨迹和水平面航向机动飞行轨迹进行仿真模拟，轨迹仿真参数如 2.5 节所述。在水平面航向机动飞行轨迹中水平磁场强度仅变化 9.80nT，可以忽略空间位置变化对地磁场的影响。各类载体磁场仿真参数如表 7-1 所示。磁传感器的测量噪声满足零均值的高斯分布，标准差为 1nT。标定时，各类载体在水平面内旋转一周，采样间隔 10°。捷联式磁传感器为理想磁传感器，即磁传感器的各轴灵敏度为 1，无零偏，相互之间两两正交，且安装误差为 0°。

表 7-1 各类载体磁场仿真参数

磁场参数	圆柱形载体	扁平形载体	一般载体
固定磁场 $\boldsymbol{H}_p^b$ /nT	$[100, 5000, 100]^{\mathrm{T}}$	$[3000, 5000, 100]^{\mathrm{T}}$	$[3000, 5000, 1000]^{\mathrm{T}}$
感应磁场 $\boldsymbol{C}_i$	$\begin{bmatrix} 0.01 & 0.01 & 0.01 \\ 0.01 & 0.50 & 0.01 \\ 0.01 & 0.01 & 0.01 \end{bmatrix}$	$\begin{bmatrix} 0.30 & 0.10 & 0.01 \\ 0.10 & 0.50 & 0.01 \\ 0.01 & 0.01 & 0.01 \end{bmatrix}$	$\begin{bmatrix} 0.30 & 0.20 & 0.10 \\ 0.20 & 0.50 & 0.05 \\ 0.10 & 0.05 & 0.10 \end{bmatrix}$

2）仿真结果分析

当载体在水平面内原地旋转时，捷联式磁传感器受载体磁场干扰会产生较大的测量误差，仿真结果如图 7-2 所示。可以看出载体磁场使得横向测量磁场与纵向测量磁场的轨迹由一个圆畸变为一个椭圆。根据载体中固定磁场和感应磁场的不同而呈现不同的椭圆形状，其中固定磁场使得椭圆的中心点发生偏移，而感应磁场使得理想轨迹圆畸变为椭圆：感应磁场系数矩阵的对角线元素与椭圆的长短半轴相对应，其他非对角线元素使得椭圆产生绕椭圆中心点的旋转。从磁场测量曲线上看，载体磁场的存在使得横向磁场和纵向磁场的测量均出现了较大的误差，从而使得所测得的水平磁场由恒定值畸变为随航向机动而上下波动的曲线。

根据水平状态下基于椭圆拟合的二维载体磁场标定和补偿方法，对不同载体的载体磁场进行了标定和补偿。载体磁场的标定结果如表 7-2 所示，补偿误差曲线和补偿误差的统计如图 7-2 和表 7-3 所示。从表 7-2 中可以看出该载体磁场标定方法可以精确地标定感应磁场系数，而对固定磁场的标定结果与实际设定值间有一定的偏差。分析其原因，是由于水平状态下二维载体磁场标定方法的理论推导中只考虑了载体磁场对水平磁场分量的影响而忽略了其对垂直磁场分量的影响，因此在标定时将载体磁场对垂直磁场分量的影响归化到对水平磁场分量的影响中，从而引起标定偏差。从图 7-2 和表 7-3 的补偿误差曲线和补偿误差的统计看，该标定和补偿方法具有较高的补偿精度，可以达到磁传感器纳特级精度水平。因此水平面内的载体磁场标定值与含载体磁场对垂直磁场分量影响的设定值等效。

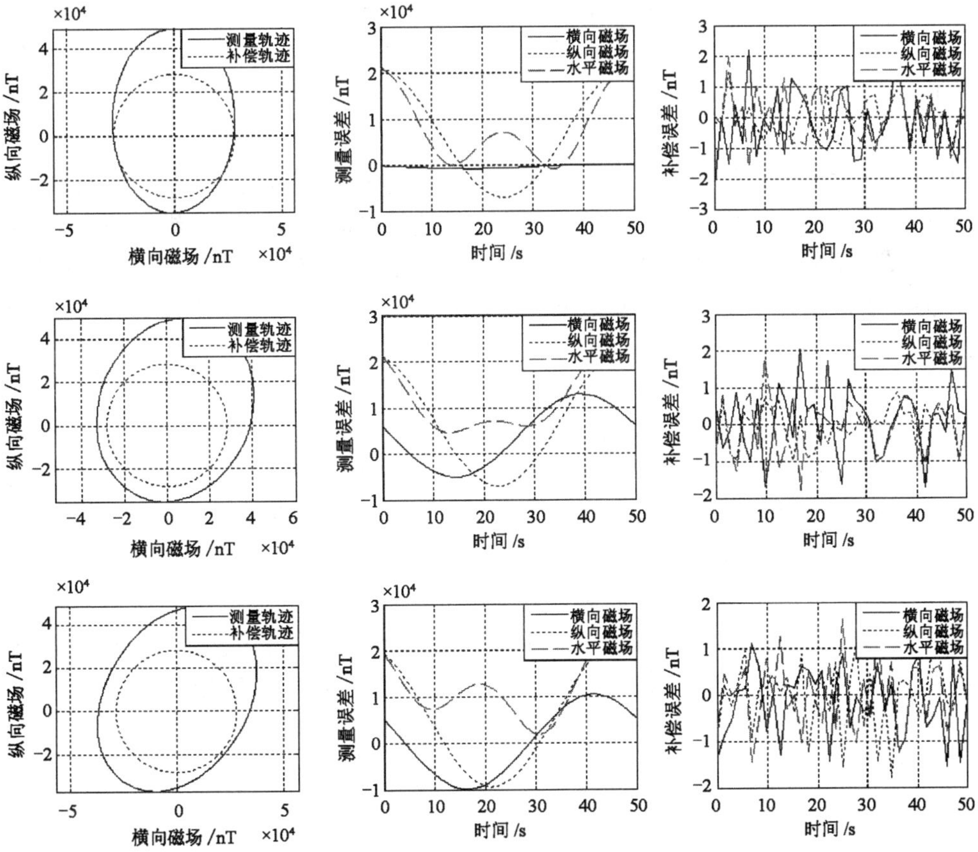

图 7-2　水平面内原地旋转的磁场测量曲线与补偿曲线

表 7-2 水平面内原地旋转时载体磁场标定结果

各载体类型 磁场标定结果		圆柱形载体	扁平形载体	一般载体
固定磁场 $\boldsymbol{H}^{b}_{p,xy}$ /nT	设定值	$[100, 5000]^{\mathrm{T}}$	$[3000, 5000]^{\mathrm{T}}$	$[3000, 5000]^{\mathrm{T}}$
	标定值	$[-362.3402, 4689.8222]^{\mathrm{T}}$	$[2660.7592, 4709.3193]^{\mathrm{T}}$	$[-378.7399, 3913.9975]^{\mathrm{T}}$
感应磁场 $\boldsymbol{C}_{i,xy}$	设定值	$\begin{bmatrix} 0.01 & 0.01 \\ 0.01 & 0.50 \end{bmatrix}$	$\begin{bmatrix} 0.30 & 0.10 \\ 0.10 & 0.50 \end{bmatrix}$	$\begin{bmatrix} 0.30 & 0.20 \\ 0.20 & 0.50 \end{bmatrix}$
	标定值	$\begin{bmatrix} 0.0100 & 0.0100 \\ 0.0100 & 0.5000 \end{bmatrix}$	$\begin{bmatrix} 0.3000 & 0.1000 \\ 0.1000 & 0.5000 \end{bmatrix}$	$\begin{bmatrix} 0.3000 & 0.2000 \\ 0.2000 & 0.5000 \end{bmatrix}$

表 7-3 水平面内原地旋转时磁场测量误差与补偿误差统计

各载体类型 磁场参数统计		圆柱载体		扁平载体		一般载体	
		测量误差	补偿误差	测量误差	补偿误差	测量误差	补偿误差
横向磁场 /nT	均值	−312.3586	−0.1444	7411.6481	−0.0107	8240.0535	−0.0000
	标准差	286.1143	1.1335	10284.2787	0.6124	7433.8051	0.8738
纵向磁场 /nT	均值	3985.1140	0.1143	7704.2082	−0.0183	12103.7129	−0.0000
	标准差	6344.7928	0.8932	10467.1776	0.5316	6800.0090	0.7498
水平磁场 /nT	均值	421.6238	−0.1594	6162.2994	−0.0143	11996.0238	0.0000
	标准差	7268.3439	0.7513	11018.7860	0.7314	6228.8540	0.7502

当载体在水平面内作航向机动时，捷联式磁传感器受载体磁场干扰的仿真结果如图 7-3 所示。可以看出与原地旋转类似，载体磁场使得横向测量磁场与纵向测量磁场的轨迹由一个圆畸变为一个椭圆。从严格意义上讲，由于载体空间位置变化而引起地磁场的变化，因此该曲线并不是一个真正的椭圆，而是一个类椭圆曲线，不过地磁场随空间变化较小，仅为 9.80nT，因此可以忽略空间变化的影响，将其视作一个椭圆曲线。

载体中固定磁场和感应磁场对磁场测量的影响与原地旋转过程中类似，在此不做详细分析。根据水平状态下基于椭圆拟合的二维载体磁场标定和补偿方法，对不同载体的载体磁场进行了标定和补偿。载体磁场的标定结果如表 7-4 所示，补偿误差曲线和补偿误差的统计如图 7-3 和表 7-5 所示。与原地旋转过程的标定与补偿类似，感应磁场标定结果与设定值具有较高的一致性，而固定磁场的标定结果与设定值同样具有较大的偏差，该偏差是由于载体磁场对垂直磁场分量引起的。从图 7-3 和表 7-5 的补偿误差曲线和补偿误差的统计看，该标定和补偿方法具有较高的补偿精度，可以达到磁传感器纳特级精度水平。另外从表 7-5 和图 7-3 中，发现补偿结果误差曲线中含有一个常值偏差和类正弦分量，究其原因是由于载体空间位置变化而产生的地磁场水平分量发生变化引起的。

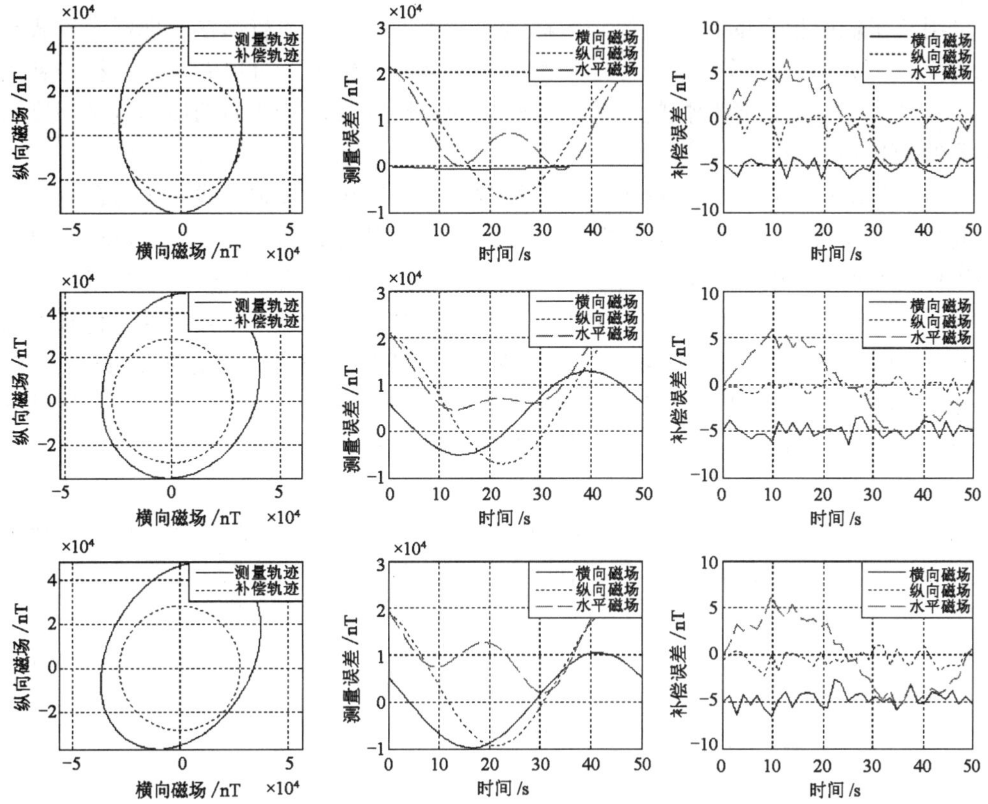

图 7-3　水平面内航向机动时磁场测量误差曲线与补偿误差曲线

表 7-4　水平面航向机动时载体磁场标定结果

各载体类型 磁场标定结果		圆柱形载体	扁平形载体	一般载体
固定磁场 $\boldsymbol{H}_{p,xy}^{b}$ /nT	设定值	$[100, 5000]^{\mathrm{T}}$	$[3000, 5000]^{\mathrm{T}}$	$[3000, 5000]^{\mathrm{T}}$
	标定值	$[-355.3208, 4691.4151]^{\mathrm{T}}$	$[2667.2798, 4710.8288]^{\mathrm{T}}$	$[-358.3858, 3919.3386]^{\mathrm{T}}$
感应磁场 $\boldsymbol{C}_{i,xy}$	设定值	$\begin{bmatrix} 0.01 & 0.01 \\ 0.01 & 0.50 \end{bmatrix}$	$\begin{bmatrix} 0.30 & 0.10 \\ 0.10 & 0.50 \end{bmatrix}$	$\begin{bmatrix} 0.30 & 0.20 \\ 0.20 & 0.50 \end{bmatrix}$
	标定值	$\begin{bmatrix} 0.0100 & 0.0100 \\ 0.0100 & 0.5000 \end{bmatrix}$	$\begin{bmatrix} 0.3000 & 0.1000 \\ 0.1000 & 0.5000 \end{bmatrix}$	$\begin{bmatrix} 0.3000 & 0.2000 \\ 0.2000 & 0.5000 \end{bmatrix}$

表 7-5　水平面航向机动时载体磁场测量误差与补偿误差统计

各载体类型 磁场参数统计		圆柱载体		扁平载体		一般载体	
		测量误差	补偿误差	测量误差	补偿误差	测量误差	补偿误差
横向磁场 /nT	均值	−310.1728	−5.0443	3987.9687	−4.8781	443.5795	−4.6777
	标准差	285.1305	0.7628	6320.6773	0.7256	7240.6843	0.8496
纵向磁场 /nT	均值	7412.3287	−0.1791	7705.2205	−0.2601	6172.1505	−0.4051
	标准差	10244.6768	0.8266	10427.1517	0.5973	10976.2801	0.8155
水平磁场 /nT	均值	8211.6189	−0.0000	12061.9385	−0.0000	11953.3477	−0.0000
	标准差	7421.2473	3.5533	6797.6477	3.5247	6223.2267	3.5386

采用基于椭圆拟合的二维载体磁场标定和补偿方法对各类载体在原地标定模式和运动标定模式下分别进行了一系列标定补偿仿真。从补偿结果上可以看出，该标定补偿算法对于各种类型载体磁场特性的载体均有较好的补偿效果，补偿后的磁场测量精度与磁传感器的测量精度相当。

在载体磁场的实际标定过程中受环境和载体运动轨迹的限制，载体航向在 0°～360°全区间改变不易实现，而且标定过程较长。因此考虑利用部分航向区间的数据进行标定，以缩短标定时间。对航向区间段[0, φ](φ=1°, 2°, ⋯, 360°)的磁测数据（航向角采样间隔为 1°）进行椭圆拟合，然后再对 0°～360°全航向数据进行补偿。应用蒙特卡洛仿真方法进行分析，每航向区间弧段仿真 1000 次，其他仿真参数与一般载体的仿真参数相同。仿真结果如图 7-4 所示，可以看出在测量噪声不变时，随着航向区间跨度的增加补偿精度越高。当航向变化区间跨度为 180°时，对磁测数据进行拟合即可实现与磁传感器的测量精度相当的补偿效果，而无需在全航向区间进行标定。

为了分析该补偿算法在不同信噪比的补偿性能，对磁传感器测量精度从 0～10nT 变化时补偿性能进行研究。以采用 180°航向变化的一般载体磁测数据为例进行蒙特卡罗仿真分析。仿真结果如图 7-5 所示。仿真表明，随着磁传感器测量噪声的增加，补偿误差的均值在统计意义上逐渐变大，而补偿误差的标准差按统计规律与量测噪声的标准差呈线性关系增长。

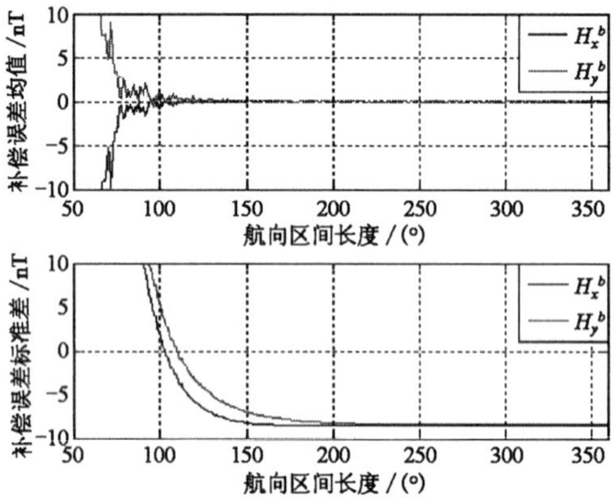

图 7-4　航向区间大小对磁补偿性能的影响

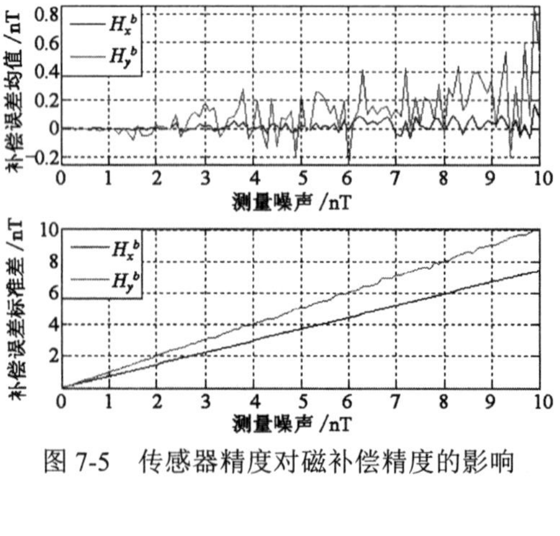

图 7-5　传感器精度对磁补偿精度的影响

2. 姿态机动时的载体磁场的标定与补偿

为了评价基于椭球拟合的姿态机动情况下三维载体磁场标定和补偿方法的各种性能，分别对导弹类圆柱形载体、飞机类扁平形载体及汽车、舰船等一般载体的载体磁场的标定和补偿进行了一系列的计算机仿真研究。

1）仿真条件

针对原地标定和运动中实时标定两种模式，分别采用原地姿态机动轨迹和姿态机动飞行轨迹进行仿真模拟，轨迹仿真参数如 2.5 节所述。在姿态机动飞行轨迹中水平磁场强度仅变化 35.95nT，可以忽略空间位置变化对地磁场的影响。各类载体磁场仿真参数如表 7-6 所示。磁传感器的测量噪声满足零均值的高斯分布，标准差为 1nT。捷联式磁传感器为理想磁传感器，即磁传感器的各轴灵敏度为 1，无零偏，相互之间两两正交，且安装误差为 0°。

2）仿真结果分析

当载体原地做姿态机动时，捷联式磁传感器受载体磁场干扰会产生较大的测量误差，其仿真结果如图 7-6 所示。可以看出载体磁场使得地磁场的向量测量的轨迹由一个圆球畸变为一个椭球。根据载体中固定磁场和感应磁场的不同而呈现不同的椭球形状，其中固定磁场使得椭球的中心点发生偏移，而感应磁场使得理想轨迹圆畸变为椭球：感应磁场系数矩阵的对角线元素与椭球的三个长短半轴相对应，其他非对角线元素使得椭球产生绕椭球中心点的旋转。从磁场测量曲线上看，载体磁场的存在使得横向磁场、纵向磁场和竖向磁场的测量均出现了较大的误差，从而使得所测得的地磁场总强度 F 由恒定值畸变为随载体的姿态机动而上下波动的曲线。

根据姿态机动下基于椭球拟合的三维载体磁场标定和补偿方法，对不同载体的载体磁场进行了标定和补偿。载体磁场的标定结果如表 7-6 所示，补偿误差曲线和补偿误差的统计如图 7-6 和表 7-7 所示。从表 7-6 可以看出，该标定方法对于各类载体的载体磁场具有较高的精度，在测量噪声为 1nT 的情况下固定磁场的标定精度也在纳特级，感应磁场的标定精度更高。从图 7-6 和表 7-7 中可以看出，该标定补偿算法对于各种类型载体磁场特性的载体均有较好的补偿效果，补偿后的磁场测量精度与磁传感器的测量精度相当。

表 7-6　原地姿态机动时载体磁场标定结果

各载体类型 磁场标定结果		圆柱形载体	扁平形载体	一般载体
固定磁场 /nT	设定值	$[100, 5000, 100]^{T}$	$[3000, 5000, 100]^{T}$	$[3000, 5000, 1000]^{T}$
	标定值	$\begin{bmatrix} 99.6312 \\ 4999.9615 \\ 104.9677 \end{bmatrix}$	$\begin{bmatrix} 3000.3710 \\ 4999.5951 \\ 103.6060 \end{bmatrix}$	$\begin{bmatrix} 3001.0024 \\ 4999.6194 \\ 1000.4371 \end{bmatrix}$
感应磁场 $\boldsymbol{C}_i$	设定值	$\begin{bmatrix} 0.01 & 0.01 & 0.01 \\ 0.01 & 0.50 & 0.01 \\ 0.01 & 0.01 & 0.01 \end{bmatrix}$	$\begin{bmatrix} 0.30 & 0.10 & 0.01 \\ 0.10 & 0.50 & 0.01 \\ 0.01 & 0.01 & 0.01 \end{bmatrix}$	$\begin{bmatrix} 0.30 & 0.20 & 0.10 \\ 0.20 & 0.50 & 0.05 \\ 0.10 & 0.05 & 0.10 \end{bmatrix}$
	标定值	$\begin{bmatrix} 0.0100 & 0.0100 & 0.0100 \\ 0.0100 & 0.5001 & 0.0100 \\ 0.0100 & 0.0100 & 0.0101 \end{bmatrix}$	$\begin{bmatrix} 0.3000 & 0.1000 & 0.0100 \\ 0.1000 & 0.5000 & 0.0100 \\ 0.0100 & 0.0100 & 0.0101 \end{bmatrix}$	$\begin{bmatrix} 0.3000 & 0.2000 & 0.1000 \\ 0.2000 & 0.5000 & 0.0500 \\ 0.1000 & 0.0500 & 0.1000 \end{bmatrix}$

表 7-7　原地姿态机动时磁场测量误差与补偿误差统计

各载体类型 磁场参数统计		圆柱载体		扁平载体		一般载体	
		测量误差	补偿误差	测量误差	补偿误差	测量误差	补偿误差
横向磁场/nT	均值	−321.2707	0.1784	3801.4308	−0.2514	165.5664	−0.5464
	标准差	289.3438	1.2740	6426.4557	0.9302	7333.8545	0.8084
纵向磁场/nT	均值	6841.6613	−0.0790	7112.1263	0.1297	5564.2351	0.1596
	标准差	10284.1074	1.0308	10460.3446	0.8642	11018.1914	0.7025
垂向磁场/nT	均值	−321.2953	−0.7172	−292.3049	−0.4731	−3063.7970	−0.1312
	标准差	289.3412	1.0371	289.3173	1.0076	2290.6125	0.9391
地磁强度/nT	均值	5049.0619	−0.0000	7524.3034	−0.0000	9701.0413	−0.0000
	标准差	5350.1394	0.9534	4669.6250	0.9245	3378.8202	0.8664

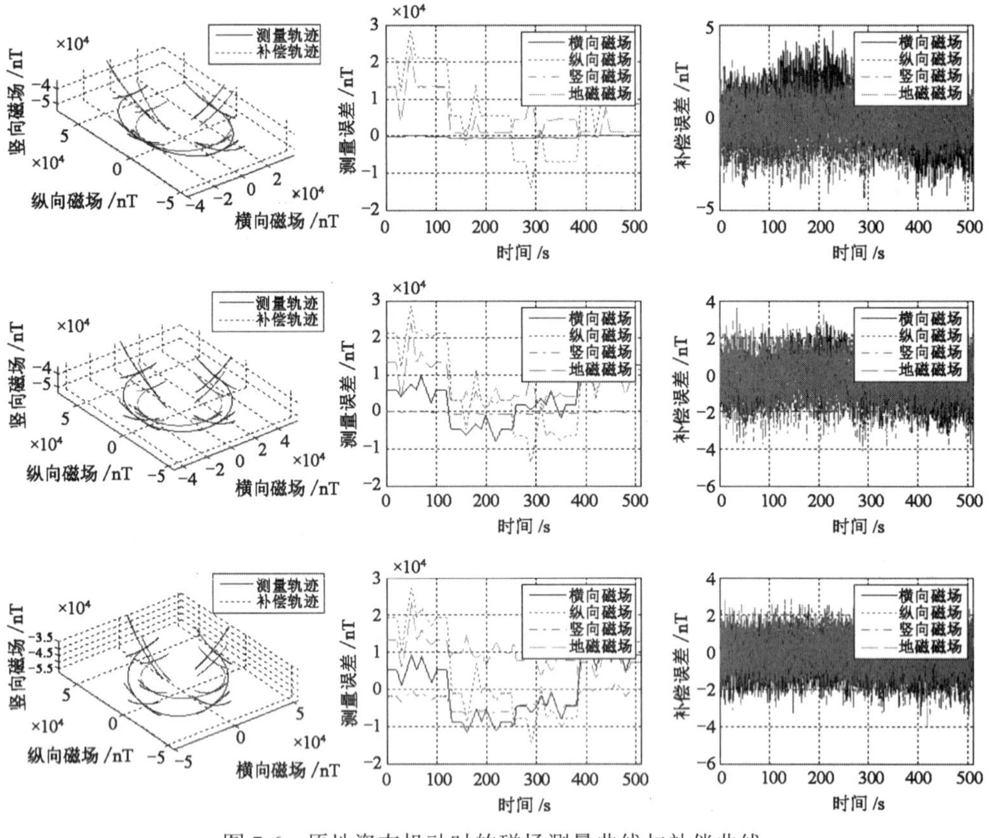

图 7-6　原地姿态机动时的磁场测量曲线与补偿曲线

当载体在空中作姿态机动时，捷联式磁传感器受载体磁场干扰的仿真结果如图 7-7 所示。可以看出与原地姿态机动类似，载体磁场使得横向测量磁场与纵向测量磁场的轨迹由一个圆球畸变为一个椭球。从严格意义上讲，由于载体空间位置变化而引起地磁场的变化，因此该曲线并不是一个真正的椭球，而是一个类椭球曲线，不过地磁场随空间变化较小，仅为 35.95nT，因此可以忽略空间变化的影响，将其视作一个椭求曲面。

载体中固定磁场和感应磁场对磁场测量的影响与原地姿态机动过程中类似，在此不做详细分析。根据姿态机动下基于椭球拟合的三维载体磁场标定和补偿方法，对不同载体的载体磁场进行了标定和补偿。载体磁场的标定结果如表 7-8 所示，补偿误差曲线和补偿误差的统计如图 7-7 和表 7-9 所示。与原地姿态机动过程的标定与补偿类似，感应磁场标定结果与设定值具有较高的一致性。由于地磁场随位置变化和机动轨迹的影响，固定磁场的纵向分量的估计较为准确，而横向分量和竖向分量均有较大的偏差。从表 7-9 和图 7-7 的补偿误差曲线和补偿误差的统计看，该标定和补偿方法具有较高的补偿精度，可以达到 10nT 级精度水平。另外从表 7-9 和图 7-7 中，发现补偿结果误差曲线中含有与姿态变化有关的确定性变化规律，究其原因是由于载体空间位置变化而产生的地磁场总强度发生变化引起的。

采用基于椭球拟合的三维载体磁场标定与补偿方法对各类载体在原地标定模式和运动标定模式下分别进行了一系列标定补偿仿真。从补偿结果可以看出：该标定补偿算法对于各种类型载体磁场特性的载体均有较好的补偿效果。与水平面内的载体磁场标定及补偿方法类似，在测量噪声不变时，随着姿态变化范围的增大载体磁场标定和补偿的精度越高。随着磁传感器测量噪声的增加，补偿误差会逐渐增加。

表 7-8　载体姿态机动飞行时载体磁场标定结果

各载体类型 磁场标定结果		圆柱形载体	扁平形载体	一般载体
固定磁场 $\boldsymbol{H}_p^b$/nT	设定值	$[100, 5000, 100]^{\mathrm{T}}$	$[3000, 5000, 100]^{\mathrm{T}}$	$[3000, 5000, 1000]^{\mathrm{T}}$
	标定值	$\begin{bmatrix} 136.5128 \\ 4975.5929 \\ -2.9043 \end{bmatrix}$	$\begin{bmatrix} 3037.0682 \\ 4973.3020 \\ 4.9150 \end{bmatrix}$	$\begin{bmatrix} 3036.2259 \\ 4976.0267 \\ 896.5010 \end{bmatrix}$
感应磁场 $\boldsymbol{C}_i$	设定值	$\begin{bmatrix} 0.01 & 0.01 & 0.01 \\ 0.01 & 0.50 & 0.01 \\ 0.01 & 0.01 & 0.01 \end{bmatrix}$	$\begin{bmatrix} 0.30 & 0.10 & 0.01 \\ 0.10 & 0.50 & 0.01 \\ 0.01 & 0.01 & 0.01 \end{bmatrix}$	$\begin{bmatrix} 0.30 & 0.20 & 0.10 \\ 0.20 & 0.50 & 0.05 \\ 0.10 & 0.05 & 0.10 \end{bmatrix}$
	标定值	$\begin{bmatrix} 0.0093 & 0.0100 & 0.0107 \\ 0.0100 & 0.4989 & 0.0095 \\ 0.0107 & 0.0095 & 0.0080 \end{bmatrix}$	$\begin{bmatrix} 0.2991 & 0.0999 & 0.0107 \\ 0.0999 & 0.4990 & 0.0095 \\ 0.0107 & 0.0095 & 0.0082 \end{bmatrix}$	$\begin{bmatrix} 0.2991 & 0.1998 & 0.1006 \\ 0.1998 & 0.4989 & 0.0495 \\ 0.1006 & 0.0495 & 0.0979 \end{bmatrix}$

表 7-9　载体姿态机动飞行时磁场测量误差与补偿误差统计

各载体类型 磁场参数统计		圆柱载体		扁平载体		一般载体	
		测量误差	补偿误差	测量误差	补偿误差	测量误差	补偿误差
横向磁场 /nT	均值	−319.5814	−4.9386	3784.7253	−7.5537	167.3832	−3.2945
	标准差	289.3200	15.3396	6415.4817	13.7965	7323.8014	15.5020
纵向磁场 /nT	均值	6811.0593	14.0800	7077.6460	14.2861	5536.6282	11.9411
	标准差	10287.8061	14.8436	10459.6578	13.3010	11012.5588	14.8335
垂向磁场 /nT	均值	319.6012	13.5316	−290.6010	12.1512	−3043.4721	13.6043
	标准差	289.2954	17.5810	289.2952	18.3599	2291.5703	16.5272
地磁强度 /nT	均值	5053.9179	−0.0003	7520.3963	−0.0003	9683.2374	0.0003
	标准差	5387.2193	9.8447	4760.8893	9.8421	3518.6359	9.8375

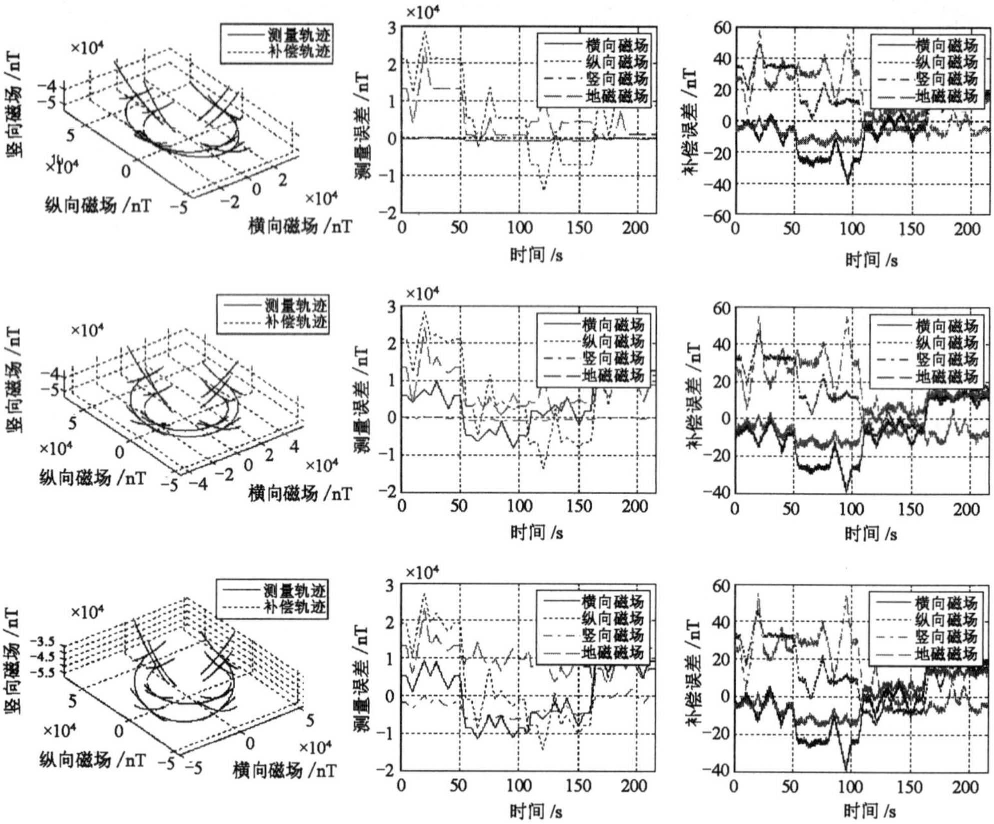

图 7-7　载体姿态机动飞行时的磁场测量曲线与补偿曲线

7.5.2　半物理仿真研究

通过不同载体进行飞行或跑车试验来验证、评价磁补偿方法的性能难度大、成本高，因此构建了一个半物理仿真验证平台，如图 7-8 所示。该平台采用无磁性材料铝和铜制造而成，通过固定在载体上的永磁体和软磁材料来模拟载体磁场中的固定磁场和感应磁场。该半物理仿真验证平台可以准确地模拟飞行器处于不同运动姿态时的载体磁场对磁测数据的影响。采用载体磁场标定及补偿方法对半物理仿真试验磁测数据进行相应载体磁场的标定和补偿，以评价补偿方法的有效性和准确性。

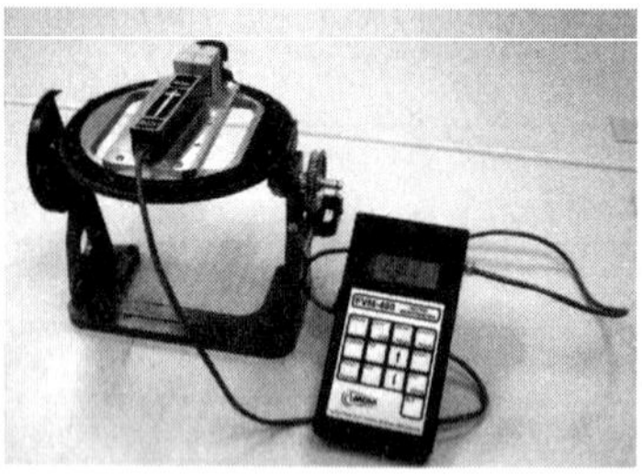

图 7-8　半物理仿真验证平台

半物理仿真系统在水平面内航向角改变 180°，仿真结果如图 7-9 和表 7-10 所示。对于姿态机动下基于椭球拟合的三维载体磁场标定与补偿方法，采用该半物理仿真平台进行了类似的模拟仿真。可以看出该标定和补偿方法具有如下优点：

（1）该标定方法对标定场地的要求较低，不需要提供精确的水平基准和北向基准，而只需要提供准确的地磁场强度（或地磁水平强度）即可实现载体磁场的标定。

（2）采用该标定方法标定载体磁场过程时间短，从原理上水平面内椭圆拟合只需航向跨度较大的 6 个测量点即可实现载体磁场的二维标定；而姿态机动时，只需要 9 个姿态跨度较大的 9 个测量点即可实现载体磁场的三维标定。

（3）该标定和补偿方法具有较高的载体磁场标定和补偿精度，可以达到磁传感器同等精度级水平的补偿，满足高精度地磁测量的要求。

（4）在低信噪比的磁测条件下，通过增大磁传感器的姿态角跨度仍能保证较好的标定和补偿精度。

（5）该三轴磁传感器制造误差标定和补偿方法简便易行，且计算量小。

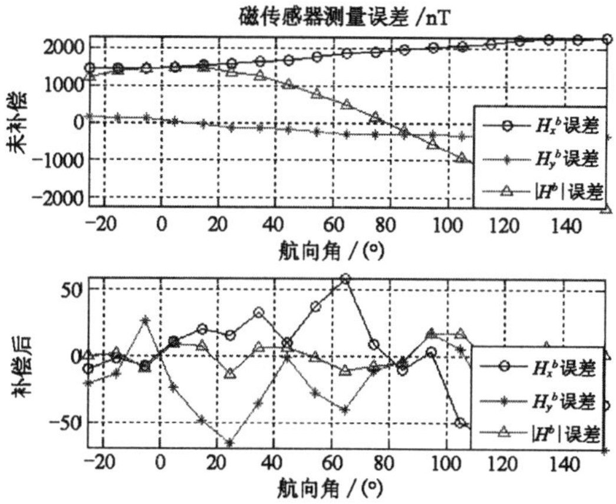

图 7-9 地磁测试数据补偿

表 7-10 半物理仿真结果统计

误差统计结果	X 分量/nT		Y 分量/nT		H 分量/nT	
	均值	标准差	均值	标准差	均值	标准差
未补偿	1852.8	308.7	−192.6	181.15	65.29	1364.6
补偿后	−3.233	31.55	−24.14	26.45	0.0026	10.88

7.6 本章小结

本章根据载体磁场模型和捷联式三轴磁传感器模型分析了当载体在空中做机动飞行时的量测数据，指出：当载体在某一固定位置或地磁场变化较小的地区做各种姿态的机动时，捷联式三轴磁传感器的量测数据必满足一个二次型椭球曲面方程。由此提出了新型载体磁场标定和补偿方法，其思路是将磁测误差的标定分为两步：根据量测数据拟合椭球或椭圆方程参数；然后再估计载体磁场参数。磁测误差补偿则是由标定的载体磁场参数来实现补偿地磁场向量。根据这一思想，研究了飞行器在水平面内航向机动飞行时基于椭圆拟合的二维载体磁场标定和自补偿方法，然后将该方法推广到三维磁测空间。研究了姿态机动时基于椭球拟合的三维载体磁场标定和自补偿方法。最后对这两种标定和补偿方法在各种环境下进行了计算机仿真研究，并进行了一系列的半物理仿真。仿真结果表明该方法通过简单的几个姿态机动飞行即可实现高精度的快速载体磁场标定，并可实现三轴磁传感器测量三分量的准确补偿，补偿精度达到磁传感器测量精度水平，满足高精度地磁导航对磁测数据的精度要求。

第 8 章　地磁匹配导航算法研究

8.1　引言

地磁特征匹配制导的基本原理是：将预先规划好的载体航迹上某段区域内地磁场的匹配特征量绘制成基准图，存储在计算机中，当飞行器通过该区域时，由安装在飞行器上的地磁场测量设备实时获取该区域的地磁匹配特征量，构成实时磁测序列，将实时磁测序列与该区域的地磁基准图进行相关匹配，确定飞行器的实时坐标位置，为导航制导计算机实时修正飞行器运动轨迹提供有效可靠的数据，达到导航制导的目的（图 8-1）。地磁匹配结果既可以作为组合滤波的观测输入，也可以直接作为系统定位结果输出。匹配方法的效率和精度直接影响着组合导航系统的性能，是地磁辅助导航系统中的关键环节，它依赖于匹配特征量、匹配区域及匹配算法的各个性能。

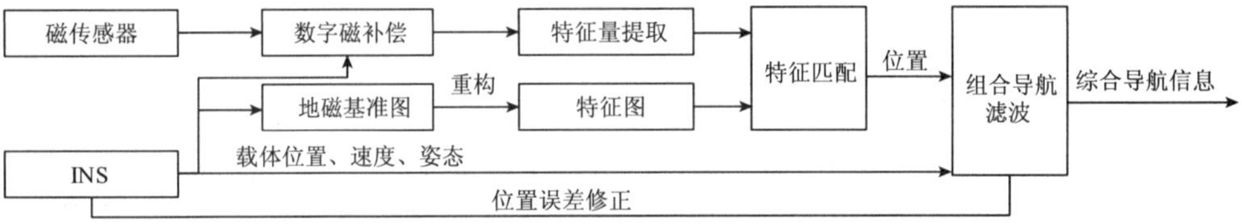

图 8-1　地磁特征匹配系统框图

本章主要针对于地磁匹配导航展开研究。首先分析了地磁场的特点，确定了匹配特征量的选择选取，并根据目前国内地磁图的现状指出现阶段地磁总强度是首选匹配特征量，然后针对于影响定位精度和匹配概率的地磁匹配区域的特征量空间分布参数进行了导航匹配区的研究，在传统指标的基础上提出了地磁方向熵的概念，为地磁导航的路径规划提供了可靠的评价指标；最后详细研究了地磁匹配算法，提出了一种基于马氏距离的机动匹配算法，并对该算法进行了计算机仿真验证。

8.2　地磁导航的匹配量

匹配是以特征为基础的。地磁场是地球向量场之一，可以用很多特征因素来描述，如 7 个地磁要素（总磁场强度、水平强度、东向强度、北向强度、垂直强度、磁偏角和磁倾角）以及这些地磁要素相应的梯度。地磁特征匹配技术第一步的工作就是选择适当的匹配特征量。需要综合考虑地磁场特征量长期变化的稳定程度、短期变化的影响程度、与地理位置的相关程度、在匹配区域的特征信息，并结合现有磁测设备、基准图的性能指标等因素，从地磁物理量中选取一个特征量用作匹配特征量。

为提高匹配概率和匹配精度，必须合理选择特征量进行地磁匹配。经过对我国及周边区域的地磁数据进行综合分析，可以得出如下结论以供参考：

（1）由于地磁场的各特征量随时间变化而缓慢变化，而且会受到地磁短期变化的影响。地磁场的正常场和异常场的磁场强度变化比较平缓，通常在小范围内不会出现量值的重复，而在地磁场的各种短期变化中，磁暴和地磁脉动对地磁测量精度的影响较大，其中磁暴对水平分量的影响特别显著。因此应该选择长期变化稳定、受地磁短期变化影响小的地磁要素作为匹配特征量。

（2）由于地磁匹配主要是利用地磁场的空间分布独特性进行定位，地磁场的各个特征量与地理位置的相关程度各不相同，各个特征量在单位距离内的变化幅度各不相同，即使同一特征量在不同地理位置单位距离内的变化幅度也不相同。如果特征量在单位距离内的变化太小，就会对测量设备的分辨率提出很高的要求，而且这种微小的地磁变化很有可能会被外界的干扰淹没。因此为了在现有地磁测量设备进度下提高地磁匹配概率，应该选取在匹配区域单位距离内变化幅度比较明显的特征量。

（3）地磁要素可分为地磁强度量和地磁角度量两类。各地磁要素的测量设备不尽相同、且性能各异。从目前导航中使用的地磁测量设备来看，地磁总强度的测量精度最高，地磁各分量的测量精度次之，而磁偏角和磁倾角的测量精度最低。地磁角度的测量通常都是通过地磁各分量的测量而间接求取的。由于地磁场的角度类特征量（磁偏角和磁倾角）在广泛的中纬度地区变化较小，且考虑到载体高速运动时难以进行精确的角度和方位测量，因此，在匹配特征量的选择时，一般不采用角度类特征量。

（4）由于地磁场是一个向量场，可以提供多种性质的物理量。各地磁分量可以准确反映地磁场的向量信息，因此高精度地磁导航应该充分利用地磁向量信息与空间位置的相关性，综合采用各地磁分量进行导航以提高匹配定位精度。由于地磁场强度各分量的测量依赖于精确的姿态确定，考虑到载体在飞行过程中的姿态变化会给测量带来很大误差。因此，现阶段应优先选择地磁场总强度作为匹配特征量。

目前，我国的磁探测能力还不足以大面积的测量地磁场的三分量，已有的磁图都是标量图，即地磁总强度图和地磁异常图。从特征上来看，在近地表的空间中地磁异常值是区域变化比较剧烈，包含了更多的细节信息，而且时间稳定性好，因此通常以地磁异常图为特征量来进行地磁匹配。但从未来地磁导航的发展趋势看，地磁场向量可以提供更为丰富的导航信息，必将会成为地磁导航的最佳匹配量。

8.3 地磁导航匹配区域选择

地磁匹配区域的特征量空间分布参数是影响定位精度和匹配概率的重要因素，它主要包括区域内地磁数据的标准差、粗糙度和相关长度等，分别反映了地磁场的总体起伏、平均光滑程度和变化的快慢。在地形匹配中，常用的算法都是基于地形的统计模型进行分析的，如地形高程标准差、粗糙度、系统总噪声标准差综合选择法、地形坡度标准差选择法、地形信息分析法，还有基于航迹规划的代价函数最优化选择法、地形信息熵法等。因此，借鉴地形匹配区域空间分布参数的计算方法，将其推广到地磁匹配领域中获得相应的地磁统计指标来衡量局部地磁场的匹配性能。

8.3.1 传统指标

假设数据地磁图是一个 $M \times N$ 矩阵，$S_{i,j}$ 为(i, j)处的地磁图数据，几个关键的统计特征如下。

（1）标准差 σ_T：反映地磁图的起伏变化程度，其中，$\bar{S}$ 为地磁场强度平均值。标准差越大，数字地磁图的起伏变化程度越明显，越利于地磁匹配；反之不利于匹配。

$$\sigma_T = \sqrt{\frac{1}{MN-1}\sum_{i=0}^{M-1}\sum_{j=0}^{N-1}(S_{i,j}-\bar{S})^2} \tag{8.1}$$

（2）峰态系数 C_K：反映数值的集中程度，该值越大，数据在均值附近的集中程度越高，匹配越难；反之，分布相对均匀，匹配较容易。

$$C_K = \frac{1}{MN}\sum_{i=0}^{M-1}\sum_{j=0}^{N-1}\frac{(S_{i,j}-\bar{S})^4}{\sigma_T^4} - 3 \tag{8.2}$$

（3）偏态系数 C_S：反映数据地图的对称性或歪斜度，该值越大，地图数据的不对称性程度越高，沿不对称方向的匹配越准确；该值越小，对称程度越高，沿对称方向越容易产生误匹配。

$$C_S = \frac{1}{MN}\sum_{i=0}^{M-1}\sum_{j=0}^{N-1}\frac{(S_{i,j}-\bar{S})^3}{\sigma_T^3} \tag{8.3}$$

（4）相邻一个网格的地形粗糙度与标准差之比 δ_z / σ_T、绝对粗糙度 δ_z：比值小表示采样点间变化较小，但整个区域可能有较大而缓慢的起伏，地形较平滑；比值大表示相邻采样点间变化比整个区域起伏相对增大。

$$\begin{cases} \delta_z = (Q_x + Q_y)/2 \\ Q_x^2 = \dfrac{1}{M(N-1)}\displaystyle\sum_{i=1}^{M}\sum_{j=1}^{N-1}[S_{ij} - S_{i(j+1)}]^2 \\ Q_y^2 = \dfrac{1}{(M-1)N}\displaystyle\sum_{i=1}^{M-1}\sum_{j=1}^{N}[S_{ij} - S_{(i+1)j}]^2 \end{cases} \tag{8.4}$$

式中：Q_x^2、Q_y^2 分别为行、列方向上的绝对粗糙度。

（5）地形匹配区的平均相关特性 λ，行间自相关特性 λ_x 及列间自相关特性 λ_y：相关特性 λ 是表征地形变化快慢的关键参数，相关特性 λ 较小的区域地形特征较丰富，比较适合匹配导航；反之，地形变化平缓，需要增加进行匹配长度才能满足导航要求。

$$\begin{cases} R_x(\tau_x) = \dfrac{1}{\sigma_T^2} \times \dfrac{1}{M(N-\tau_x)}\displaystyle\sum_{i=1}^{M}\sum_{j=1}^{N-\tau_x}[(S_{ij}-\bar{S})(S_{i(j+\tau_x)}-\bar{S})] \\ R_y(\tau_y) = \dfrac{1}{\sigma_T^2} \times \dfrac{1}{(M-\tau_y)N}\displaystyle\sum_{i=1}^{M-\tau_y}\sum_{j=1}^{N}[(S_{ij}-\bar{S})(S_{(i+\tau_y)j}-\bar{S})] \\ \lambda_x = \min\limits_{R_x(\tau_x)\leqslant e^{-1}}\{\tau_x\}; \lambda_y = \min\limits_{R_y(\tau_y)\leqslant e^{-1}}\{\tau_y\} \\ \lambda = (\lambda_x + \lambda_y)/2 \end{cases} \tag{8.5}$$

式中：τ_x、τ_y 分别为网格的列间隔和行间隔，且满足 $0 \leqslant \tau_x < N$，$0 \leqslant \tau_y < M$。

8.3.2　地磁熵及地磁方向熵

信息熵的概念在信息论诞生以来，在信号处理、图像处理等领域得到广泛应用。它是一个信号所含的信息量的多少的度量，因此将其引入地磁辅助导航中的匹配区选取，利用地磁熵来衡量该区域地磁场所含的信息量，从而正确反映出该匹配区的地磁场的独特性。

1.地磁熵

信息熵的定义如下：假设有随机事件的集合 $X=\{x_1, x_2, \cdots, x_n\}$，该集合的分量出现的概率为 $P=\{p_1, p_2, \cdots, p_n\}$。Shanon 信息熵用于度量离散有限随机事件集合的不定度，其定义式如下所示：

$$\begin{cases} H(p_1,p_2,\cdots,p_n)=-\sum_{i=1}^{n}p_i\lg p_i \\ \sum_{i=1}^{n}p_i=1,0\leqslant p_i\leqslant 1,(i=1,2,\cdots,n) \end{cases} \tag{8.6}$$

当 $p_i=0$ 时，规定 $0\lg 0=0$。Shanon 熵具有以下重要性质：

对称性：$H(p_1, p_2, \cdots, p_n) = H(p_{c(1)}, p_{c(2)}, \cdots, p_{c(n)})$，其中$\{c(1), c(2), \cdots, c(n)\}$是$\{1, 2, \cdots, n\}$的任意置换。

确定性：$H(1,0) = H(1,0) = H(0, \cdots, 0, 1, 0, \cdots, 0) = 0$。

极值性：当 n 个随机事件为等概率事件时，Shanon 熵取得最大值，此时信息量最大，即

$$H(p_1,p_2,\cdots,p_n)\leqslant H(\frac{1}{n},\frac{1}{n},\cdots,\frac{1}{n})=\lg n \tag{8.7}$$

将大范围的地磁图划分为不同匹配区域，每个匹配区域内网格点上的地磁值可以视为一个二维随机变量，每个地磁值为该地磁随机变量的一个地磁样本，因此可以由 Shanon 熵引出地磁熵来表示该区域的地磁信息量。

由数字地磁图得到某匹配区的地磁要素的二维网格数据，设该二维网格数据为 $M\times N$ 矩阵，网格大小为 $d_x\times d_y$；$S_{i,j}$ 为(i,j)处的地磁数据，将地磁数据集$\{S_{i,j}; (i,j)\in M\times N\}$的数据划分为 K 个等跨度区间，然后统计第 $k(k=1,2, \cdots,K)$个区间内地磁数据的个数 n_k，采用频度 $f_k=n_k/(MN)$ 来近似代替该区间地磁数据的概率 p_k。因此该匹配区域的地磁熵定义为

$$H=-\sum_{k=1}^{K}p_k\lg p_k \tag{8.8}$$

由 Shanon 熵的概念可以知道，地磁熵反映了该区域地磁信息量的大小。地磁熵越大，地磁熵的信息就越丰富，匹配效果越好。地磁熵对噪声不敏感，可以起到剔除野值的作用，有明确的物理含义而且不需要对匹配区建立概率模型，作任何统计假设，使用方便可靠。

在实际使用中，国内外的学者相继提出了不同的熵的定义，其本质是是对概率 p_k 的定义不同，如表 8-1 所示。可以看出：H_1 和 ΔH_1 的定义与 Shanon 熵的定义完全一致。由于 H_1 和 ΔH_1 的概率采用频度来近似，满足概率的基本性质，即：$0\leqslant p_k\leqslant 1$ $(k=1, 2, \cdots,$

K)；$\sum_{k=1}^{K} p_k = 1$，而且同一地磁图的地磁熵只与等跨度区间数 K 有关，在相同的 K 下，地磁熵越大，地磁场信息越丰富，可以准确反映地磁匹配区域中的地磁信息量。H_2 的概率 p_{ij} 虽然计算简单，但并不能保证 $p_{ij} \geqslant 0$；在 H_3 的概率 p_{ij} 定义中尽管满足了概率的基本条件，但并不能准确反映该地磁值出现的概率。而地磁差异熵可以突出地磁场的变化信息，忽略其均值大小的影响，但 ΔH_2、ΔH_3、ΔH_4 的概率 p_{ij} 的定义并不满足概率的 $\sum_{i=1}^{M}\sum_{j=1}^{N} p_{ij} = 1$ 的要求。综上所述，H_1 和 ΔH_1 的定义与 Shanon 熵的定义一致，可以准确反映地磁匹配区域中的地磁信息量。由于 H_1 的定义中 p_k 只与第 k 个等跨度区间地磁值数目多少有关，而与其均值无关，即 H_1 和 ΔH_1 相等。因此我们选择 H_1 的定义来计算地磁熵。H_1 定义的地磁熵反映了该地区磁场值所包含信息量的大小，地磁场值变化越急剧，信息量越丰富，熵值就越大，越有利于地磁匹配。

表 8-1　地磁熵的定义列表

类别	序号	定义
地磁熵	1	$H_1 = -\sum_{k=1}^{K} p_k \lg p_k, p_k = f_k = \frac{n_k}{MN}$
	2	$H_2 = -\sum_{i=1}^{M}\sum_{j=1}^{N} p_{ij} \lg p_{ij}, p_{ij} = \frac{S_{ij}}{\sum_{i=1}^{M}\sum_{j=1}^{N} S_{ij}}$
	3	$H_3 = -\sum_{i=1}^{M}\sum_{j=1}^{N} p_{ij} \lg p_{ij}, p_{ij} = \frac{\lvert S_{ij}\rvert}{\sum_{i=1}^{M}\sum_{j=1}^{N} \lvert S_{ij}\rvert}$
地磁差异熵	1*	$\Delta H_1 = -\sum_{k=1}^{K} p_k \lg p_k, p_k = f_k = \frac{n'_k}{MN}$
	2	$\Delta H_2 = -\sum_{i=1}^{M}\sum_{j=1}^{N} p_{ij} \lg p_{ij}, p_{ij} = \frac{\lvert S_{ij} - \bar{S}\rvert}{\bar{S}}$
	3	$\Delta H_3 = -\sum_{i=1}^{M}\sum_{j=1}^{N} p_{ij} \lg p_{ij}, p_{ij} = \frac{\lvert S_{ij} - \bar{S}\rvert}{\max\{S_{ij}\} - \min\{S_{ij}\}}$
	4	$\Delta H_3 = -\sum_{i=1}^{M}\sum_{j=1}^{N} p_{ij} \lg p_{ij}, p_{ij} = \frac{S_{ij} - \min\{S_{ij}\}}{\max\{S_{ij}\} - \min\{S_{ij}\}}$
注：1*的定义式中 n'_k 是由地磁数据集 $\{S_{i,j};\ (i,j) \in M \times N\}$ 的数据减去均值 $\bar{S}$ 后，将其划分为 K 个等跨度区间，统计第 $k(k = 1,2, \cdots ,K)$ 个区间内地磁差异数据的个数获得的		

2. 地磁方向熵

在地磁匹配区的选择中，采用该区域的地磁标准差、粗糙度或地磁熵等指标来表述该区域的地磁信息量。这些指标反映的是该匹配区域的地磁整体变化特征的而非局部特征，即不能反映地磁场的某一局部的变化特征或沿着某一位置和方向的地磁场变化特征。这些指标对分析诸如飞行器地磁匹配时采用哪个飞行方向进入、沿着什么路线通过该匹配区所获得的地磁信息最大等问题时会带来困难，只能用于匹配区域的粗选择。因此需要寻找一种可以反映与通过匹配区方向、位置有关的指标作为选择飞行器路径规划的依据。

为此，在地磁熵概念的基础上，将通过匹配区的方向、位置因素引入，提出了地磁方向熵的概念。根据地磁信息熵的定义，可以计算沿着不同方向 R_i 的熵值。如图 8-2 所示，沿着 R_i 方向以一定的线密度扫描整个匹配区域的地磁图，在每条扫描线上可分别求得该扫描线的地磁方向熵 H_j^i。地磁方向熵 H_j^i 定义为沿着 R_i 方向第 j 条扫描线的地磁信息熵。根据定义，地磁方向熵 H_j^i 是一个关于扫描方向 R_i 和扫描进入位置 j 的信息度量值，它反映了在进入位置 j 处沿方向 R_i 的路线上的地磁场的信息变化剧烈程度。根据信息的可加性原理，地磁方向熵具有以下性质：

$$\sum_{j=1}^{n} H_j^1 = \sum_{j=1}^{n} H_j^2 = \cdots = \sum_{j=1}^{n} H_j^m = H \tag{8.9}$$

为了计算第 j 个进入点沿 R_i 方向上的地磁方向熵，最直观的思路为：通过计算过第 j 个进入点沿 R_i 方向的直线与数字地磁图网格的交点，根据各交点的地磁数据利用地磁方向熵定义可以计算出该方向和位置上的地磁方向熵。但从图 8-2 中可以看出，这种算法没有能充分利用该匹配区的所有地磁数据，第 1 条线右下角的数据没有参与计算，相反地第 n 条线却由于直线大部分超出匹配区而只有极少量的数据参与计算。考虑极端情况，当沿方向角 θ_i=90°的方向进行计算时，所有进入点的方向熵均相同，只是匹配区左边界上的地磁方向熵。另外这种算法需要计算通过第 j 个进入点沿 R_i 方向的直线与数字地磁图网格的一系列交点，由于方向角 θ_i 的不同，交点呈现不均匀分布，不能较好地反映该线上的地磁信息量。

本书采用了一种较为简便的近似算法，该算法通过绕匹配区中心不断旋转该匹配区的数字地磁图，从而获得不同方向的地磁网格数据，而扫描线方向始终是由左至右的，然后将该扫描线上的地磁数据代入地磁方向熵的定义式中，可以计算出相应的地磁方向熵，如图 8-3 所示。考虑到对称性，R_i 的方向角 θ_i 只需以一定角度间隔遍历 0～π/2 区间，在每次旋转后分别计算行方向和列方向上的地磁熵即可，大大减少了计算量。数字地磁图在旋转后，会发生地磁数据的空洞现象，即旋转后的某些网格点没有数据，此时可以采用周围网格点的地磁数据插值计算来获得数据空洞区的地磁数据。

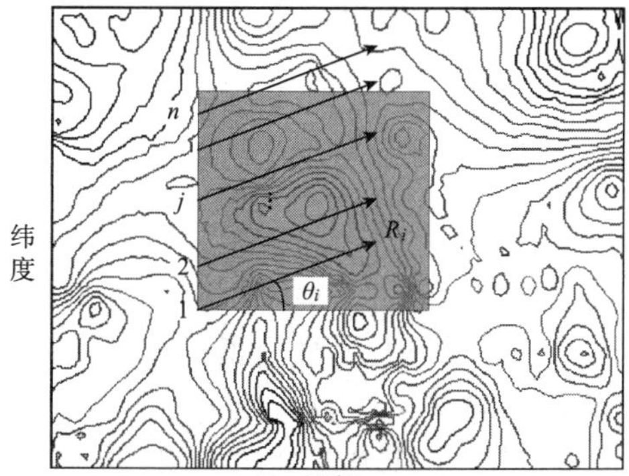

图 8-2　地磁方向熵概念示意图

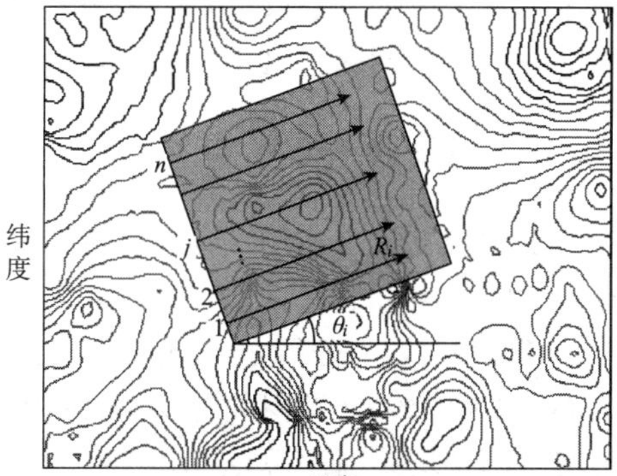

图 8-3　地磁方向熵计算示意图

根据每个方向、每个进入点位置，可以计算出与方向、进入点位置有关的地磁方向熵。可以进一步将不同方向、进入点的地磁方向熵绘制成等值线图，从而可以直观地找出最大的地磁熵的方向和进入点位置。显然，当飞行器根据最大的地磁方向熵所确定的进入点和方向通过该地磁匹配区时，可以获得最大的地磁场信息。利用该组地磁信息进行匹配可以获得较高的匹配精度。

8.3.3 飞行器地磁匹配时最佳路线选择准则

假如已知飞行器的信息处理能力为 C_f，它表示了单位时间内处理信息的比特数，也称信道容量。它与地磁传感器、飞行器内导航匹配计算机处理能力、系统的响应时间有关。若飞行器的飞行速度为 v，可以计算出飞行器沿某方向和进入点通过地磁匹配区的飞行时间 t。由于地磁场每个方向和进入点的信息量可以通过地磁方向熵计算得到，于是可求得地磁场每个方向和位置发送信息的速率 $C_t = H^i_j / t$。因此若要充分利用该条路线上的地磁场信息，就必须使得地磁场发送信息的速率小于或等于飞行器的信息处理能力，即应当满足 $C_t < C_f$，否则地磁场发送的信息会由于来不及被处理而丢失，相等于地磁场信息被滤波，减少了地磁的信息量。因此确定地磁匹配最佳路线时，首先将该地磁匹配区所有方向和进入点位置的地磁方向熵进行排序，求出最大、次大、……的方向和位置，然后依次判断是否满足 $C_t < C_f$ 的条件。最佳匹配方向即为满足 $C_t < C_f$ 条件的最大方向熵所确定的方向为进入点位置。

地形匹配的最佳方向和位置与飞行器本身信息处理能力有关。若提高飞行速度，就意味着 C_t 增大，相应 C_f 就要增大。而 C_f 受到导航计算机、地磁传感器响应速度的制约，这就是不能任意提高飞行器飞行速度的原因之一。

8.4 地磁匹配算法研究

匹配算法主要是应用相关度量技术将实时地磁测量数据序列与地磁数据库中存储的基准图数据进行比较，依一定的准则判断两者的拟合度，确定实时图与基准图中的最相似点，即最佳匹配点。由此看来，地磁匹配导航的匹配点并不是完全匹配的，只是实时磁测数据与基准图中数据最大程度地相似。该方法原理简单，可以断续使用；在航行载体需要导航定位时，即开即用；对初始误差要求低，导航不存在误差积累；具有较高的匹配精度和捕获概率，是一种较方便灵活的匹配方式。

8.4.1 匹配算法数学描述

关于相关度量技术的传统算法主要分两类：一类强调它们之间的相似程度，如互相关算法（COR）和相关系数法（CC）；另一类强调它们之间的差别程度，如平均绝对差算法（MAD）、均方差算法（MSD）。目前比较常用的有以下几种性能指标：交叉相关算法（COR）、归一化交叉相关算法（NCOR）、平均绝对差算法（MAD）、均方差算法（MSD）及去均值的平均绝对差算法和均方差算法，如表 8-2 所示，其中 z_l^{mea} $(l=1, 2, \cdots, L)$为磁传感器实时测量的地磁场特征序列，$z_{ij,l}^{\mathrm{map}}$ 为由基准地磁图中的(i, j)点提取出的地磁场特征序列。这几种算法对一维、二维匹配均适用。当测量序列和基准图提取序列最相似时，相关度指标达到极值。经过算法精度分析比较，三种性能指标中 COR 精度最低，而 MSD 要比 MAD 略高。若实时图中含有未知的偏置量时，采用去均值后的事实图和基准图来进行相似度度量，从而可以充分地利用测量序列中的变化部分信息，使得相关度量指标函数的峰值尽量锐化。这种去均值的算法有利于在测量偏置量不可预测条件下的相关度量指标计算。

表 8-2　四种常用相关度量指标

匹配算法	相关度量指标	目标函数
互相关算法	$\mathrm{COR}_{ij}=\frac{1}{L}\sum_{l=1}^{L}z_l^{\mathrm{mea}}z_{ij,l}^{\mathrm{map}}$	$\max\{\mathrm{COR}_{ij}\}$
归一化互相关算法	$\mathrm{NCOR}_{ij}=\frac{\sum_{l=1}^{L}z_l^{\mathrm{mea}}z_{ij,l}^{\mathrm{map}}}{\left[\sum_{l=1}^{L}\left(z_l^{\mathrm{mea}}\right)^2\right]^{1/2}\left[\sum_{l=1}^{L}\left(z_{ij,l}^{\mathrm{map}}\right)^2\right]^{1/2}}$	$\max\{\mathrm{NCOR}_{ij}\}$
平均绝对差算法	$\mathrm{MAD}_{ij}=\frac{1}{L}\sum_{l=1}^{L}\left\|z_l^{\mathrm{mea}}-z_{ij,l}^{\mathrm{map}}\right\|$	$\min\{\mathrm{MAD}_{ij}\}$
均方差算法	$\mathrm{MSD}_{ij}=\frac{1}{L}\sum_{l=1}^{L}\left(z_l^{\mathrm{mea}}-z_{ij,l}^{\mathrm{map}}\right)^2$	$\min\{\mathrm{MSD}_{ij}\}$
去均值的平均绝对差算法	$\mathrm{MAD}'_{ij}=\frac{1}{L}\sum_{l=1}^{L}\left\|(z_l^{\mathrm{mea}}-\overline{z}^{\mathrm{mea}})-(z_{ij,l}^{\mathrm{map}}-\overline{z}^{\mathrm{map}})\right\|$	$\min\{\mathrm{MAD}'_{ij}\}$
去均值的均方差算法	$\mathrm{MSD}'_{ij}=\frac{1}{L}\sum_{l=1}^{L}\left[(z_i^{\mathrm{mea}}-\overline{z}^{\mathrm{mea}})-(z_{ij,l}^{\mathrm{map}}-\overline{z}^{\mathrm{map}})\right]^2$	$\min\{\mathrm{MSD}'_{ij}\}$

综上所述，目前常用的匹配算法本质是在匹配区域内依照某相关度量指标寻找在指定目标函数下的最佳匹配点。设匹配的性能指标 $q_{ij}=q(Z^{\mathrm{mea}},Z_{ij}^{\mathrm{map}})$ 为测量序列 $Z^{\mathrm{mea}}=\{z_l^{\mathrm{mea}}\mid l=1,2,\cdots,L\}$ 和由基准地磁图的$(i,\ j)$位置提取的基准序列 $Z_{ij}^{\mathrm{map}}=\{z_{ij,l}^{\mathrm{map}}\mid l=1,2,\cdots L;\ (i,j)\in M\times N\}$ 的函数；目标函数一般为在匹配区域内求取相关度量指标的最大值或最小值，经过变换总可以将最大值问题转化为最小值问题，因此下面以求目标函数最小值进行描述。其数学表述为

$$q_{\mathrm{match}}=\min_{(i,j)\in M\times N}\{q_{ij}\} \tag{8.10}$$

相应的点即为最佳匹配点 $P_{\mathrm{match}}=(i_0,j_0)$。设真实点的位置为 $P_{\mathrm{real}}=(i_0',j_0')$，当最佳匹配点 P_{match} 与真实点 P_{real} 的距离 d 小于匹配误差阈值 δ 时，认为匹配成功，否则为误匹配。

由于基准地磁序列和实时地磁测量序列中都含有随机误差分量，在搜索过程中获得的各个相关度量指标 q_{ij} 都是随机变量，因此在真实点 P_{real} 处 q_{ij} 取得最值也是一个随机事件。为了研究各种匹配算法的性能，定义匹配区域的信噪比 $\mathrm{SNR}=\sigma_S/\sigma_N$，其中 σ_S 为匹配区基准地磁图的数据标准差；σ_N 为磁传感器的测量数据标准差。定义地磁匹配概率

p 为：$p = N(C_r)/N(C)$，其中 C_r 为匹配成功的点构成的集合；C 为最佳匹配点 P_{match} 所构成的集合；$N(\cdot)$为获取集合的元素数目。我们采用 SNR-p 作为匹配效果的评价指标，它可通过对大量仿真数据进行统计以准确地反映出该匹配区域的匹配特性。

8.4.2 地磁匹配范围的确定

进行地磁匹配导航首先必须依靠其他导航定位系统（下面以惯性导航系统为例）实现确定匹配初始点位置，然后根据一定的方法在匹配初始点周围确定与该导航定位系统相关的误差区域，将该区域作为地磁匹配区域，如图 8-4 所示。目前最常用的地磁匹配范围确定方法都是基于概率统计思想的。根据概率统计理论，将惯性导航系统中的加速度计、陀螺等传感器的输出信号视作随机过程加以模型化，其测量误差视为随机变量，则各传感器测量误差的方差、协方差信息通过导航算法进行传播，派生出导航定位误差的方差和协方差。导航定位误差的方差和协方差是各传感器测量误差随机变量的函数，可以用于定义该系统定位结果的置信区域。这种定位结果的置信区域被叠加到地磁基准图上，在该置信区域中进行地磁匹配。由此可见，要实现精确地磁匹配，就必须使得飞行器的真实位置处于地磁匹配区域之内。从精确匹配的角度来看，应增大匹配区域使得在最大概率意义上真实位置处于该匹配区域内，但是势必带来匹配算法计算量的急剧增加，因此需要在保证一定的匹配概率的基础上缩小匹配区域，加快匹配速度和匹配精度。

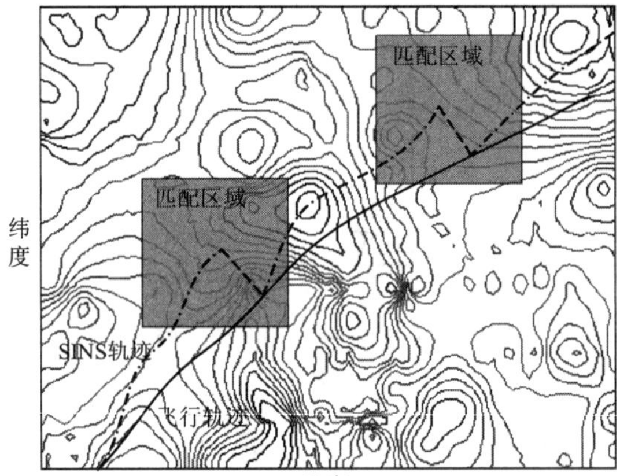

图 8-4　地磁辅助 INS 导航示意图

设惯性导航系统所解算的定位结果二维坐标为（x, y），其方差和协方差为σ_x^2、σ_y^2；ρ_{xy}是 x 与 y 的相关系数。假设定位结果服从二维正态分布，其联合概率密度函数为

$$f(x,y)=\frac{1}{2\pi\sigma_{xy}\sqrt{1-\rho_{xy}^2}}\exp\left\{-\left[\frac{(x-\mu_x)^2}{\sigma_x^2}+\frac{(y-\mu_y)^2}{\sigma_y^2}-\frac{2\rho_{xy}(x-\mu_x)(y-\mu_y)}{\sigma_{xy}}\right]\frac{1}{2(1-\rho_{xy}^2)}\right\} \tag{8.11}$$

可以证明二维定位点落在误差椭圆范围 Ω 内的概率就是二维联合概率密度函数曲面在 Ω 上的积分：

$$P\left[(x,y)\in\Omega\right]=\iint_{\Omega} f(x,y)\mathrm{d}x\mathrm{d}y=0.393 \tag{8.12}$$

而 2 倍和 3 倍误差椭圆范围 Ω 内的概率分别为 0.893 和 0.989。根据式(8.11)，可以推导出该定位点的误差椭圆：

$$\begin{cases} a=\alpha\sqrt{[\sigma_x^2+\sigma_y^2+\sqrt{(\sigma_x^2-\sigma_y^2)^2+4\sigma_{xy}^2}]/2} \\ b=\alpha\sqrt{[\sigma_x^2+\sigma_y^2-\sqrt{(\sigma_x^2-\sigma_y^2)^2+4\sigma_{xy}^2}]/2} \\ \varphi=\dfrac{1}{2}\arctan\left(\dfrac{2\sigma_{xy}}{\sigma_x^2-\sigma_y^2}\right) \end{cases} \tag{8.13}$$

式中：a、b 为椭圆半长轴和半短轴；φ 为椭圆半长轴取向与 x 方向的夹角；α 为单位权值的后验方差，又称扩展因子或置信因子。假设测量误差的分布是标准正态分布，标准椭圆（α=1）对应于 39%的置信区域，可调整椭圆的大小来获得不同的置信概率区域。在二维情况下，α=2.15 可得到 95%的置信概率区域；α=3.03 可得到 99%的置信概率区域。

除传感器误差外，可能还存在其他的不确定性。如初始位置误差、测量误差、计算处理误差及地磁基准图误差等。所有这些因素会产生不确定性，因此需要适当增大置信因子 α 以扩大误差椭圆区域。为了节省计算时间和减少椭圆区域的计算复杂度，通常将椭圆误差区域修改为矩形区域，如图 8-5 所示。为确保载体的真实位置位于该矩形区域，通常选择误差椭圆的外切矩形为匹配区域，这样又进一步扩大了匹配区域。

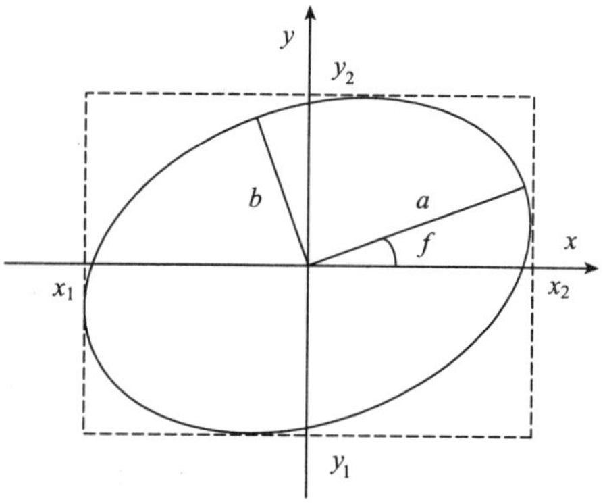

图 8-5　地磁匹配范围示意图

$$\begin{cases} x_{1,2}=\pm\sqrt{a^2\cos^2\varphi+b^2\sin^2\varphi} \\ y_{1,2}=\pm\sqrt{a^2\sin^2\varphi+b^2\cos^2\varphi} \end{cases} \tag{8.14}$$

8.4.3　机动飞行地磁匹配

载体在匹配区域运动时，磁传感器按一定的时间间隔采集一系列磁场强度值，经过对磁传感器误差补偿、载体磁场补偿等数据据预处理后得到实时测量的地磁数据序列 $Z^{\text{mea}}=[z_1^{\text{mea}},z_2^{\text{mea}},\cdots,z_L^{\text{mea}}]$，其中 L 为匹配长度，其值大小由匹配路径上的地磁场相关长度决定。L 的取值对匹配精度和匹配运算量有重要影响，L 选取过短，使得相关函数的峰值不明显容易造成误匹配，而 L 选取过长，虽然可以获得尖锐的相关函数的峰值，但 SINS 由于误差累计会带来导航路径几何变形。通常情况下，匹配长度与地磁相关长度之比至少应大于或等于 4，在低信噪比环境下最好接近于 10。

为了防止匹配过程的路径的几何失真，一方面采用同一时钟源来保证 SINS 输出的定位数据与地磁测量数据同步采集；另一方面利用 SINS 定位序列构造相对路径来确保匹配路径与机动飞行路径形状的一致。设惯导的输出位置序列为 $P_{\text{INS}}=\{(x_{\text{INS},l}, y_{\text{INS},l}), l=1,2,\cdots,L\}$，由于 SINS 的短时导航精度比较高，因此将位置序列为 P_{INS} 减去待匹配位置数据$(x_{\text{INS},L}, y_{\text{INS},L})$，便可得到较为准确的飞行器的相对路径序列 $\Delta P_{\text{INS}}=\{(\Delta x_{\text{INS},l}, \Delta y_{\text{INS},l}),$

$l=1,2,\cdots,L$ }，其中 $\Delta x_{INS,l}=x_{INS,l}-x_{INS,L}$；$\Delta y_{INS,l}=y_{INS,l}-y_{INS,L}$。根据相对路线序列 ΔP_{INS}，可以得到匹配搜索位置 $S_{ij}=(x_{ij}, y_{ij})$处的搜索路径的位置序列 $P_{search}=\{(x_{search,l}, y_{search,l}), l=1,2,\cdots,L\}$，其中 $x_{search,l}=x_{ij}+\Delta x_{INS,l}$；$y_{search,l}=y_{ij}+\Delta y_{INS,l}$。利用搜索路径位置序列 P_{search} 在基准地磁图中进行空间插值重采样，便可以获得与实际机动飞行路径形状相吻合的、终止于搜索位置 S_{ij} 的基准地磁数据序列 Z_{ij}^{map}，以克服匹配过程的路径的几何失真的影响，更准确地进行地磁匹配，如图 8-6 所示。

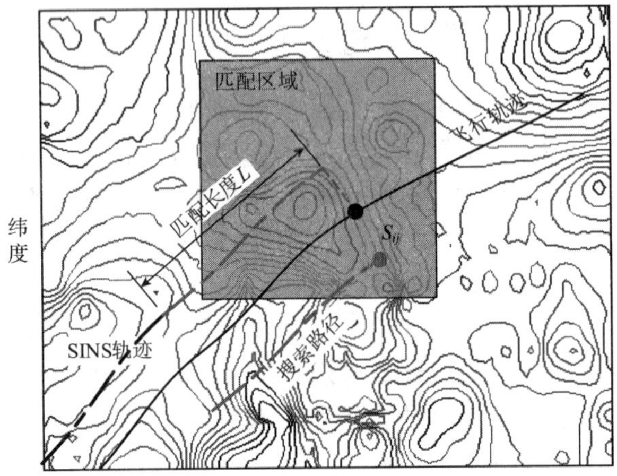

图 8-6　SINS 误差对相对路径形状的影响

地磁匹配导航时，实时地磁测量序列需要在匹配范围内所有网格点逐个位置进行相关度量指标计算。设测量序列 Z^{mea} 的匹配长度为 L，匹配范围的网格数为 $M\times N$，因此在匹配范围寻找匹配点的过程中需要进行 $M\times N\times L$ 次运算，才能获得最佳匹配点，即 q_{ij} 的最值。实际的正确匹配位置只有一个，而不匹配的位置有（$M\times N-1$）个。由此可见，匹配位置的搜索最费时间，特别是当匹配网格加密，或匹配长度增加时，搜索时间将成倍增加，导航系统的实时性将难以保证。因此为了缩短了匹配时间，我们采用粗匹配与精匹配相结合的策略在匹配范围内进行匹配点搜索，这样不仅保证了较高的匹配定位精度，而且大大减小了相关度量指标运算的计算量。

在进行粗匹配时，首先将以 SINS 提供的位置坐标为中心，根据位置坐标的方差、协方差及置信因子确定地磁匹配的范围，并将匹配范围 $\delta X\times\delta Y$ 粗略地划分网格，网格数为 $M_c\times N_c$，此时网格大小为$(\delta X/M_c)\times(\delta Y/N_c)$。然后 SINS 解算的飞行位置序列 P_{INS} 计算相对路径序列 ΔP_{INS}，在每个粗匹配网格点处由相对路径序列生成搜索路径位置序列 P_{search}，利用基准地磁图进行空间插值获得搜索路径 P_{search} 上位置点的地磁匹配量基准序列。在所有粗匹配网格点上进行相关度量指标计算。由于地磁测量序列含有测量噪声、补偿误差，而插值获得的搜索序列的地磁基准序列中也含有插值误差、基准图误差，而且网格比较粗，因此匹配点有可能不在粗匹配的最佳匹配点附近，而在几个相关度量指标较小的粗网格点附近。为了保证不使真实点位置漏掉，又要尽可能缩小搜索区域，将粗匹配网格点上的相关度量指标升序排列，选择前 n_f 个较小的相关度量指标所对应的粗匹配网格点作为精匹配候选点。

以选定的 n_f 个精匹配候选点为中心、粗匹配网格大小 $(\delta X/M_c)\times(\delta Y/N_c)$ 为精匹配范围，进一步细化网格，网格数为 $M_f\times N_f$，此时网格大小为 $[\delta X/(M_cM_f)]\times[\delta Y/(N_cN_f)]$。然后分别在每个精匹配候选点所生成的 $M_f\times N_f$ 个精匹配点处由相对路径序列生成搜索路径位置序列 P_{search}，利用基准地磁图进行空间插值获得搜索路径 P_{search} 上位置点的地磁匹配量基准序列。在所有精匹配网格点上进行相关度量指标计算。最后选定最小的相关度量指标所对应的精匹配点为最佳匹配点，如图 8-7 所示。

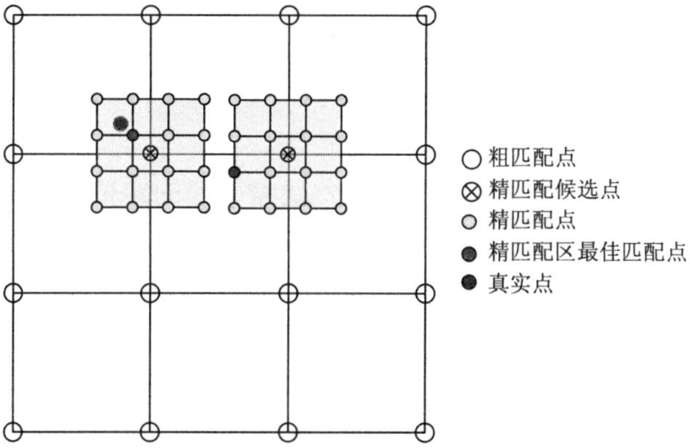

图 8-7 粗匹配与精匹配相结合的搜索策略

粗匹配的目的是缩小精匹配的搜索范围，排除部分不相关的粗匹配网格点；精匹配的目的是加密网格、提高匹配精度。若要获得网格大小 $[\delta X/(M_cN_f)]\times[\delta Y/(N_cN_f)]$ 的匹配定位精度，采用一次匹配方法需要进行 $(M_cM_f)\times(N_cN_f)$ 次相关度量指标运算，而采用粗匹配与精匹配相结合的策略进行匹配则只需要 $M_c\times N_c+n_f\times M_f\times N_f$ 次相关度量指标运算。例如粗匹配网格数为 $M_c= N_c=5$；精匹配候选点数 $n_f=3$；精匹配网格数为 $M_f= N_f=5$，则采用粗匹配与精匹配相结合的策略经过 100 次相关度量指标运算即可达到 $[\delta X/25]\times[\delta Y/25]$ 的匹配定位精度；而采用一次匹配方法要获得同等匹配精度需要进行 625 次相关度量指标运算。可见采用粗匹配与精匹配相结合的策略大大缩短了相关度量指标的运算量。

在匹配过程中，计算机会遍历搜索整个匹配序列，有大量的计算都消耗在了非匹配点的计算上。为此，我们可采用由 Bamea 和 Silverman 提出的序贯相似检测算法 SSDA（Sequential Similarity Detection Algorithm）来预先排除非匹配点。采用 MSD′算法进行匹配时，最佳匹配点 $P_{\text{match}} = (i_0, j_0)$ 处的相似性指标具有最小值 $\text{MSD}'_{\text{match}}$，显然非最佳匹配点处实测序列和基准序列的差值平方和必大于匹配点处的最小值，即

$$\text{MSD}'_{ij} = \frac{1}{L}\sum_{l=1}^{L}\left[(z_i^{\text{mea}} - \overline{z}^{\text{mea}}) - (z_{ij,l}^{\text{map}} - \overline{z}^{\text{map}})\right]^2 < \text{MSD}'_{\text{match}};(i \ne i_0, j \ne j_0) \tag{8.15}$$

根据实测序列和基准序列的统计性质，可以求出 MSD'_{match} 的估计值，并将其设置为阈值 T。当去均值后的实测序列和某位置的基准序列的相应数据的差值平方进行累加时，一旦累加值超过设定阈值 T 即可确定该位置为非匹配位置，继续在下一个位置进行匹配搜索。最后将累加值不超过阈值 T、累加次数 k 最大的那个位置判定为最佳匹配点。这种序贯相似度检验方法使得每个非匹配位置的计算量大大减小，从而加速了搜索过程。若能够找出相应数据的差值平方逐次累加的统计性质，并在给定匹配性能指标条件下设

计出一条单调递增的阈值序列 $T(k)$，这将使得匹配位置的识别速度更快，从而更加缩短搜索时间，如图 8-8 所示。

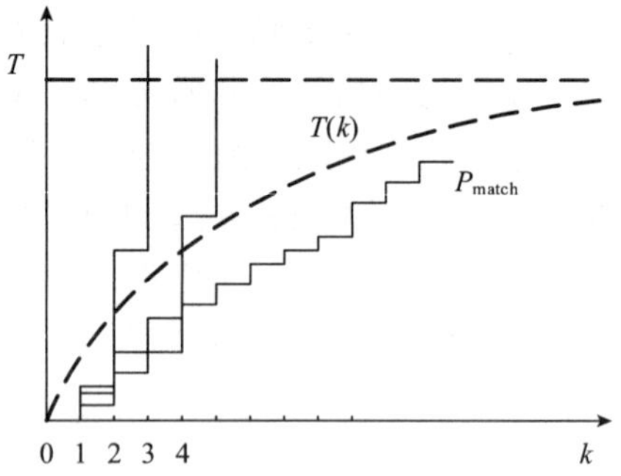

图 8-8　序贯相似度检验方法示意图

8.4.4　基于旋转变换的地磁匹配

传统匹配方法的思想是基于惯导输出轨迹与真实轨迹平行这样一个基本假设，但是由于惯导航向角误差的存在，这样的假设条件是无法完全满足的，而且随着航向角误差的不断累加，传统匹配方法的误差会不断扩大，最终导致误匹配。

为了弥补传统轮廓匹配算法无法对航向角误差引起的定位误差进行校正的不足，提出了加入旋转变换搜索的匹配方法。首先对 INS 输出的轨迹以末端点为圆心进行旋转变换，假设原始轨迹坐标序列 $[x_i, y_i]^{\mathrm{T}}$，旋转后的轨迹坐标序列 $[x_i', y_i']^{\mathrm{T}}$，则

$$[x_i', y_i'] = \boldsymbol{R}(\beta)[x_i - x_n, y_i - y_n]^{\mathrm{T}} + [x_n, y_n] \tag{8.16}$$

式中：$\boldsymbol{R}(\beta)$ 为旋转角度为 β 的方向余弦矩阵，$[x_n, y_n]^{\mathrm{T}}$ 为由末端点坐标扩展的坐标矩阵。然后将旋转后的轨迹坐标序列 $[x_i', y_i']^{\mathrm{T}}$ 作为初始匹配轨迹进行地磁轮廓匹配。具体来讲，对搜索区域内每一个网格点进行匹配时，将该网格点对应的轨迹序列以角度 $\Delta\theta$ 为步长，在航向角误差 θ 范围内进行遍历旋转搜索，每旋转一次利用旋转后的航迹进行一次传统 MSD 匹配，直到旋转角大于 INS 航向角度误差 θ。匹配结束后，最小 MSD 值对应的格网位置即为载体当前的位置（图 8-9）。

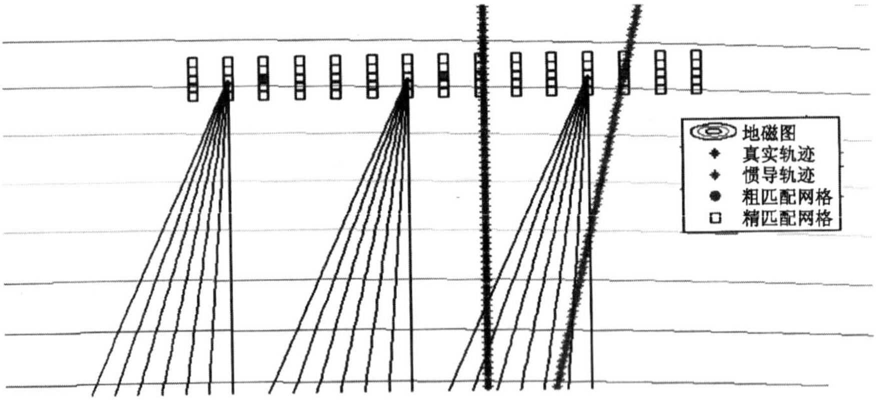

图 8-9　旋转轨迹示意图

在旋转的过程中，总会有一条轨迹会近似平行于真实轨迹，这就会增大匹配算法捕获到真实轨迹的概率。

为了进一步减少运算量，同时保证一定的匹配精度，将匹配过程分为粗匹配和精匹配两部分。粗匹配时为了减少运算量提高匹配的速度，只将搜索区域进行粗略的网格划分，对每个网格点进行传统 MSD 运算，并在其中选取 S 组 MSD 值相对较小的序列对应的格网点，作为精匹配待选点，进行精匹配。精匹配时为了进一步提高了匹配的精度，引入旋转变换搜索的匹配方法，将粗匹配中提取的 S 条轨迹作为初始轨迹，分别进行相

似匹配。搜索区域为粗匹配时的一个网格大小。

匹配过程可由式(8.17)表示，其中 C 表示搜索区域，β 表示旋转角度。

$$\begin{cases} S(i,j),(i,j)\in C \\ \mathrm{MSD}_{i,j}=\dfrac{1}{N}\sum\limits_{k=1}^{N}[R(\beta)M_{S(i,j)}^{k}-M_{M}^{k}]^2,\ \beta\in[-\theta,\theta] \\ (a,b)=\min(\mathrm{MSD}_{i,j}) \\ \hat{M}=S(a,b) \end{cases} \tag{8.17}$$

为了减小匹配运算量，提出了基于特征量阈值的搜索区域确定方法。传统确定搜索区域的方法是在惯导系统的定位点周围选择惯导系统定位标准差σ的±3 倍范围作为搜索区域，这样搜索区域包含真实位置的可能性达到了 98.9%。但由于算法匹配搜索范围较大，会导致相似地形特征区域增多，误匹配的概率随之变大，不利于算法匹配精度的提高，作者认为可以适当减小搜索区域以减少运算量，提高匹配速度。考虑到目前磁测设备精度的显著提高以及磁补偿技术的不断发展，提出了一种新的搜索区域的确定方法，即在常规搜索区域的基础上，考虑磁测设备的精度，把搜索的区域同时也限定在实测地磁强度周围的一定范围内，对惯导定位误差范围和地磁测量误差范围取交集。最终的搜索区域 C 可由式(8.18)表示：

$$\begin{cases} C=C_U\cap C_M \\ C_M=\{(i,j)\mid M(i,j)\leqslant M_t\} \end{cases} \tag{8.18}$$

式中：M_t 为设定的地磁强度阈值。通过这种方法确定的搜索区域可以大大减小运算量，如图 8-10 所示。图中细斜线区域为所述方法确定的搜索区域。轨迹 L_1 在常规±3σ 的搜索区域之内，但是通过地磁强度等高线来划分搜索区域，则被排除在外，不用进行相关运算，可以看出，这样确定搜索区域可以大大减小运算量。对于地磁强度范围的选取应考虑以下两个方面：①不小于 3 倍地磁测量设备的测量误差；②根据匹配时使用的网格大小及匹配区域的绝对粗糙度，确保地磁强度范围不小于一个网格对应的地磁强度变化值。假设地磁图是一个 $m\times n$ 的矩阵，$M_{i,j}$ 为(i,j)处的地磁强度，则绝对粗糙度 δ_z 的定义如式(8.19)所示：

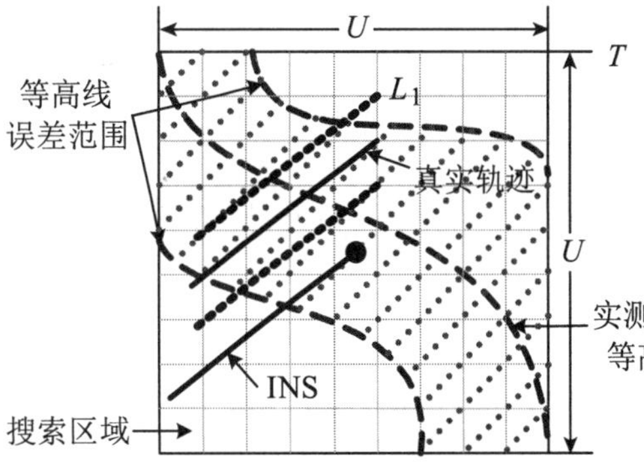

图 8-10　搜索区域确定方法

$$\begin{cases} \delta_z=(Q_x+Q_y)/2 \\ Q_x^2=\dfrac{1}{m(n-1)}\sum\limits_{i=1}^{m}\sum\limits_{j=1}^{n-1}[M_{ij}-M_{i(j+1)}]^2 \\ Q_y^2=\dfrac{1}{(m-1)n}\sum\limits_{i=1}^{m-1}\sum\limits_{j=1}^{n}[M_{ij}-M_{(i+1)j}]^2 \end{cases} \tag{8.19}$$

8.5 算法仿真及结果分析

8.5.1 典型匹配算法的仿真试验及结果分析

1. 四种典型匹配算法仿真及性能分析

选取 COR 法、NCOR 法、MAD 法、MSD 法四种匹配算法进行仿真。实时图分为两种情况：①提取基准图中的原始数据；②在基准图数据上加入噪声。图 8-11 是无噪声时的匹配误差曲线，图中横坐标“匹配次数”是指匹配当前点在匹配序列中的排序。图 8-12 是噪声幅值为 1000nT 时的匹配误差曲线。由图 8-11 可以看出，实时匹配序列无测量噪声时，COR 法也存在比较大的误匹配，可以看出其匹配精度很低，其余三种匹配算法均能够完全匹配。

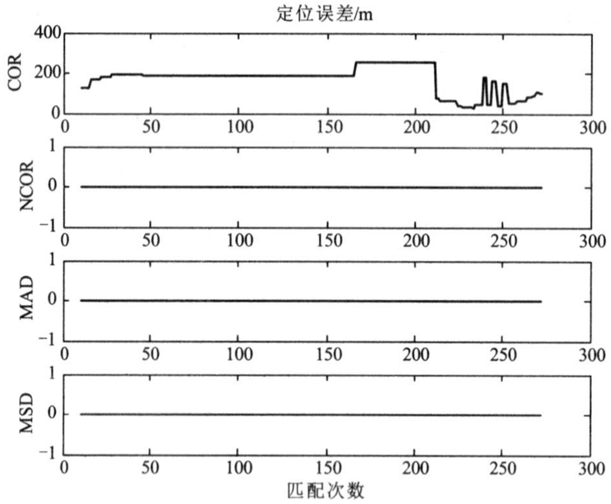

图 8-11　测量噪声为 0nT 时的匹配误差曲线

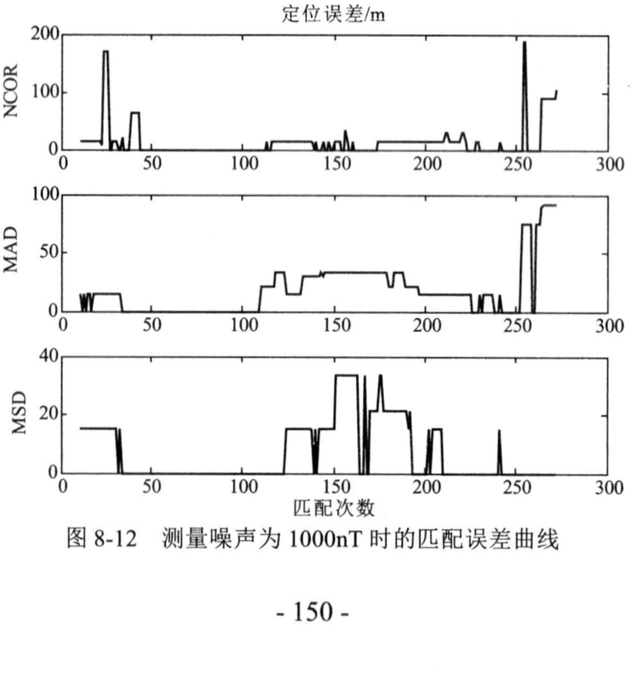

图 8-12　测量噪声为 1000nT 时的匹配误差曲线

由图 8-10 可以看出,当加入测量噪声（幅值为 1000nT）时，MSD 法的匹配精度优于 MAD 优于 NCOR，（COR 精度较低，不予考虑），可知 MSD 法对数据噪声的鲁棒性更强。图 8-10 的仿真结果表明：当加入测量噪声时，匹配精度下降，出现了虚定位现象。为了提高匹配精度,需要对实时测量序列进行滤波降噪处理。

由算法匹配精度来看，MSD 法优于 MAD 法和 NCOR 算法；匹配运算量为：MAD<MSD<NCOR；就匹配误差的收敛性来说，几种算法属于 MAGCOM 匹配方案，误差均不发散。综合以上分析，选取文中的 MSD 法作为地磁匹配算法较为合适。

表 8-3　测量噪声为 1000nT 时的定位误差数据

误差统计值＼匹配方法	NCOR	MAD	MSD
匹配误差/m	13.9045	18.4273	6.8737
误差均方差/m	29.6368	21.7667	10.2125

2. MSD 和去均值 MSD 算法分析

图 8-13 是噪声为 500nT 偏置时 MSD 和去均值 MSD（MSD_D）的匹配误差曲线。

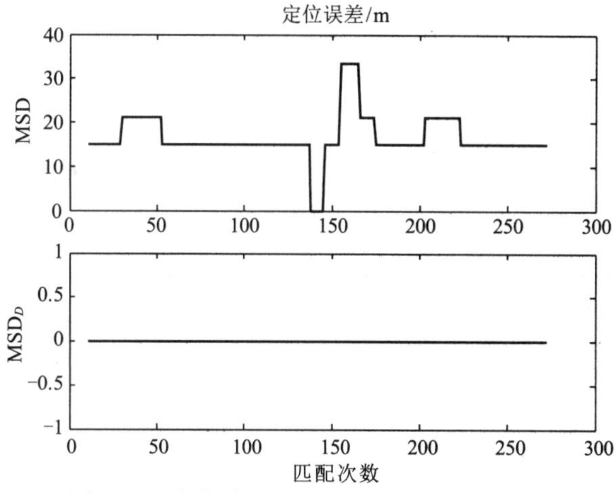

图 8-13　常值偏置 500nT 时的匹配误差曲线

可知，若实时图中含有未知的偏置量时，采用去均值后的实时图和基准图来进行相似度度量，可以充分地利用测量序列中的变化部分信息，过滤掉未知偏置量对匹配的干扰，有利于在测量偏置量不可预测条件下的相关度量指标计算。

表 8-4 给出了定位误差的具体数据。图 8-14 是噪声改为幅值为 1000nT 时的匹配误差曲线。

表 8-4　测量噪声为 1000nT 时的定位误差数据

误差统计值＼匹配方法	MAD	MSD_D
匹配误差/m	6.8737	13.1111
误差标准差/m	10.2125	28.3122

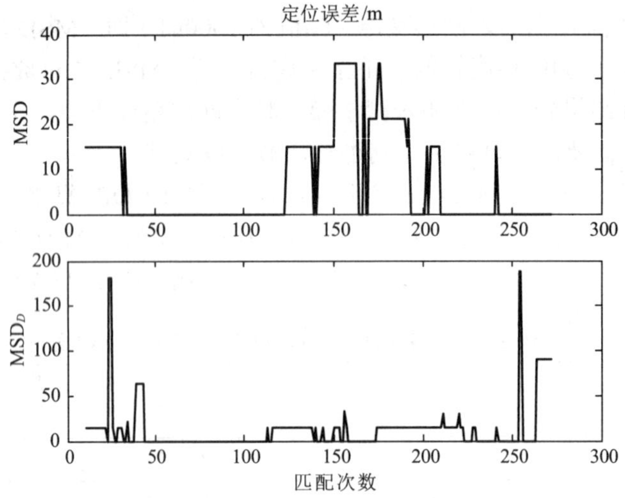

图 8-14　测量噪声为 1000nT 时的匹配误差曲线

可以看出 MSD 算法的定位精度要优于去均值的 MSD 算法，这是由于噪声的均值如果不为常值时，则对信号去均值的过程相当于人为地加入了偏置误差，导致了定位不准确。

3. 匹配序列长度对匹配精度影响分析

设定量测噪声为 200nT，匹配序列长度 N 分别为 50 和 100，仿真结果如图 8-15 所示。表 8-5 是相关的统计数据。

表 8-5　测量噪声为 200nT 时的定位误差数据

误差数据 / 匹配序列长度	匹配误差/m	误差标准差/m	匹配时间/ms
N=100	6.8737	10.2125	67.6
N=50	22.9966	29.8994	63.4

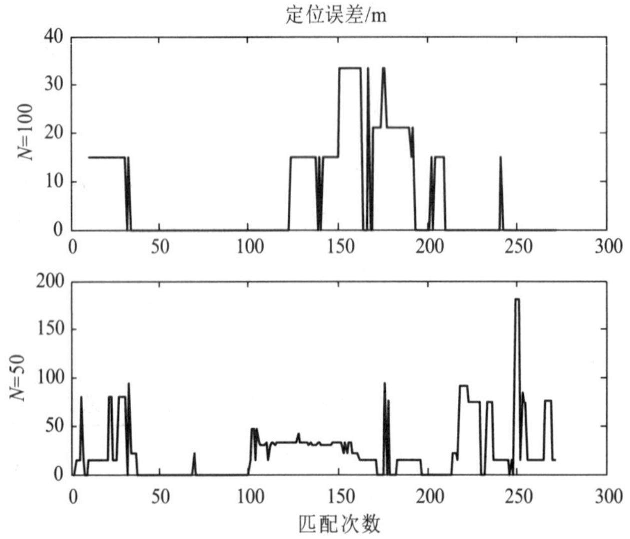

图 8-15　测量噪声为 200nT 时的匹配误差曲线

可知在其他仿真条件相同的情况下，匹配长度越大，匹配中所能利用的信息越丰富，定位精度越高，但随着匹配长度的增大，匹配所需的时间也会增加，所以不能单纯地增大匹配长度，而应根据工程条件、精度等要求进行适当的选取。

4. 匹配区域对匹配精度影响分析

试验选用地磁匹配区域从某地磁场异常场截取，两个区域分别是图 8-16 所示的两个方框区域。区域 1：经度范围为116.3°～116.55°，纬度范围为39.95°～40.2°；区域 2：经度范围为116.6°～116.85°，纬度范围为39.75°～40°。

仿真参数：网格精度为 100m，飞行速度 100m/s,飞行时间 100s，采样频率 1Hz。

1）区域 1 匹配结果

由匹配结果（图 8-17～图 8-19）看出，MSD 误差不发散，逐渐收敛到真实轨迹。在匹配刚开始阶段误差较大，由图 8-19 可知是由于经度误差过大造成。观察匹配区域可知，由于该区域等高线平行，所以与等高线平行方向利用 MSD 算法对定位结果没有约束，造成该方向误差较大。

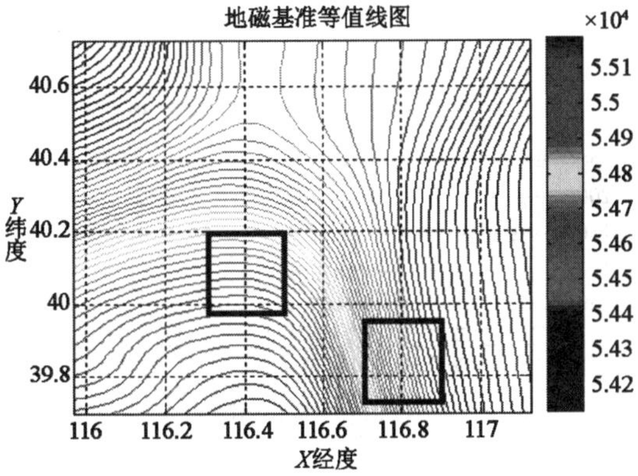

图 8-16　仿真区域示意图

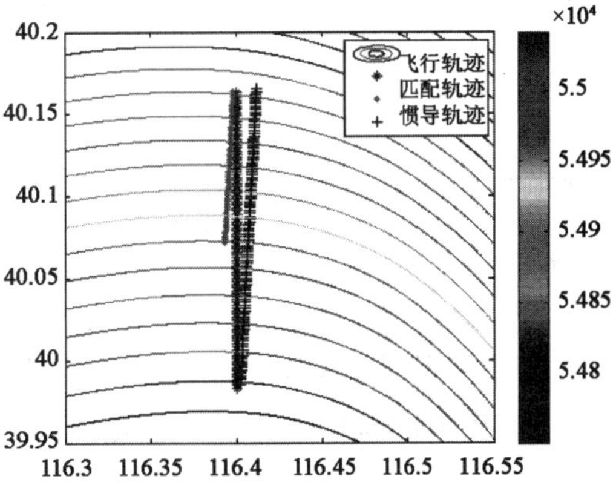

图 8-17　MSD 匹配效果示意图（区域 1）

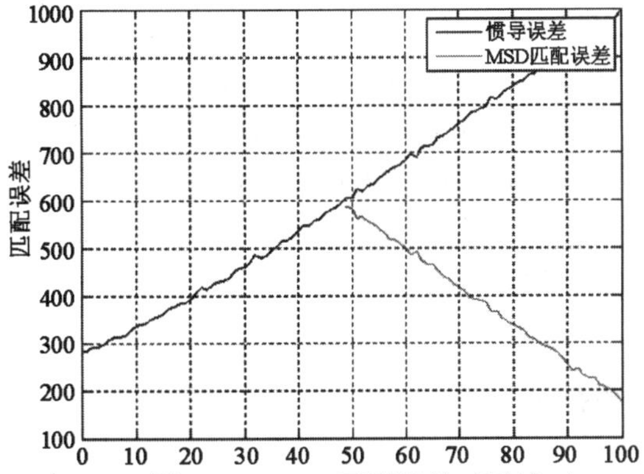

图 8-18　MSD 匹配误差（区域 1）

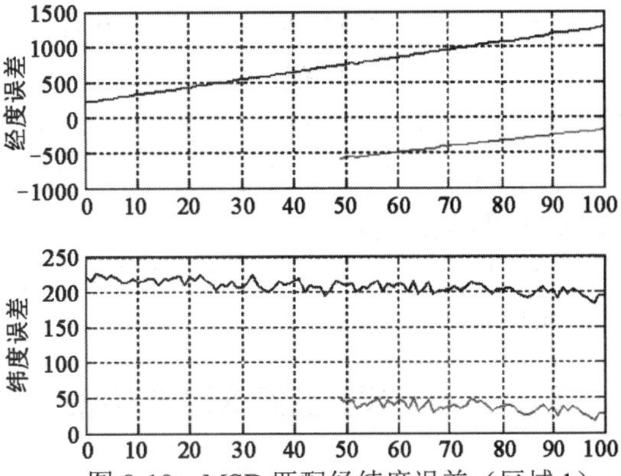

图 8-19　MSD 匹配经纬度误差（区域 1）

2）区域 2 匹配结果（图 8-20～图 8-22）

区域 2 中 MSD 算法失效，观察图 8-22 经纬度误差曲线发现是由于纬度误差过大导致，观察图 8-18 中区域 2 的地磁等高线可知，由于匹配轨迹与梯度方向夹角较大，沿匹配轨迹采集的地磁数据特征信息较少，在平行于等高线的方向缺少约束，匹配极易产生误差。所以在匹配时应尽量考虑待匹配区域的标准差、粗糙度、地磁熵等衡量数据信息量的标准，以此进行匹配区域的选取。

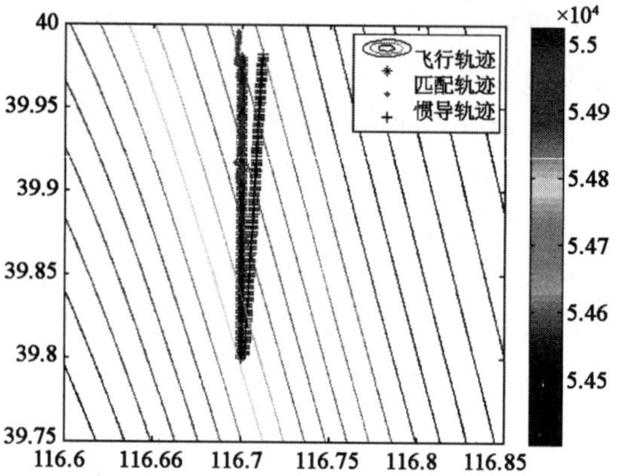

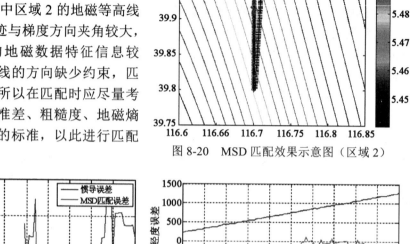

图 8-20　MSD 匹配效果示意图（区域 2）

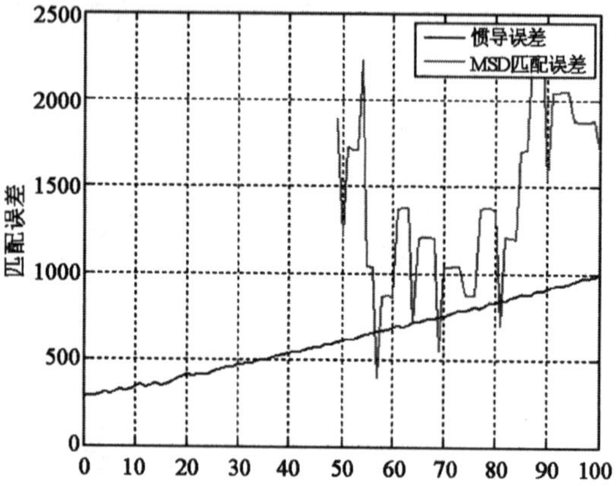

图 8-21　MSD 匹配误差（区域 2）

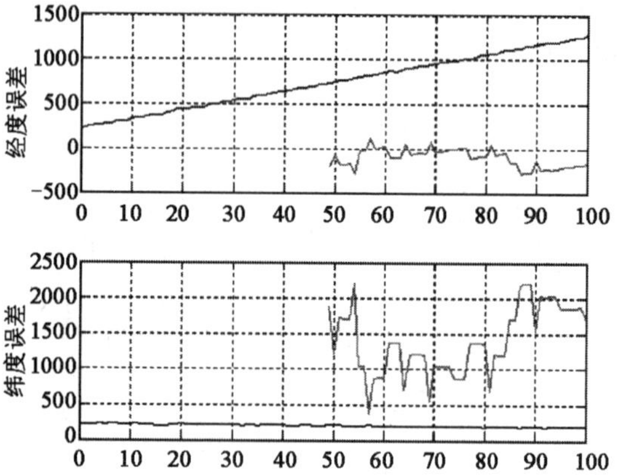

图 8-22　MSD 匹配经纬度误差（区域 2）

5. 总结分析

对上述仿真试验得到的结论归纳如下：

（1）在地磁轮廓匹配算法中，MSD 算法是鲁棒性最强的一种算法。

（2）当匹配区域有某种固定磁场干扰时，选用去均值的匹配算法可以提高匹配结果的可靠性，但是在没有固定干扰的情况下，去均值的匹配算法有可能降低匹配精度。

（3）匹配序列的长度越长，定位精度越高，在满足实时性的前提下，应选择尽可能长的地磁数据进行匹配。

（4）地磁信息越丰富的区域匹配精度越高，所以在进行地磁匹配之前，应做好匹配区域的规划工作。

8.5.2　基于旋转变换的地磁匹配方法仿真试验

假定载体在某仿真区域内运动，惯导的加速度计和陀螺存在测量误差，具体仿真参数设置如表 8-6 所示。

表 8-6 仿真参数

仿真参数	设定值
匹配区网格精度/m	12
载体速度/(m/s)	2.5
运动时间/s	36
惯导陀螺常值漂移/(°/h)	1
惯导加计常值偏置/(m/s^2)	0.01
惯导采样频率/Hz	100
磁测强度误差/nT	10
磁测采样频率/Hz	1
磁测强度阈值/nT	450

为了衡量旋转变换搜索及搜索区域的确定方法对于算法在匹配精度及时间上的影响，仿真过程分别运用了四种不同的匹配算法，分别是传统的 MSD 算法、结合粗精匹配的 MSD 算法、加入了旋转变换并进行粗精匹配的 MSD 算法以及进一步加入了改进搜索区域的匹配算法。

图 8-23 显示了传统 MSD 算法和基于旋转变换的改进算法的定位结果与真实轨迹的吻合程度，图 8-24、图 8-25 分别显示了匹配结果总的误差分布以及经度和纬度方向的误差分布，表 8-7 给出了匹配结果的一些统计数据。

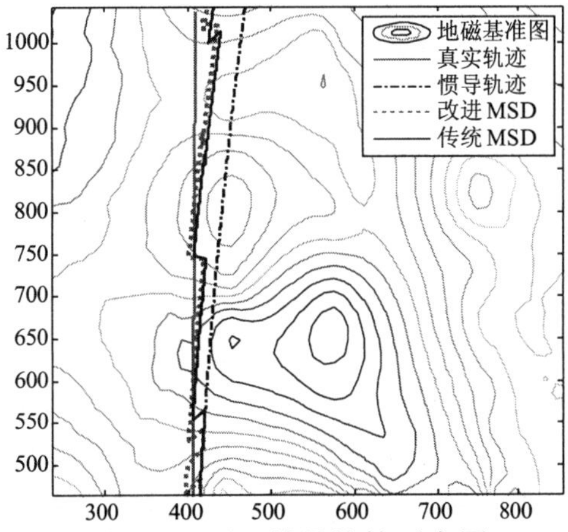

图8-23 匹配结果比较示意图

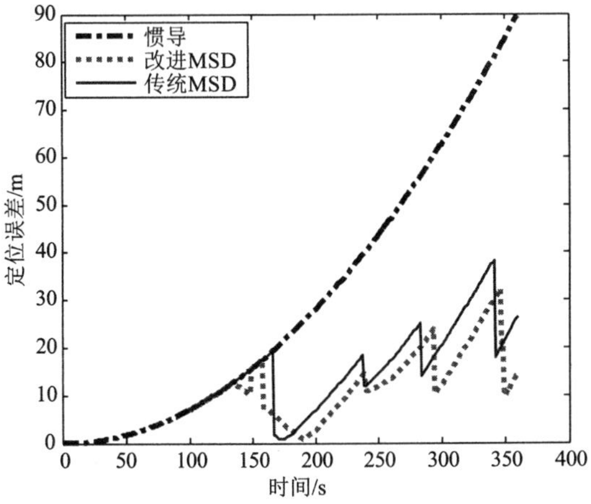

图 8-24 匹配结果误差分布图

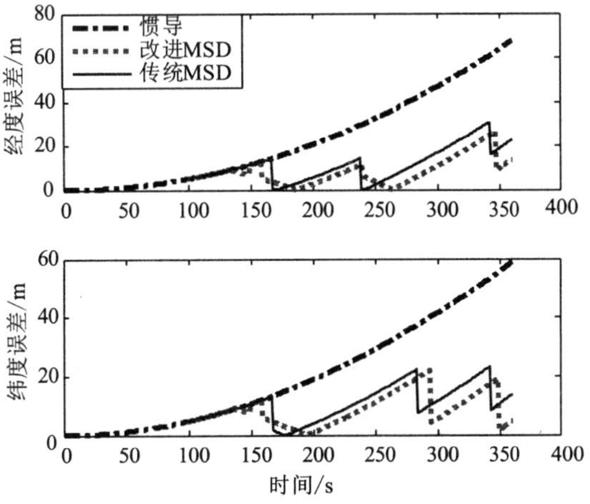

图 8-25 匹配结果经纬度误差分布图

表 8-7 匹配结果比较

统计信息	MSD			
	传统	粗精匹配	旋转及粗精匹配	改进
平均定位误差/m	15.92	14.90	13.46	12.65
定位误差标准差/m	8.45	8.22	7.60	6.98
匹配时间/(s/点)	0.39	0.07	0.35	0.16

由表 8-7 可以看出，改进的算法可以使定位精度有很大的提高。与传统 MSD 匹配方法相比较，改进算法的平均误差减小了 20%。虽然加入旋转变换的平均匹配时间有所增加，通过加入设置地磁阈值的搜索方法之后可以减少约 54%的匹配时间。

8.6 本章小结

本章主要围绕地磁匹配中的关键问题进行研究，首先根据地磁场向量的 7 个要素的特点总结了选择地磁匹配特征量的基本准则，指出现阶段通常以地磁异常图为特征量来进行地磁匹配，但从未来地磁导航的发展趋势看，地磁场向量必将会成为地磁导航的最佳匹配量。然后分析了常用的地磁匹配区域的选择指标，在地磁熵的基础上提出了地磁方向熵的概念，利用地磁方向熵可以反映沿着某一方向的地磁场变化特征，为飞行器路径规划提供了可靠的评价指标。针对地磁匹配算法匹配时间长、实时性差的不足，研究了机动飞行时粗匹配与精匹配相结合的搜索策略，并在匹配计算中采用序贯相似检测算法。该匹配方案既保证了匹配定位精度，又大大缩短了匹配时间，增强了匹配的实时性。

在此基础上，提出了一种基于旋转角变换的改进地磁匹配方法和一种基于特征量阈值的搜索区域确定方法，通过增加旋转变换，使待匹配轨迹尽可能平行于真实轨迹，以此提高匹配的精度，并通过阈值化搜索区域，减小待匹配区域的范围，以此提高匹配效率，减少匹配时间。通过试验证明了方法的有效性。

第 9 章　总结与展望

9.1　地磁导航关键技术总结

地磁导航技术具有无源、无辐射、全天时、全天候、全地域、传感器体积小、能耗低的优点，在武器系统导航制导应用中具有很好的应用前景，是近几年来国内外军事导航领域的研究热点之一。

本书对地磁导航中的高分辨率局部地磁图构建、三轴磁传感器的标定和补偿、载体磁场标定和补偿等关键问题进行了研究，并搭建了地磁导航系统综合仿真平台，为提高我国地磁导航系统的工程启用奠定了坚实的技术基础。本书的主要成果及创新点有：

（1）研究了地磁导航中基准地磁图的构建方法。在对地磁场基本组成和特性详细分析的基础上，首先研究了基于地磁模型的地磁图构建方法，并重点分析了 IGRF 模型和各种区域地磁模型的优缺点和在地磁导航中的适用范围；针对高精度地磁导航的要求，研究了基于空间插值理论的高精度局部地磁图构建方法，详细论述了克里金插值理论用于描述局部地磁场空间分布相关特性规律的合理性和有效性，并针对一组地面实测地磁数据利用克里金插值理论构建了该地域的局部地磁场，通过交叉验证证明了克里金插值方法可以较为准确的构建高分辨率局部地磁图，满足高精度地磁导航对基准地磁图的需求。

（2）为了减少与磁传感器有关的系统误差，进行了误差建模、标定和补偿方面的研究。首先对捷联式三轴磁传感器的测量中的系统误差进行了全面分析。按照系统误差的产生机理不同，将其分为三轴磁传感器制造误差、安装误差和姿态测量误差三类。然后根据各误差的影响因素分别建立了相应的数学模型。针对三轴磁传感器的制造误差，提出了一种基于椭球拟合的快速标定和补偿方法，并通过计算机仿真和半物理仿真试验验证了该方法的有效性，使得三轴磁传感器的测量误差减小到补偿前的 1%左右，大大提高了磁传感器的测量精度。该方法具有简便易行、计算量小、对标定条件的要求低、不需要高精度的水平及北向基准等优点。

（3）为了减小载体磁场对地磁测量的干扰，研究了载体磁场的产生机理、数学模型、快速标定及补偿等内容，归纳总结了飞行器设计制造阶段减小载体磁场影响所应遵循的基本原则和措施，并提出了基于椭圆拟合的二维载体磁场标定和补偿方法和基于椭球拟合的三维载体磁场标定和补偿方法。首先针对最主要的干扰源——载体磁场进行了正演理论分析和物理机理分析，研究了特殊形状铁磁材料和直流电流周围空间的磁场分布特点，总结了减小载体磁场对磁传感器影响所应遵循的原则和可采用的措施，并根据载体磁场的性质，建立了相应的数学模型。然后在对载体磁场所引起的测量误差分析的基础上，提出了一种快速的载体磁场标定和补偿方法。根据飞行器的运动轨迹特点，研究了飞行器在水平面内航向机动时基于椭圆拟合的二维载体磁场标定和自补偿方法和飞行器姿态机动基于椭球拟合的三维载体磁场标定和自补偿方法。最后对该标定和补偿方法在各种环境下进行了计算机仿真研究，并进行了一系列的半物理仿真。仿真结果表明该方法通过简单的几个姿态机动飞行即可实现高精度的快速载体磁场标定，并实现了三轴磁传感器测量向量的准确补偿，补偿精度达到传感器级精度水平，可以满足高精度地磁导航对磁测数据的精度要求。

（4）针对目前地磁研究刚刚起步、试验条件不完善的困难，进行了地磁导航计算机仿真技术和半物理仿真技术研究，并搭建了地磁导航系统综合仿真平台。首先以航空飞行器为研究对象，根据其运动学方程进行了轨迹发生器的设计，然后考虑地磁测量环境中的真实误差特性，以地磁模型、载体磁场模型、磁传感器模型为基础仿真了飞行过程中捷联式三轴磁传感器的实时地磁测量数据，在此基础上，设计了载体磁场标定、补偿研究模块，实现对载体磁场标定及补偿算法的评估研究；通过地磁导航算法研究模块的设计实现了对导航算法精度、实时性等性能指标的评估。同时还设计了磁传感器标定与补偿、载体磁场标定与补偿及及相应试验，进一步验证相关算法的有效性。该地磁导航系统综合仿真平台基本满足了地磁导航关键问题研究的要求，为下一步研究提供了可靠的验证平台。

9.2　地磁导航展望

由于地磁导航是一门涉及地球物理学科、材料学科、精密仪器学科和自动化学科的交叉学科，涉及的研究领域众多，而且国内地磁导航方面的研究在近几年才逐渐展开，因此地磁导航技术离实际武器系统的工程应用还有一定的距离，在许多方面都存在着亟待解决的难题，需要进一步加大对地磁导航关键技术的研究力度。由于时间关系，本书对地磁导航中的关键技术的研究还存在一些不足，需要在以下方面进一步开展工作，为我国地磁导航技术的早日实现实际工程应用继续努力。

1. 局部地磁向量基准图的快速准确构建技术

作为导航基准的地磁场是一个向量场，提供了丰富的导航信息。而对于局部地磁场向量信息的准确描述是高精度地磁导航的关键，其数据的精度直接影响着整个地磁导航系统的精度。由于目前对局部地磁异常场随空间分布规律的认识不足，尚不能完全实现局部地磁向量基准图的快速准确构建。另外由于局部地磁图要求空间分辨率高，必然带来磁测任务加大、成图周期较长的问题。因此应该开展对快速准确构建局部地磁向量图的技术研究，以建立符合高精度地磁导航要求的高分辨率地磁向量场的基准数据库。

2. 载体磁场标定和补偿方法的真实试验验证与改进

载体磁场是地磁导航中特有的干扰源。为了减小载体磁场对磁测数据的干扰，提出了基于椭圆或椭球拟合的载体磁场标定和补偿方法，该方法在理论上具有简便易行、标定和补偿精度高、对标定条件的要求低的特点，通过一系列的仿真试验和半物理试验验证了该方法的有效性，但尚未在真实飞行器中经过实践检验，需要进一步试验验证与改进完善，以尽早从实验室阶段进入实际应用领域。

3. 以地磁场向量为特征量的匹配导航技术研究

目前，我国现有的局部磁图大都是反映地磁强度或磁异常的标量图。因此受基准地磁图的限制，一般采用地磁异常图为特征量来进行地磁导航。但地磁标量图并不能表现丰富的地磁向量随空间分布的变化规律，从未来地磁导航发展趋势看，地磁场向量必将会成为地磁导航的最佳匹配量。因此应该在下一步进行以地磁场向量为特征量的匹配导航技术研究，以推动我国地磁导航技术的跨越式发展。

参考文献

[1] 秦永元. 惯性导航[M]. 北京: 科学出版社, 2006.

[2] 袁建平, 罗建军, 岳晓奎, 等. 卫星导航原理与应用[M]. 北京: 中国宇航出版社, 2004.

[3] 石卫平. 国外卫星导航定位技术发展现状与趋势[J]. 航天控制, 2004, 22(4):30-35.

[4] Goldenberg F. Geomagnetic Navigation beyond the Magnetic Compass [A]. IEEE Position, Location, and Navigation Symposium [C]. San Diego: IEEE, 2006: 684-694.

[5] 徐克虎, 沈春林. 地形特征匹配辅助导航方法研究[J]. 东南大学学报, 2005, 30(3):1-5.

[6] 刘准, 侣文芳, 陈哲. 海底地形匹配技术研究[J]. 系统仿真学报, 2004, 16(4):700-701.

[7] 徐遵义, 晏磊, 宁书年, 等. 海洋重力辅助导航的研究现状与发展[J]. 地球物理学进展, 2007, 22(1):104-111.

[8] 彭富清, 霍立业. 海洋地球物理导航[J]. 地球物理学进展, 2007, 22(3):759-764.

[9] 彭富清. 地磁模型与地磁导航[J]. 海洋测绘,2006, 26(2):73-75.

[10] 蔡兆云, 魏海平, 任治新. 水下地磁导航技术研究综述[J]. 国防科技, 2007, (3):28-29.

[11] Wiegand M. Autonomous satellite navigation via Kalman filtering of magnetometer data [J]. Acta Astronautica, 1996, 38(4-8): 395-403.

[12] Psiaki M L. Autonomous low earth orbit determination from magnetometer and sun sensor data [J]. Journal of Guidance Control and Dynamics, 1999, 22(2): 296-303.

[13] 乔玉坤, 王仕成, 张琪. 地磁匹配制导技术应用于导弹武器系统的制约因素分析[J], 飞航导弹, 2006, (8): 39-41.

[14] 知愚. 法国研究磁场制导技术[J]. 应用光学, 2006, 27(2):162.

[15] 武向荣. 法国研究地磁场制导技术[J]. 系统工程与电子技术, 2005, (07)1168.

[16] 庞发亮, 石志勇, 张丽花, 等. 基于磁通门技术的车辆导航系统[J], 兵工自动化, 2006, 25(2):3-4.

[17] 李希胜, 王家鑫, 汤程, 等. 高精度磁电子罗盘的研制[J]. 传感技术学报, 2006, 19(6):2441-2444.

[18] 李素敏, 张万清. 地磁场资源在匹配制导中的应用研究[J]. 制导与引信, 2004, 25(3):19-21.

[19] 晏登洋, 任建新, 宋永军. 惯性 / 地磁组合导航技术研究[J]. 机械与电子, 2007, (1): 19-22.

[20] 徐文耀, 国连杰. 空间电磁环境研究在军事上的应用[J]. 地球物理学进展, 2007, 22(2): 335-344.

[21] 徐文耀. 航天器工作的地磁环境[J]. 地球物理学进展, 1994, 9(1):1-16.
[22] 徐文耀. 地磁场的三维巡测和综合建模[J]. 地球物理学进展, 2007, 22(4):1035-1049.
[23] Susan Macmillan. International Geomagnetic Reference Field [EB/OL]. http://www.ngdc.noaa.gov/IAGA/vmod/igrf.html, 2005-3-25.
[24] 国际地磁与超高层大气物理学协会第 5 分会地磁场模型工作组. 第 10 代国际地磁参考场[J]. 世界地震译丛，2005, (5):67-65.
[25] Mclean S, Macmillan S. The US/UK World Magnetic Model for 2005-2010 [R]. US: NOAA, 2005.
[26] 金际航，边少锋. 世界地磁模型进展 WMM2005[A]. 刘代志.国家安全与军事地球物理研究——国家安全地球物理学术研讨会论文集[C]. 西安: 中国地球物理学会, 2005: 58-64.
[27] Korhonen J V, Derek Fairhead J, Hamoudi M. Magnetic Anomaly Map of the World[EB/OL]. http://ccgm.free.fr/index_fr.html, 2008-04-09.
[28] 里弼东, 夏国辉. 中国海区及邻近海域地磁偏角图及其数学模式(1990.0)在航海上的应用[J]. 天津航海, 1994, (1):44-47.
[29] 王亶文. 地磁场模型研究[J]. 国际地震动态，2001, (4):1-4.
[30] 安振昌. 地磁场区域模型与全球模型的比较和讨论[J]. 物探与化探, 1991, 15(4): 248-254.
[31] 安振昌. 地磁场模型的计算和评述[J]. 地球科学进展, 1993, 8(4):45-48.
[32] 安振昌. 区域和全球地磁场模型[J]. 地球物理学进展, 1995, 10(3):63-73.
[33] 安振昌. 中国地磁测量、地磁图和地磁场模型的回顾[J]. 地球物理学报, 2002, 45(增刊):189-196.
[34] Kang-tsung Chang. 地理信息系统导论[M]. 陈健飞译. 北京: 科学出版社, 2003.
[35] 吴立新, 史文中. 地理信息系统原理与算法[M]. 北京: 科学出版社, 2003:184-194.
[36] 邬伦, 刘瑜, 张晶，等. 地理信息系统——原理、方法和应用 [M]. 北京: 科学出版社, 2001.
[37] 任来平, 张襄安, 刘国斌. 海洋磁力测量系统误差来源分析[J]. 海洋测绘, 2004, 24(5):5-8.
[38] 唐剑飞, 桂永胜, 江能军. 潜艇消磁系统综述[J]. 船电技术, 2005, (6):1-3.
[39] 易忠. 中低轨道卫星的磁补偿[J]. 环境技术, 1997, (4):31-36.
[40] 陈斯文. 浅论航天器磁清洁[J]. 航天器工程, 2000, 9(4):22-27.
[41] 陈斯文, 黄源高, 李文曾. 双星星上部件磁测及磁测设备[J]. 地球物理学进展, 2004, 19(4):893-897.
[42] 何敬礼. 飞机磁补偿、磁补偿器的历史、现状及发展趋势[J]. 地学仪器, 1991, (3):1-6.
[43] 何敬礼. 飞机磁场的自动补偿方法[J]. 物探与化探, 1985, 9(6):464-469.
[44] 李标芳, 王振东. 飞机的磁干扰及电子补偿方法[J]. 物探与化探, 1979, (1):35-43.
[45] 李炳华. 轻型飞机航空磁测系统简介[J]. 物探与化探, 1994, 18(3):228-229.
[46] 李晓禄, 蔡文良. 运五飞机上航磁梯度测量系统的安装与补偿[J]. 物探与化探, 2006, 30(3):224-229.

[47] 吴文福. “海燕”机航磁仪的补偿方法和结果[J]. 声学与电子工程, 1988, (11):27-32.
[48] 吴文福. 16 项自动次补偿系统[J]. 声学与电子工程, 1993, (4):14-22.
[49] 曾佩韦. 机动式航磁补偿法[J]. 长春地质学院学报, 1981, (3):94-102.
[50] 高音, 关正军. 磁通门罗盘应用在航海上[J]. 航海技术, 1999, (6):33-35.
[51] 李秉玺. 基于系统芯片的捷联式定向系统研究[D]. 西安:西北工业大学, 2004.
[52] 李博. 基于三角函数系的磁罗经自差校正方程[J]. 青岛大学学报, 2002, 15(4):90-92.
[53] Včelák J, Ripka P, Kubík J, et al. AMR navigation systems and methods of their calibration [J]. ELSEVIER Sensors and Actuators A, 2005, (123-124):122-128.
[54] 钟晓锋. 基于电罗经技术的磁罗经自差自动测定和校正系统[D]. 大连:大连海事大学, 2003.
[55] 刘华伟, 黄国荣, 张宗麟. 一种数字磁航向系统的设计及罗差校正新方法[J]. 空军工程大学学报, 2003, 4(3):8-11.
[56] 陆罡, 高启孝, 王璐. 磁罗经自差的智能测定和消除[J]. 声学与电子工程, 2004, (1):11-14.
[57] 马文, 曾连荪, 金志华. 数字式磁罗盘的误差补偿方法研究[J]. 电子测量技术, 2007, 30(11):74-77.
[58] 邵婷婷, 马建仓, 胡士峰, 等. 电子罗盘的倾斜及罗差补偿算法研究[J]. 传感技术学报, 2007, 20(6):1335-1337.
[59] 汪雪莲. 电子罗盘的方位测量误差及其补偿校正[J]. 声学与电子工程, 2005, (4):40-43.
[60] 张静, 金志华, 田蔚风. 无航向基准时数字式磁罗盘的自差校正[J]. 上海交通大学学报, 2004, 38(10):1757-1760.
[61] 张学孚. 地磁精密自动航测系统研究[J]. 地球物理学报, 1994, 37(S):603-606.
[62] Tolles W E, Mineola N Y. Compensation of Aircraft Magnetic Fields [P]. U.S.:2692970, 1954-10-26.
[63] Tolles W E, Mineola N Y. Magnetic Field Compensation System [P]. US: 2706801, 1955-4-19.
[64] Tolles W E, Mineola N Y. Eddy-Current Compensation [P]. US:2802983, 1957-8-13.
[65] Tolles W E, Mineola N Y. Compensation of Induced Magnetic Fields [P]. U.S.: 2834939, 1958-5-13.
[66] Rice J A, Jr., Plano, et al. Automatic Compensator for an Airborne Magnetic Anomaly Detctor [P]. U.S.: 5182514.1993-1-26.
[67] Gopal B V, Sarma V N, Rambabu H V. Real Time Compensation for Aircraft induced noise during high resolution Airborne Magnetic Surveys [J]. J. Ind. Geophys. Union, 2004, 8(3):185-199.
[68] BICKEL S H. Small Signal Compensation of Magnetic Fields Resulting from Aircraft Maneuvers [J]. IEEE Transactions on Aerospace and Electronic System, 1979, AES-15(4): 518-525.
[69] BICKEL S H. Error Analysis of an Algorithm for Magnetic Compensation of Aircraft[J].

IEEE Transactions on Aerospace and Electronic Systems, 1979, AES-15(5):620-626.
[70] Groom R W, Jia R, Lo B. Magnetic Compensation of Magnetic Noises Related to Aircraft's Maneuvers in Airborne Survey[A], Symposium on the Application of Geophysics to Engineering and Environmental Problems [C]. Denver: EEGS, 2004: 101-108.
[71] Gebre-Egziabher D. Magnetometer Autocalibration Leveraging Measurement Locus Constraints [J]. Journal of Aircraft, 2007, 44(4):1361-1368.
[72] Gebre-Egziabher D, Elkaim G H, Powell J D, et al. A Non-Linear, Two-Step Estimation Algorithm for Calibrating Solid-State Strapdown Magnetometers[A], Proc., 8th Int. Conf. on Integrated Navigation Systems.Conference[C]. St.Petersburg:CSRI, 2001: 200-299.
[73] Gebre-Egziabher D, Elkaim G H, Powell J D, et al. Calibration of Strapdown Magnetometers in Magnetic Field Domain [J]. Journal of Aerospace Engineering, 2006, 19(2):87-102.
[74] 邱丹, 黄圣国. 组合航向系统中数字磁罗盘的罗差补偿研究[J]. 仪器仪表学报, 2006, 27(6):1369-1372.
[75] 沈鹏, 徐景硕, 高扬. 电子磁罗盘测量误差校正方法研究[J]. 仪器仪表学报, 2007, 28(10):1902-1905.
[76] 彭建飞, 高启孝, 夏学知. 应用两步回归迭代算法校正数字式磁罗经误差[J]. 舰船电子工程, 2006, 26(1):137-140.
[77] 刘诗斌. 微型智能磁航向系统研究[D]. 西安:西北工业大学, 2001.
[78] 刘诗斌. 无人机磁航向测量的自动罗差补偿研究[J]. 航空学报, 2007, 28(2):411-414.
[79] 刘诗斌, 严家明, 孙希任. 无人机航向测量的罗差修正研究[J]. 航空学报, 2000, 21(1):78-80.
[80] Wang J H, Gao Y. A new magnetic compass calibration algorithm using neural networks [J]. Measurement Science and Technology, 2006, (17):153-160.
[81] Williams P M. Aeromagnetic Compensation using Neural Networks [J]. Neural Computing & Application, 1993, (1):207-214.
[82] 王璐, 赵忠, 邵玉梅, 等. 磁罗盘误差分析及补偿[J]. 传感技术学报, 2007, 20(2): 439-441.
[83] 徐冠雷, 葛德宏, 吉春生. 一种基于神经网络进行剩余自差在线估计与校正高精度磁向系统研究[J]. 微计算机信息, 2003, 19(10):62-64.
[84] 雷虎民. 导弹指导与控制原理[M]. 北京: 国防工业出版社, 2006.
[85] 卢惠民. 飞行仿真数学建模与实践[M]. 北京: 航空工业出版社, 2007.
[86] 高晓光. 航空军用飞行器导论[M]. 西安: 西北工业大学出版社, 2004.
[87] 刘放, 陈明, 高丽. 捷联惯导系统软件测试中的仿真飞行轨迹设计及应用[J]. 测控技术, 2003, 22(5):60-63.
[88] 管志宁. 地磁场与磁力勘探[M]. 北京: 地质出版社, 2005.
[89] 滕吉文, 张中杰, 白武明, 等. 岩石圈物理学[M]. 北京: 科学出版社, 2004.
[90] 安振昌, 王月华, 徐元芳, 等. IGRF 的计算与评价[J]. 物探化探计算技术, 1988,

10(2):93-99.
[91] 安振昌，徐元芳，王月华. 1950—1980 年中国地区主磁场模型的建立及分析[J]. 地球物理学报, 1991, 34(5):587-595.
[92] 陈伯舫. 地磁实测值与 IGRF 计算值的差异的变化[J]. 华南地震, 2007, 27(1):15-20.
[93] 高德章. 国际地磁参考场及其计算[J]. 海洋石油, 1999, (101):34-32.
[94] 刘天佑，董和平. 利用高斯球谐分析方法计算国际参考场 IGRF[J]. 物化探计算技术, 1986, 8(3):254-258.
[95] 王亶文. 在地磁学与地球重力学中的球谐分析[J]. 地球物理学进展，2005，20(1): 211-213.
[96] 安振昌. 地磁场模型和冠谐分析[J]. 地球物理学进展, 1992, 7(3):73-80.
[97] 安振昌. 地磁场水平梯度的计算与分析[J]. 地球科学进展, 1992, 7(1):39-43.
[98] 安振昌. 中国地区地磁场的球冠谐和分析[J]. 地球物理学报, 1993, 36(6):753-764.
[99] 安振昌. 1950—2000 年中国地磁测量地磁图与地磁研究[J]. 地球物理学进展，1999, 14(4):75-88.
[100] 安振昌. 青藏高原地磁场模型的研究[J]. 地球物理学报, 2000, 43(3):339-345.
[101] 安振昌. 卫星磁异常的理论模型[J]. 地球物理学进展, 2000, 15(2):55-62.
[102] 安振昌. 2000 年中国地磁场及其长期变化冠谐分析[J]. 地球物理学报，2003, 46(1):68-72.
[103] 安振昌. 1950—1990 年中国地磁剩余场冠谐分析[J]. 地球物理学报，2003，46(6): 767-771.
[104] 安振昌，马石庄，谭东海. 中国及邻近地区卫星磁异常的球冠谐和分析[A]. 冯锐. 中国地球物理学会第七届学术年会[C]. 北京：中国地球物理学会, 1991: 40
[105] 陈化然，蒋邦本. 中国地磁基本场模式建立方法探讨[J]. 地壳形变与地震，1997, 17(2):75-81.
[106] 陈化然，蒋邦本，郭瑞芝. 时空统一的三维中国地磁场模式应用初步研究[J]. 地震地磁观测与研究, 1997, 18(6):59-65.
[107] 顾左文，安振昌，高金田，等. 2003 年中国及邻区地磁场模型的计算与分析[J]. 地震学报, 2006, 28(2):141-150.
[108] 李琪，高孟潭. 地磁学近期发展调研[J]. 地震地磁观测与研究, 2004, 25(4):74-72.
[109] 彭富清，毛学军. 地磁测量及其应用[J]. 测绘科学与工程, 2006, 26(1):53-56.
[110] 王月华. MAGSAT 卫星向量磁异常的矩谐分析[J]. 地球物理学报，1992，35(5): 655-660.
[111] 王月华，安振昌，李家发，等. 中国及邻近地区地磁正常场及其长期变化的计算[J]. 华南地震, 1993, 13(2):7-14.
[112] 徐文耀，白春华，康国发. 地壳磁异常的全球模型[J]. 地球物理学进展，2008, 23(3):641-651.
[113] 陈欢欢，李星，丁文秀. Surfer 8.0 等值线绘制中的十二种插值方法[J]. 工程地球物理学报, 2007, 4(1):52-57.
[114] 陈蕊. SRTM 高程数据空值区域的填补方法及分析[D]. 昆明:昆明理工大学, 2008.

[115] 彭楠峰. 距离反比插值算法与 Kriging 插值算法的比较[J]. 大众科技, 2008, (5): 57-58.

[116] 李红星. 中国陆地积温空间插值 DEM 分区优化及其精度分析[D]. 兰州:西北师范大学, 2007.

[117] 刘登伟, 封志明, 杨艳昭. 海河流域降水空间插值方法的选取[J]. 地球信息科学, 2006, 8(4):75-80.

[118] 杨功流, 张桂敏, 李士心. 泛克里金插值法在地磁图中的应用[J]. 中国惯性技术学报, 2008, 16(2):162-166.

[119] 张磊. 地质空间可视化数据插值算法研究——以浙江金华市区为例[D]. 南京:南京师范大学, 2006.

[120] 刘承香. 水下潜器的地形匹配辅助定位技术研究[D]. 哈尔滨:哈尔滨工程大学, 2003.

[121] 魏东. 重力匹配定位方法研究[D]. 哈尔滨:哈尔滨工程大学, 2004.

[122] 何亚群, 左蔚然, 张书敏, 等. 基于地质统计学的煤田煤质插值方法比较[J]. 煤炭学报, 2008, 33(5):514-517.

[123] 王建, 白世彪, 陈晔. Surfer8 地理信息制图[M]. 北京: 中国地图出版社, 2004.

[124] 樊尚春, 周浩敏. 信号与测试技术[M]. 北京: 北京航空航天大学出版社, 2002.

[125] 樊功瑜. 误差理论与测量平差[M]. 上海: 同济大学出版社, 1998.

[126] 叶平贤, 龚沈光. 舰船物理场[M]. 北京: 兵器工业出版社, 1989.

[127] 周耀中, 张国友. 舰船磁场分析计算[M]. 北京: 国防工业出版社, 2004.

[128] 義井胤景, 磁工学[M]. 胡超, 郑保山. 北京: 国防工业出版社, 1977.

[129] Fitzgibbon A, Pilu M, Fisher RB. Direct Least Square Fitting of Ellipses [J]. IEEE Transactions on Pattern Analysis and Machine Intelligence, 1999, 21(5):476-480.

[130] Halíř R, Flusser J. Numerically Stable Direct Least Squares Fitting of Ellipses [A]. Proc. Sixth International Conf. Computer Graphics and Visualization[C]. London: ICCGV, 1998: 125-132.

[131] Grammalidis N, G.Strintzis M. Head Detection and Tracking by 2-D and 3-D Ellipsoid Fitting [A]. IEEE Computer Graphics International[C]. Geneva: IEEE, 2000: 221-226.

[132] Li Q, Griffiths G J. Least Squares Ellipsoid Specific Fitting [A]. IEEE, Proceedings of the Geometric Modeling and Processing 2004[C]. Beijing: IEEE, 2004: 335-340.